本科规划教材

U1016995

集成电路测试原理

JICHENG DIANLU CESHI YUANLI

戴志坚　王厚军　主编

电子科技大学出版社
University of Electronic Science and Technology of China Press
·成都·

图书在版编目(CIP)数据

集成电路测试原理 / 戴志坚，王厚军主编. — 成都：电子科技大学出版社，2023. 4（2025. 7 重印）
ISBN 978-7-5770-0163-0

Ⅰ. ①集… Ⅱ. ①戴… ②王… Ⅲ. ①集成电路－电路测试 Ⅳ. ①TN407

中国国家版本馆CIP数据核字（2023）第063085号

集成电路测试原理

戴志坚　王厚军　主编

策划编辑　杨仪玮
责任编辑　罗国良
责任印制　段晓静

出版发行　电子科技大学出版社
　　　　　成都市一环路东一段159号电子信息产业大厦九楼　邮编　610051
主　　页　www.uestcp.com.cn
服务电话　028-83203399
邮购电话　028-83201495

印　　刷　成都久之印刷有限公司
成品尺寸　185 mm×260 mm
印　　张　13.25
字　　数　311千字
版　　次　2023年4月第1版
印　　次　2025年7月第2次印刷
书　　号　ISBN 978-7-5770-0163-0
定　　价　68.00元

前言

FOREWORD

随着信息技术的发展，集成电路产业对我国经济发展的重要性越来越凸显。集成电路产业链可分为设计、晶圆制造、封装和测试四个部分，其中测试是唯一贯穿集成电路产业全过程的环节。集成电路测试是对集成电路成品或晶圆进行检测，施加特定的激励，并将其输出响应和预期进行比较，以确定或评估集成电路功能和性能的过程，是验证设计、监控生产、保证质量、分析失效以及指导应用的重要手段。随着集成电路密度、集成度和复杂度的增加，集成电路测试的重要性更加突出，集成电路测试的难度不断增大，对集成电路测试专业人才的需求和要求也不断提高。

集成电路测试从业人员大致可按以下方向进行划分：一是在设计阶段，需要测试工程师和设计工程师协作制订复杂集成电路的可测性方案，构建可测性设计的整体架构，确定可测性设计的模块划分及评价指标，开发可测性设计代码和流程自动化脚本。二是晶圆测试和成品测试应用开发人员，要求掌握多种平台测试软件开发环境，设计复杂集成电路的参数测试和功能测试方案，设计器件接口板或探针卡电路，能综合分析测试结果和影响因素，提出质量提升方案。三是集成电路自动测试设备研发人员，需要掌握集成电路测试系统各模块，如电源模块、数字模块、模拟模块、射频模块的原理和设计方法，研究激励产生和信号采集技术，掌握自动测试系统软件平台开发技术。

从上面的分析可以看出，不论从事哪个细分专业，集成电路测试专业方向均要求从业人员具有电子电路设计、集成电路设计与可测性设计、测试计量技术、集成电路测试技术、软件设计等基础知识并能将所学的知识融会贯通。

目前集成电路测试专业的发展还相对滞后，国内开设了集成电路专业和测试技术与仪器专业的高校很多，但缺乏将这两门专业结合起来的跨专业学科设置。而国内业界对测试工程师的培训一般是从测试系统的使用开始，缺乏对集成电路测试技术的基础培养，很可能出现“知其然不知其所以然”的情况，这样培养的测试工程师要迅速具备能独立完成复杂集成电路的测试开发能力的难度极大。

本书针对目前国内缺乏集成电路测试的基础课程教材而专门编写，适用于集成电路测试专业本科生或专科生使用，要求读者具有数字电路、模拟电路、信号与系统以及部分数字信号处理和工程数学方面的相关知识。

本书共分六章。第一章是集成电路测试的总体概述，介绍了集成电路测试的意义和作用，集成电路测试过程和基本原理，集成电路发展对测试提出的最新需求等。

第二章介绍了基本直流参数的测量方法，包括连接性、电源电流、漏电流、偏移、增益、电源抑制比和共模抑制比的测量方法；介绍了模拟集成电路的主要直流参数及其测试方法，详细介绍了运用辅助电路测试集成运算放大器常用参数的方法；介绍了电源集成电路纹波和噪声等参数的测试，介绍了数字集成电路的直流参数测试方法。

第三章概述了数字集成电路测试，介绍了数字集成电路测试故障模型；介绍了数字集成电路组合逻辑测试和时序逻辑测试；介绍了数字集成电路可编程逻辑器件测试、存储器测试及内建自测试。

第四章概述了混合信号集成电路测试技术、转换器测试基础；混合信号的时域与频域测量，讨论了采样原理和基于数字信号处理的转换器测试，介绍了相干采样技术、DFT和FFT技术；介绍了DAC静态参数及其测试方法，DAC动态参数及其测试方法，ADC静态参数及其测试方法，ADC动态参数及其测试方法。

第五章介绍了ATE系统及测试子系统的数字测试模块、模拟测试模块、DPS测量模块、时间测试模块等；介绍了DIB设计准则、信号完整性、电源完整性等。

第六章介绍了集成电路自动测试系统通用的软件环境和测试语言，以一款模数转换器为例讲述了提取集成电路测试内容和制订测试方案的一般流程；介绍了测试程序的组成及其开发流程，并详细介绍了一款数字电路测试应用开发实例。

本书由电子科技大学（深圳）高等研究院集成电路测试技术重点实验室主任戴志坚统筹编撰，电子科技大学王厚军、杨万渝、韩熙利、解维坤和华北理工大学苏皓、李明旭等人参加编写，全书由王厚军审阅。王厚军编写了第一章内容，戴志坚编写了第二章内容，杨万渝编写了第三章内容，韩熙利编写了第四章内容，韩熙利与解维坤编写了第五章内容（其中韩熙利负责第5.1～5.2节，解维坤负责第5.3节），苏皓与李明旭编写了第六章内容（其中苏皓负责第6.1～6.2节，李明旭负责第6.3节）。

在本书编写过程中，编者得到了中国电子科技集团公司第五十八研究所武乾文副总工程师的协助，实验室的博士研究生李荣杰、邓可为等参与校对和图表完善。在此表示感谢！

目 录

CONTENTS

第一章 集成电路测试技术概述

1.1 集成电路测试技术基本原理

1.1.1 集成电路测试的定义

集成电路测试是对集成电路或模块进行检测，通过比较集成电路的输出响应和预期输出，以确定或评估集成电路功能和性能的过程，是验证设计、监控生产、保证质量、分析失效以及指导应用的重要手段。

集成电路测试是唯一贯穿集成电路设计、制造、封装和应用的全过程的产业，如图 1-1 所示。

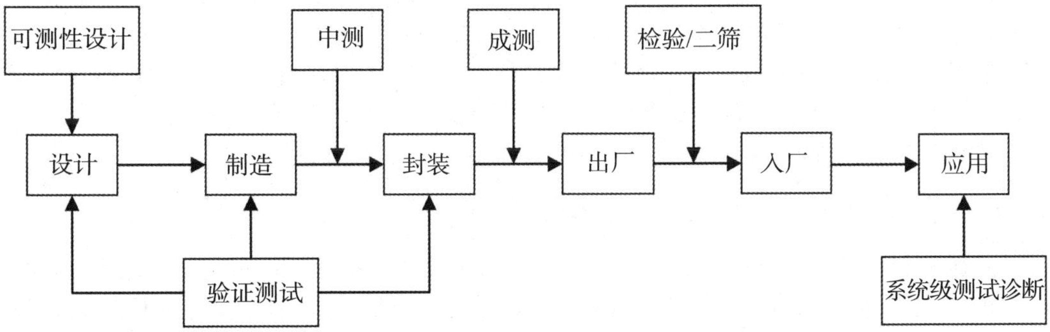

图 1-1 集成电路生命周期中的测试

可测性设计（DFT，Design for Test）：为集成电路测试的可行性或便利而设计相应的辅助电路。随着集成电路的规模和复杂度增加，内部测试分析的难度大幅增加，必须在设计阶段针对后期的测试采取一定的措施，以保证测试的覆盖率并提高测试的效率。

验证测试：新品设计完成后进行小批量生产并进行验证测试，以验证设计的正确性，分析诊断设计缺陷或制造封装中工艺的问题。

中测：也称晶圆测试（WT，Wafer Test），晶圆制造完成后进行测试，甄别管芯（Die）的合格性，避免后续工序的浪费，一般采取降性能测试或部分性能测试。

成测：也称终测（FT，Final Test），对封装完成后的成品进行测试，一般进行全性能测试。其目的是保证出厂产品的质量，同时可按性能指标进行等级分类筛选。

检验（二筛）：用户对入厂产品根据自身应用要求进行检验或二次筛选测试，以保证其符合应用环境的要求。

系统级测试诊断：在应用现场进行系统级故障诊断时，对芯片进行相应的测试，协助故障分析与定位。

1.1.2 集成电路测试的基本原理

集成电路测试的基本原理是给集成电路信号输入端施加激励，检测其信号输出端的输出响应，并将其与预期的正确响应比较以判别集成电路功能和性能的好坏，如图1-2所示。

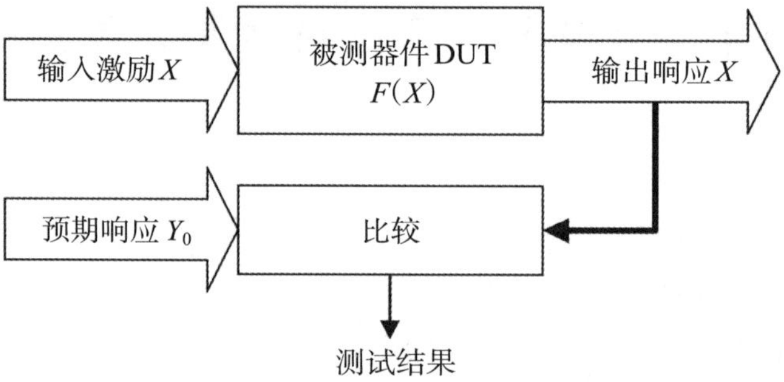

图1-2 集成电路测试原理图

被测器件（DUT，Device Under Test）可作为一个已知功能的实体，依据原始输入激励信号X和被测器件的功能$F(X)$，确定被测器件的预期输出响应Y_0，测试并分析被测器件的实际输出响应Y。将输出响应Y与预期响应Y_0比较，若Y与Y_0相同，则器件功能正常；Y与Y_0不同，则器件有故障。因此，测试的基本任务是，生成测试输入，将测试输入施加于被测器件，检测并分析其输出的正确性。

1.1.3 集成电路测试的常用术语

晶圆测试（WT）：利用探针台、ATE（Automatic Test Equipment）等设备对切割封装前的晶圆进行的测试，通常又称为中测，目的是挑选出好的管芯进行封装，避免后续工序的浪费。

成品测试：利用ATE等测试设备对封装好的成品集成电路进行测试，又叫终测（FT），目的是保证出厂的芯片功能和性能符合用户要求，并可实现按性能指标高低进行等级分类筛选。

ATE：自动测试设备，专用于集成电路测试的综合自动测试系统，一般具备模拟、数字等信号的激励输出和响应检测，器件供电（DPS，Device Power Supply）等功能。

DIB（Device Interface Board）：器件接口板，也有的成为负载板（LB：Load Board）。用于将ATE等测试设备的信号通道与被测器件进行连接，一般包括信号切换电路、夹具的PCB板。

测试矢量：数字芯片测试中发送给被测芯片的一系列测试向量（多位组成）及检测到的一系列响应向量。

边沿定位：ATE设备的数字测试通道发送和检测的脉冲波形包含多个边沿（如：On、Off、Data Start 、Date End），精确控制每个边沿的位置叫边沿定位。如图1-3所示。

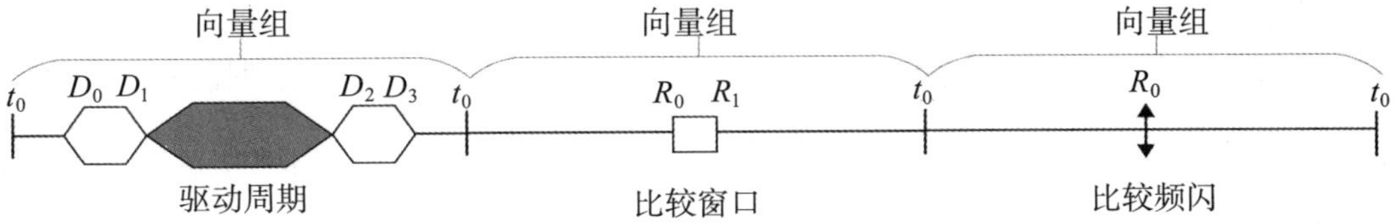

图1-3　边沿定位示意图

引脚参数测量（PPM，Pin Parameter Measurement）：对输入/输出电压、输入/输出电流、输入阻抗等参数的测量，一般由专门的引脚参数测量单元（PPMU，Pin Parameter Measurement Unit）完成。

直流（DC）参数测试：对直流或静态参数的测试，如对输入输出阻抗、漏电流、直流漂移、增益、电源抑制比、共模抑制比等参数的测试。

交流（AC）参数测试：对动态或交流参数的测试，如对工作速率、上升下降时间、过冲/欠冲、抖动、信噪比、失真等参数的测试。

可测性设计：为了使得集成电路产品完全可测或更易于测试而在设计中采用的特殊方法或附加的电路。

1.1.4　集成电路测试的意义与作用

1. 集成电路测试的意义

从集成电路产品设计的功能与性能参数验证分析属性看，集成电路测试是设计的一个组成部分，作为产品生产质量控制属性，测试又往往被看成是芯片制造的一个环节。测试的主要作用是检测集成电路是否存在问题、问题出现的位置以及如何修正问题。一个集成电路没有通过测试，可能原因包括测试本身、产品设计、制造过程等方面。测试技术研究就是在兼顾品质和经济性的条件下制订合适的测试方案，即用最低的成本实现最好的质量控制。

随着集成电路应用领域扩大，其大量用于各种整机系统中。在系统中集成电路往往作为关键器件使用，其质量和性能的好坏直接影响到了系统的稳定性和可靠性。在系统级的性能测试分析和故障诊断时，集成电路测试的可行性和便利性会带来决定性的影响。

如何检测故障、剔除次品是芯片生产厂商不得不面对的一个问题。良好的测试流程，可以使不良品在投放市场之前就已经被淘汰，这对于提高产品质量，建立生产销售的良性循环，树立企业的良好形象都是至关重要的。次品的损失成本可以在合格产品的售价里得到相应的补偿，所以应寻求的是质量和经济的相互制衡，以最小的成本满足用户的需要。

集成电路测试的主要目的是检测集成电路芯片中由生产制造过程而引入的缺陷，测试的意义不仅仅在于判断被测试器件是否合格，它还可以提供关于制造过程的有用信息，从而有助于提高成品率，还可以提供有关设计方案薄弱环节的信息，有助于检测出设计方面的问题。

2. 集成电路测试的作用

集成电路测试是确保产品良率和成本控制的重要环节，在集成电路生产过程中起着举足轻重的作用。集成电路测试的主要目的是保证芯片在恶劣环境下能完全实现设计规格书所规定的功能及性能指标，每一道测试都会产生一系列的测试数据，由于测试程序通常是由一系列测试项目组成的，从各个方面对芯片进行充分检测，不仅可以判断芯片性能是否符合标准，是否可以进入市场，而且能够从测试结果的详细数据中充分、定量地反映出每颗芯片从结构、功能到电气特性的各种指标。因此，对集成电路进行测试可有效提高芯片的成品率以及生产效率。

集成电路测试的作用主要表现在以下几个方面：

（1）检测：确定被测器件（DUT）是否具有某些故障；

（2）诊断：识别表现于DUT的特定故障；

（3）器件特性的描述：确定和校正设计或测试中的错误；

（4）失效模式分析（FMA，Failure Modes Analysis）：确定引起DUT缺陷制造过程中的错误。

集成电路测试是伴随着集成电路的发展而发展的，它对促进集成电路的进步和应用做出了巨大的贡献。随着集成电路产业的飞速发展，超大规模集成电路尤其是集成多核的片上系统（SOC，System On a Chip,）的出现使得芯片迅速投入量产难度增加，由此验证测试变得更加必要。各类新的设计、新的工艺集成电路不断出现，并且在军、民等各个领域的应用越来越广泛，作为集成电路进行设计验证和批产把关的重要环节——集成电路测试，其重要性与经济性日益显著。

1.2 集成电路测试过程

集成电路测试主要环节包括：测试方案制订、器件接口板设计、测试程序开发、测试数据分析和资料归档，如图1-4所示。

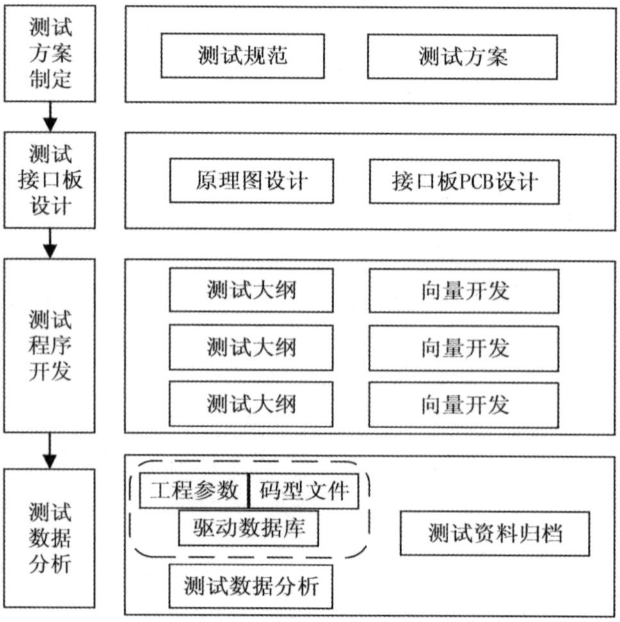

图1-4 集成电路测试主要环节

1.2.1　测试方案制订

集成电路测试首先需要制订测试方案，制订测试方案的依据是器件的测试规范。测试规范包括以下内容：

功能、参数——参数特性和测试条件、功能特性和要实现的算法、输入输出信号的特性、时钟频率等。

器件类型——处理器、存储器、可编程逻辑器件、模拟电路、数模混合电路等。

封装特性——封装形式、管脚定义。

工艺类别——可编程门电路、专用ASIC电路、标准单元等。

环境特性——工作温度范围、电压范围、湿度等。

可靠性——质量等级（商业级、工业级、军品级）、静电放电（ESD，Electro Static discharge）、抗辐照能力等。

在测试规范的基础上，可以制订测试方案。测试方案需要包括：测试仪（平台）的选择、测试夹具选择、DIB设计方案、测试功能和参数项目清单、测试计划等。测试仪的选择要考虑很多因素，例如数据吞吐量、时钟频率、定时精度、测试向量深度、测试仪各种板卡的性能指标、测试仪机时需求及预计费用等。

1.2.2　器件接口板设计

器件接口板用于连接测试机台硬件资源与待测集成电路，测试机台通过接口板实现对器件的测试。接口板上包括测试夹具/探针、接插件和一些测试所需外围器件。如图1-5所示，分别是成品接口板和圆片接口板。

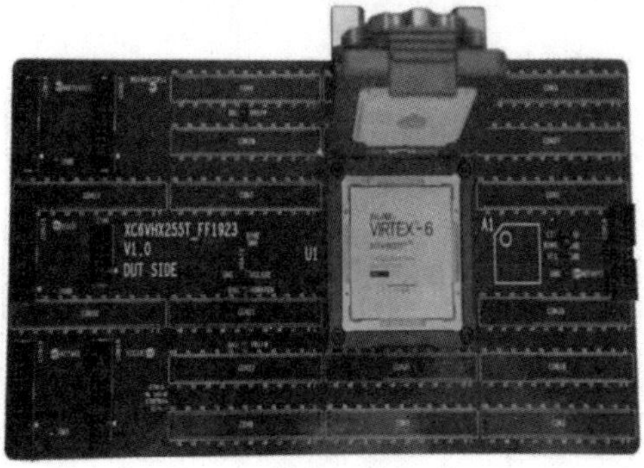

成品接口板

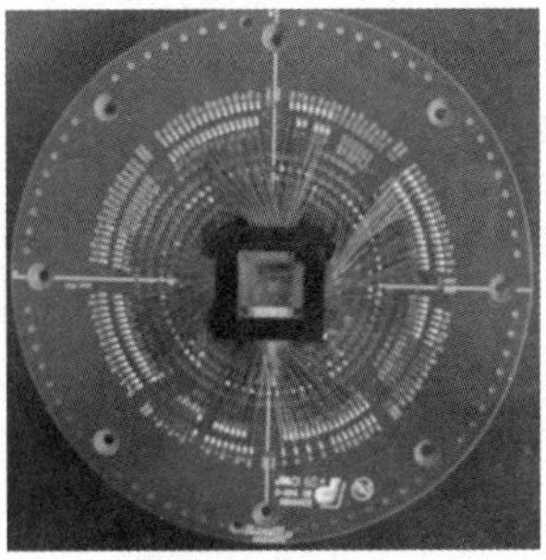

圆片接口板

图1-5　器件接口板

1.2.3　测试程序开发

测试程序开发主要是在测试仪上开发测试程序，测试程序一般包括：器件管脚（PinMap）、直流参数（DC Spec）、交流参数（AC Spec）、测试图形（Pattern Set）、测试事件（Test Instance）、测试流程表（Flow Table）等模块设置，其中测试事件包括各种接触测试、功能测试、直流和交流参数测试，一般集成电路测试流程如图1-6所示。

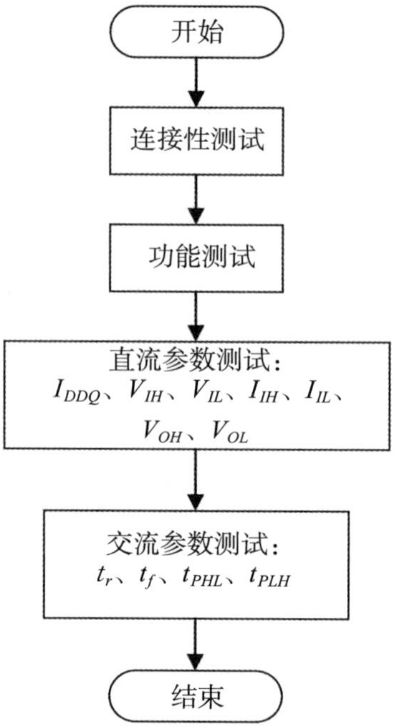

图 1-6　集成电路测试流程

1.2.4　测试数据分析

1. 测试数据分析的目的和意义

（1）挖掘数据中隐藏的信息，寻找内在规律；

（2）为改善工艺或设计提供依据；

（3）为改善测试方案提供依据；

（4）及时发现测试过程中的异常。

2. 测试数据分析的基本类型

（1）探索性数据分析，通过作图、造表、方程拟合、计算特征量等手段探索、寻找和揭示隐含在数据中的规律性。

（2）模型选定分析，在探索性分析的基础上提出可能的模型，然后通过进一步的分析从中挑选一定的模型。

（3）推断分析，通常使用数理统计方法对所定模型或估计的可靠程度和精确程度作出推断。

3. 常用的测试数据分析方法

常用的测试数据分析方法包括统计分析和可视化分析，统计分析有均值分析、方差分析（ANOVA）等，可视化分析包括数据列表、晶圆图、什穆图（shmoo）、直方图（Histogram）等。

（1）均值分析

均值分析顾名思义就是对测试结果取平均值进行分析。均值分析是最基础、最常用的分析方法，方法简单、方便、直观，均值分析时需要剔除异常数据、缺少数据的结构信息，只适用于简单快速地分析 。图1-7有3 000个数据，平均值=4.091V，剔除异常点后，平均值=4.125V。

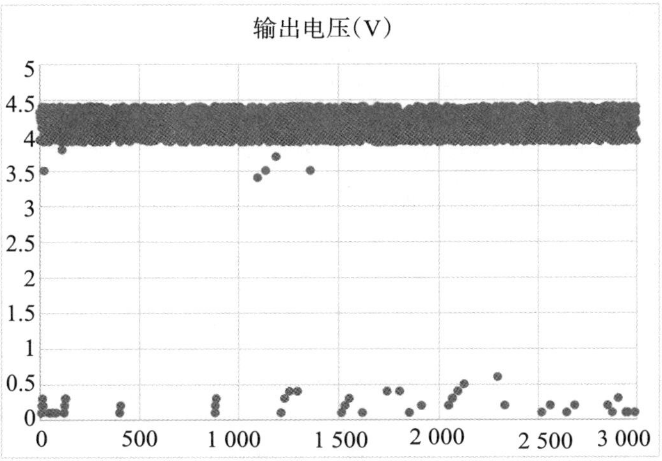

图1-7　均值分析图

（2）方差分析

方差分析检验“两个或多个总体的均值都相等”这一假设，方差分析通过比较不同因子水平下的响应变量均值来评估一个或多个因子的重要性。均值分析和方差分析的区别：方差分析假设数据服从正态分布，而均值分析可以用于服从正态、二项或 Poisson 分布的数据；方差分析适用前提是苛刻的，而实际案例往往不能符合，而均值分析是近似分析法，可理解为非参数统计范畴。

（3）数据列表（数据记录）

数据列表是测试结果的简要列表，也称为数据记录。数据记录的格式通常包括测试类别、测试描述、最小和最大测试极限以及测量结果，如图1-8所示。

Sequencer: S_continuity							
1000 Neg PPMU Cont	Failing Pins: 0						
Sequencer: S_VDAC_SNR							
5000 DAC Gain Error	T_VDAC_SNR	-1.00 dB	<	-0.13	dB	< 1.00	dB
5001 DAC S/2nd	T_VDAC_SNR	60.0 dB	<=	63.4	dB		
5002 DAC S/3rd	T_VDAC_SNR	60.0 dB	<=	63.6	dB		
5003 DAC S/THD	T_VDAC_SNR	60.00 dB	<=	60.48	dB		
5004 DAC S/N	T_VDAC_SNR	55.0 dB	<=	70.8	dB		
5005 DAC S/N+THD	T_VDAC_SNR	55.0 dB	<=	60.1	dB		
Sequencer: S_UDAC_SNR							
6000 DAC Gain Error	T_UDAC_SNR	-1.00 dB	<	-0.10	dB	< 1.00	dB
6001 DAC S/2nd	T_UDAC_SNR	60.0 dB	<=	86.2	dB		
6002 DAC S/3rd	T_UDAC_SNR	60.0 dB	<=	63.5	dB		
6003 DAC S/THD	T_UDAC_SNR	60.00 dB	<=	63.43	dB		
6004 DAC S/N	T_UDAC_SNR	55.0 dB	<=	61.3	dB		
6005 DAC S/N+THD	T_UDAC_SNR	55.0 dB	<=	59.2	dB		
Sequencer: S_UDAC_Linearity							
7000 DAC POS ERR	T_UDAC_Lin	-100.0 mV	<	7.2	mV	< 100.0	mV
7001 DAC NEG ERR	T_UDAC_Lin	-100.0 mV	<	3.4	mV	< 100.0	mV
7002 DAC POS INL	T_UDAC_Lin	-0.90 lsb	<	0.84	lsb	< 0.90	lsb
7003 DAC NEG INL	T_UDAC_Lin	-0.90 lsb	<	-0.84	lsb	< 0.90	lsb
7004 DAC POS DNL	T_UDAC_Lin	-0.90 lsb	<	1.23	lsb (F)	< 0.90	lsb
7005 DAC NEG DNL	T_UDAC_Lin	-0.90 lsb	<	-0.83	lsb	< 0.90	lsb
7006 DAC LSB SIZE	T_UDAC_Lin	0.00 mV	<	1.95	mV	< 100.00	mV
7007 DAC Offset V	T_UDAC_Lin	-100.0 mV	<	0.0	mV	< 100.0	mV
7008 Max Code Width	T_UDAC_Lin	0.00 lsb	<	1.23	lsb	< 1.50	lsb
7009 Min Code Width	T_UDAC_Lin	0.00 lsb	<	0.17	lsb	< 1.50	lsb
Bin: 10							

图1-8　数据记录

（4）晶圆图

标识晶圆上失效芯片的位置，显示每个失败类别的物理分布。该信息在定位特定问题的晶圆区域时非常有用，如图1-9所示。

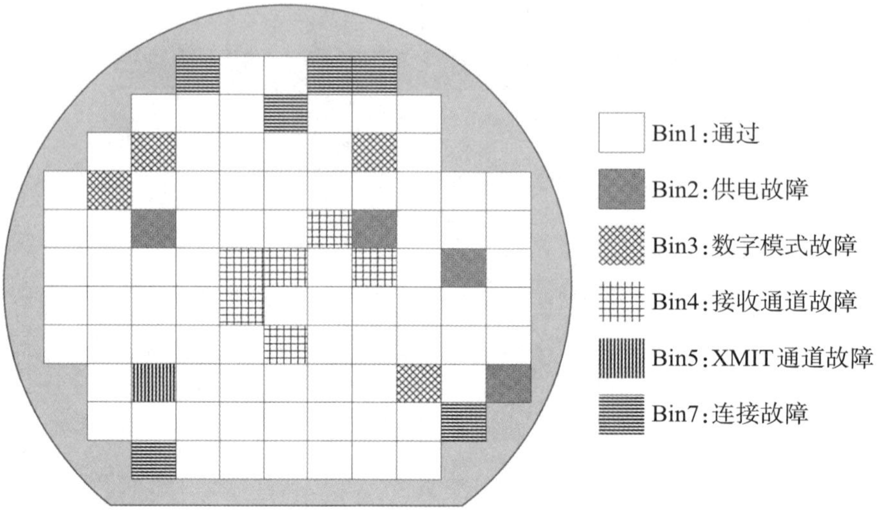

图1-9　晶圆图

图1-9所示的晶圆的上边缘，连接性故障最严重。因此，我们可以检查晶圆上边缘的键合焊盘质量，以了解是否可以找出为什么连接性测试在该区域最常失败的原因。

（5）什穆图

什穆图最早用于半导体制造的计算机生成的图形显示，是测试结果与测试条件的关系图。什穆图又分为功能什穆图和参数什穆图，功能什穆图如图1-10所示。

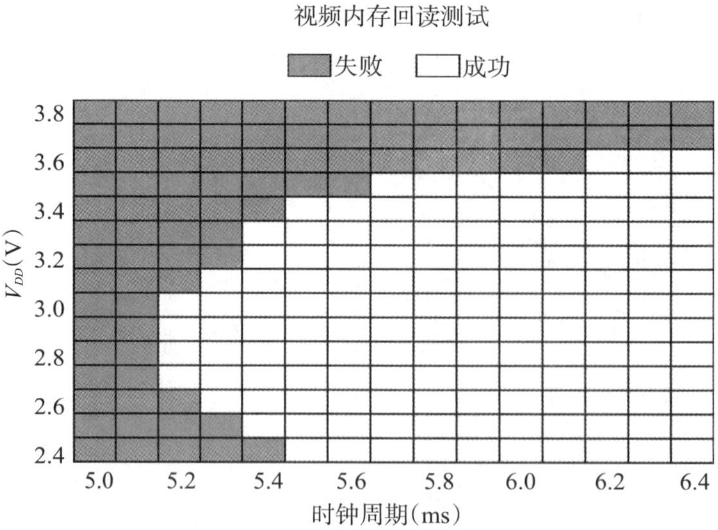

图1-10　功能什穆图

功能什穆图仅显示哪些测试条件产生通过（功能正常）或失败（功能错误）测试结果。

参数什穆图如图1-11所示。

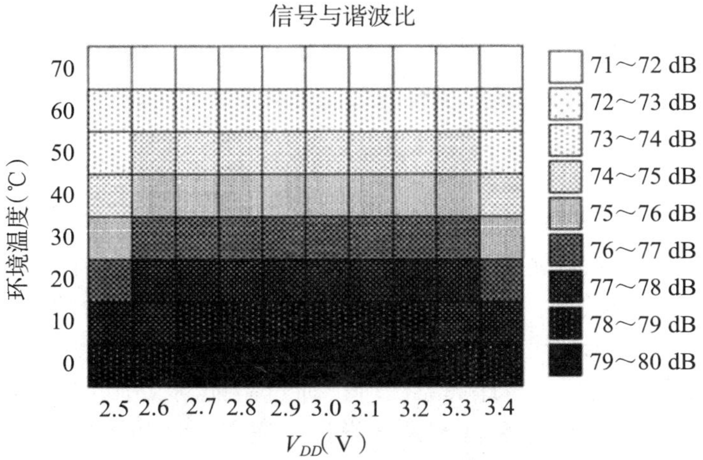

图1-11　参数什穆图

参数什穆图可用于显示每种测试条件组合下的模拟测量结果，而不仅仅是显示简单的通过或失败结果。

（6）直方图分析

直方图是数值数据分布的精确图形表示，这是一个连续变量（定量变量）的概率分布的估计，如图1-12所示。

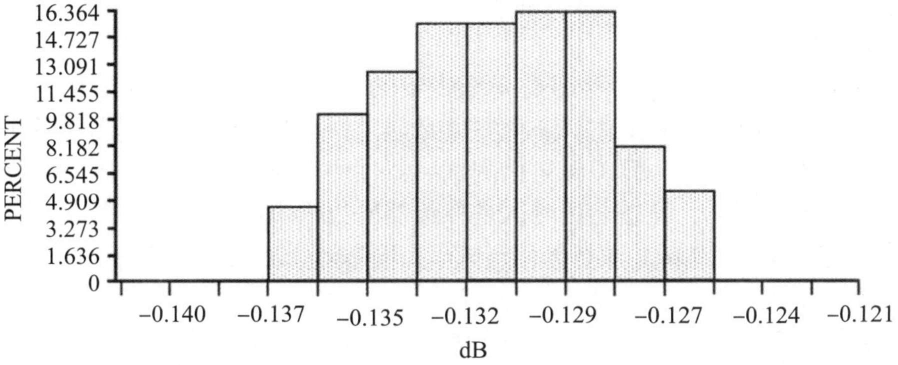

图1-12　直方图

图1-12中显示了与DAC增益误差示例相对应的直方图，它显示了测量值的分布图以及一些关键统计值。

1.3 集成电路测试分类

1.3.1 按测试的目的分类

集成电路测试按照测试所要达到的目的可分为：验证测试、生产测试、老化测试、入场测试等。

1. 验证测试

验证测试是在一个新的设计完成之后进入量产之前进行的，目的是验证这个设计是否正确，能否满足规范要求。在这一阶段，将会进行功能测试以及全面的交流参数和直流参数的测试等，也可能会探测芯片的内部结构。通常会得出一个完整的验证测试信息，如芯片的工艺特征描述、电气特征（直流参数、交流参数、电容、漏电、温度等测试条件）、时序关系图等。通过验证测试中的参数测试、功能性测试、结构性测试，可以诊断和修改系统设计、逻辑设计和物理设计中的设计错误，为最终规范（产品手册）测量出芯片的各种电气参数，并开发出测试流程。

2. 生产测试

当芯片的设计方案通过了验证测试，进入生产阶段之后，将利用前一阶段设计好的测试流程进行生产测试。在这一阶段里，测试的目的就是对被测芯片进行“Pass”或“Fail”判断。由于要对每一片芯片进行生产测试，所以测试成本是这一阶段的首要问题。出于此种目的，测试的效率很关键，生产测试没有验证测试那么全面，测试通常所采用的测试向量集不会包含过多的测试向量，但是必须有足够高的模型化故障的覆盖率以满足质量上的要求。

3. 老化测试

通过生产性测试的产品并不是完全一致的，在实际应用当中，有些会很快失效，而有些会长时间正常工作。老化测试是通过一个长时间的连续或周期性的测试使不耐用的器件失效，从而确保老化测试后器件的可靠性。老化测试分为静态老化测试和动态老化测试。静态老化测试是在给器件提供供电电压下，提高器件的工作温度，对其寿命进行测试。动态老化测试是在静态老化测试的基础上施加激励。

4. 入厂测试

为了避免在系统组装的时候使用有缺陷的器件，导致整个系统故障，系统制造商在系统集成之前，需要对所采购的器件进行入厂测试。根据不同需求情况，此类测试的内容不同，可能与生产测试项目类似，可能比生产测试更全面，也可能针对特定的系统应用进行板级的应用测试。另外也可根据器件质量和系统要求，进行随机抽样，只针对抽取的样品进行入厂测试。

1.3.2 按测试内容分类

按照测试所涉及的内容，可将集成电路测试分为：参数测试、功能测试、结构测试等。

1. 参数测试

参数测试分直流参数测试和交流参数测试。其中直流参数测试包括：开路/短路测试、输出驱动电流测试、漏电电源测试、电源电流测试、转换电平测试等。交流参数测试包括：传输延迟测试、建立保持时间测试、功能速度测试、存取时间测试、刷新/等待时间测试、上升/下降时间测试。

2. 功能测试

功能测试由输入向量和对应的响应所组成，检验芯片内部结构是否实现了设计方案所要求的正确的功能。功能测试能够对模型化故障（如固0、固1故障）达到一定的覆盖率。

3. 结构测试

结构测试的思想是在大规模数字系统的原始输出端口观察其内部信号的状态，这样的测试被视为结构化的，因为它依赖于电路的特定结构，例如：门类型、互连、网表。不同于功能测试要依赖电路功能，结构测试不关注电路功能。对于某个引脚信号变化，结构测试的测试生成算法会根据电路内部结构来推算内部节点的状态变化，以及输出引脚值的变化。常用的结构化测试方法有扫描测试、边界扫描测试和内建自测试法。

1.3.3 按照器件开发和制造阶段分类

1. 按照器件开发阶段分类

测试主要分为：特征分析、产品测试、可靠性测试、来料检查等类别。

（1）特征分析：保证设计的正确性，决定器件的性能参数；

（2）产品测试：确保器件的规格和功能正确的前提下减少测试时间、提高成本效率；

（3）可靠性测试：保证器件能在规定的年限之内正确工作；

（4）来料检查（入厂检测、二次筛选）：保证在系统生产过程中所有使用的器件都能满足它本身规格书要求或应用要求，并能正确工作。

2. 按照器件制造阶段分类

测试可分为：晶圆测试、成品测试、质量控制测试等。

（1）晶圆测试（中测）

晶圆测试是通过对代工完成后的晶圆进行测试，目的是在划片封装前把坏的裸片挑出来，以减少封装和芯片成品测试成本，同时统计出晶圆上的管芯合格率、不合格管芯的确切位置和各类形式的合格率等，能直接反应晶圆制造良率、检验晶圆制造能力。

（2）成品测试（终测）

集成电路后道工序的划片、键合、封装及老化过程中都会损坏部分电路，所以在封装、老化以后要按照测试规范对电路成品进行全面的电路性能检测，目的是挑选出合格的成品，根据器件性能的参数指标分级，同时记录各级的器件数和各种参数的统计分布情况；根据这些数据和信息，质量管理部门监督产品的质量，生产管理部门控制电路的生产。

（3）质量控制测试

为确保生产产品的质量，对准备出厂的合格器件进行抽样测试，确保良品的合格率。

1.3.4 按器件类型分类

按照被测器件的类型，可将集成电路测试分为：数字测试、模拟测试、混合测试、存储器测试、SOC测试、RF测试等。

1.4 集成电路测试的发展及挑战

1.4.1 集成电路测试行业现状

1. 全球现状

集成电路作为全球信息产业的基础与核心，经历了60多年的快速发展，如今已成为世界电子信息技术创新的基石，成为现代日常生活中必不可少的组成部分。近年来随着各类新型电子产品的出现以及现有电子产品的更新换代，人们对电子产品的需求越来越大。根据全球半导体贸易协会（WSTS）的统计，2021年全球半导体市场销售额为5 560亿美元，比2020年增长26.2%。随着5G通信、物联网、云计算等行业发展，全球集成电路行业2020年市场规模达到3 612亿美元，2021年市场规模进一步增长至4 630亿美元，同比增长约28.18%。预计未来集成电路行业将继续在终端市场需求的引领和在新兴产业的带动下，伴随终端应用的持续扩展而不断创新发展。

集成电路测试贯穿芯片制造的全流程，对保证芯片的性能和稳定性意义重大，测试独立化不仅有助于其专业性的提升，更可将芯片设计、制造中存在的问题及时分析反馈，减少产能浪费，有效降低生产成本并提升效率。传统的IDM模式（涵盖了集成电路设计、制造以及封装、测试为一体的垂直整合型公司，即在公司内部完成芯片设计、制造、封装、测试的每一环节，业务流程包括半导体制造的整个过程）有较大的局限性，使得近几年集成电路Chipless商业模式兴起并发展迅速。

所谓Chipless模式，就是以苹果、华为这类拥有巨大终端产品市场的品牌公司，同时掌握前端的芯片设计和后端应用两大关键环节，并将中间的芯片制造、封装、测试环节委托于代工厂完成的商业模式。在国内市场，Chipless模式的兴起表现得极为明显。以格力、阿里、小米、美的为代表的企业纷纷进入芯片设计行业，大力投入适用于自家产品的专业芯片及自有系统级芯片（SoC）的研发和设计，以图减少对传统IDM模式企业的依赖，使得独立第三方测试企业的市场份额进一步扩大，有利于公司的发展。

全球IC测试与代工测试统计如图1-13所示，目前独立专业测试发展迅速，代工测试占全球IC测试的比重逐年提升。

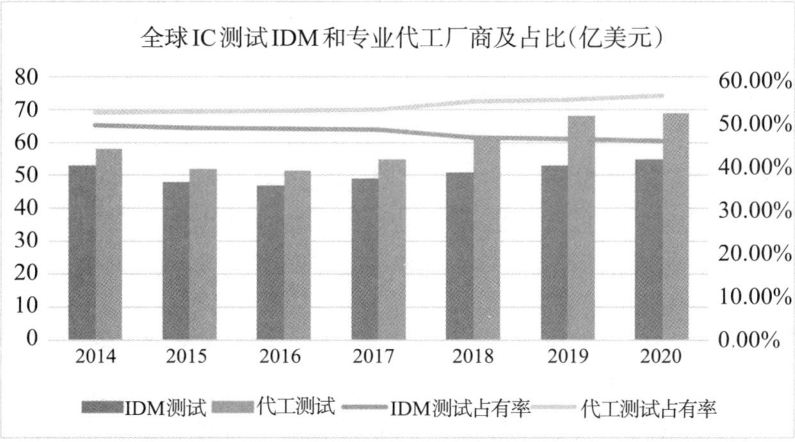

图1-13　全球IC测试与代工测试统计

2. 国内现状

国内上游设计和晶圆制造景气度上行，以华为海思、中芯国际等为代表的IC设计和制造企业逐渐崛起，对第三方测试的需求增加，将带动国内第三方专业测试快速发展。

由IC测试在产业链中的位置和服务对象可以看出，专业测试的需求来源于上游的IC设计和制造，因此其发展直接受上游景气度的影响。近年来国内整个IC产业均发展迅速，2010—2019年中国集成电路产业销售额整体呈增长趋势，从2010年的1 440.15亿元增加至2019年的7 562.3亿元，这主要受物联网、智能汽车和新能源汽车、智能终端制造、新一代移动通信等下游市场需求驱动。如图1-14所示，2021年中国集成电路产业销售额为10 458.3亿元，同比增长18.2%。其中，设计业销售额为4 519亿元，同比增长19.6%；制造业销售额为3 176.3亿元，同比增长24.1%；封装测试业销售额2 763亿元，同比增长10.1%。

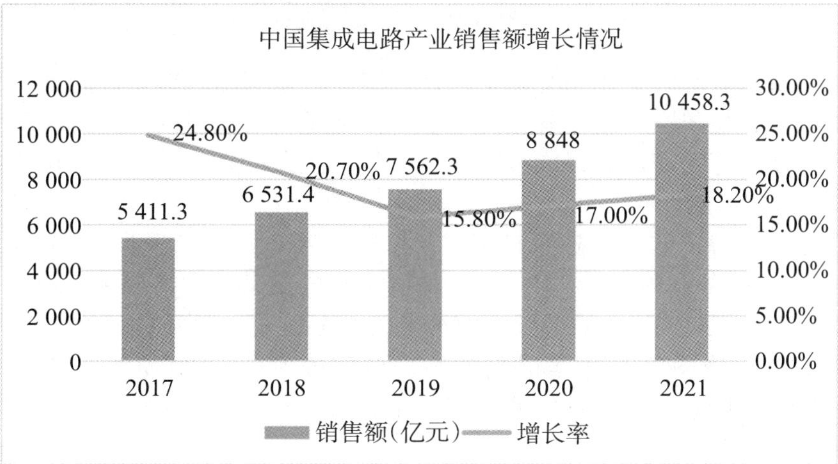

图1-14　中国集成电路产业销售收入统计

在IC制造方面，国内重点投资建设了大量晶圆厂，并进行了产线扩充。2017—2020年中国大陆新投产晶圆厂数量（12座）占全球的41.94%，全球产能占比也逐渐提升，2015年国内晶圆厂产能仅占全球的10%左右，2020年有望达到18%，而到2025年则将达到22%以上，复合增速在10%以上。

集成电路封测是发展最完善的板块，技术能力与国际先进水平比较接近，其中长电科技、通富微电和华天科技已进入全球封测企业前十强。2021年中国设计业销售额占集成电路产业总销售额的43%，制造业销售额占30%；封装测试业销售额占26%，整体产业结构趋于完善。

2015—2021年，我国集成电路封装测试行业市场规模呈现逐年增长态势。2017年我国封装测试行业销售收入增长率达到20.77%，随后因部分集成电路封测企业开始转型到技术含量更高的集成电路设计和制造领域，导致集成电路封测行业的市场规模增长率开始下降。2020年我国集成电路封测业市场规模为2 510亿元，较2019年同比增长6.8%。2021年封装测试业销售额2 763亿元，同比增长10.1%，如图1-15所示。

图1-15　中国集成电路封测行业销售统计

全球晶圆制造龙头企业逐步在中国建厂扩产，这将给国内封测企业带来无限空间。除此之外，物联网、各类智能终端、汽车电子以及工业控制，可穿戴设备、智能家电等持续旺盛的需求为集成电路的发展带来强劲的动力，由此给国内的封测产业提供了无限的可能。

IC专业测试与IC设计企业息息相关，根据台湾工研院的统计，IC专业测试成本约占到IC设计营收的6%～8%。2021年中国集成电路设计业销售额达到4 519亿元，据此推算集成电路测试行业的市场容量约为316亿元。根据中国国家统计局和中国海关总署的数据，我国2021年集成电路的进口数量为6 354.81亿个，进口总金额达27 934.8亿元，据此推算该部分进口芯片中，集成电路测试服务金额约为1 955亿元。因此，每年集成电路测试服务市场规模超过2 500亿元，具有广阔的市场空间。

目前中国大陆IC专业测试仍处于中早期发展阶段，数十家中小测试公司伴随上游设计、制造环节兴起迅速发展。但与中国台湾京元电子等成熟企业相比，大陆IC

测试公司在规模、技术上仍有很大的差距。

目前大陆IC专业测试企业主要有两大类。一类是具有国企背景的IC测试公司和研究所检测中心，例如华岭股份、确安科技、华润赛美科微、工信部电子4所、工信部电子五所、中国电科58所等。另一类是以中微腾芯、利扬芯片、威伏半导体、上海伟测半导体为代表的市场化专业测试厂商，这类企业直接服务于国内IC设计企业，具有较强的市场开拓能力，最近几年发展迅速。大陆专业从事测试的厂商如表1-1所示。

表1-1 大陆专业从事测试的厂商（其中CP：晶圆测试 FT：成品测试）

序号	企业名称	年销售额(亿元)	领域
1	上海华岭A	1.26	CP
2	苏州京隆	1.2	CP/FT
3	中微腾芯	1	CP /FT/可靠性
4	东莞利扬	0.8	CP
5	镇江艾科	0.7	CP/FT
6	安博科技	0.7	CP
7	华宇	0.7	CP/FT
8	华润赛美科	0.6	CP
9	无锡圆方	0.6	CP/FT
10	北京确安	0.5	CP
11	无锡捷进	0.4	CP
12	上海伟测	0.3	CP

1.4.2 集成电路测试行业发展趋势

IC产业继续高度细化分工，芯片测试走向专业化也必定是大势所趋。首先，IC制程演进和工艺日趋复杂化，制程过程中的参数控制和缺陷检测等要求越来越高，IC测试专业化的需求提升；其次，芯片设计趋向于多样化和定制化，对应的测试方案也多样化，对测试的人才和经验要求提升，则测试外包有利于降低中小企业的负担，提高效率。此外，专业测试在成本上具有一定优势。目前国内测试设备以进口为主，单机价值高达30万～100万美元，重资产行业特征明显，资本投入巨大，第三方测试公司专业化和规模化优势明显，测试产品多元化加速测试方案迭代，源源不断的订单保证产能利用率。因此，除Fabless企业外，原有IDM、晶圆制造、封装厂出于成本的考虑倾向于将测试部分交由第三方测试企业。

国内专业测试未来的市场空间取决于三个方面：上游IC设计和晶圆代工产能扩张带来的增量市场；国内测试逐渐成熟后替代境外测试厂商；国内半导体产业分工明细后更多设计、制造、封装厂将选择第三方测试。

1.4.3 集成电路测试面临的挑战

1. 行业发展挑战

目前国内专业测试产能严重不足，大部分测试厂商定位中低端市场，不具备开发测试方案和程序的能力。率先实现产能扩张、建立技术优势的厂商先发优势明显，有望通过规模和技术壁垒迅速甩开与竞争者的差距。

首先，芯片测试作为Fabless模式下生产外包环节的一部分，制造业属性很强，产能完全依赖于设备采购（资本投入），和传统制造业一样也会经历产能爬坡和工艺优化的过程，伴随规模而来的是经验积累以及工艺领先的优势。其次，规模也决定下游客户结构，大的设计厂商只会和有一定规模的测试厂商合作，规模上不去就很难承接大的订单，客户结构难以优化。因此，技术和规模领先的企业将走上“技术领先—客户开拓—融资扩产—产能爬坡—工艺优化—技术领先优势扩大”的良性循环，并将逐步拉开与竞争者的差距。

2. 测试技术挑战

集成电路从小规模到中规模，再到大规模，超大规模集成电路，发展到现在的芯片系统，集成十亿以上的晶体管，堪称超级超大规模集成电路了。芯片系统往往是模数混合电路，随着集成电路功能实现复杂性，其规模也不断提高，使得集成电路测试系统向开放式、模块化和标准化方向发展，从而集成电路测试技术面临更大的挑战，这就需要我们提出相关的测试策略和实现方法。

（1）随着集成电路设计规模迅速提升，测试向量数目的急剧增加，迫切需要有效的测试设计，即采用什么样的硬件电路和快速的测试算法能以较小的硬件开销分析出所有的故障。

（2）半导体芯片中的晶体管的特征尺寸每年大约减小10.5%，随着电路设计和工艺的革新，晶体管密度几乎成平方级增长。先进的nm级设计工艺使得设计人员能将大量晶体管放置到集成电路上，这使得引入新的电子和物理效应，不断涌现出新的失效故障模型，串扰、电迁移和信号完整性问题更为突出。

（3）芯片的工作速度不断提升，数字信号在高速的数字通道上表现出复杂的模拟特性，噪声随之引入，因而对测试系统提出了更高的设计要求。这导致高速自动测试系统售价昂贵，一台测试频率为1GHz的自动测试系统每增加一个引脚的费用大约为3 000美元。

（4）模数混合自动测试系统往往需要采用一套复杂的数字信号处理系统来实现，基于数字信号处理器的测试是以数字化仪器和任意波形发生器代替纯模拟仪器完成模拟信号的参数测试。

（5）随着集成电路工艺技术进步和设计方法的提高，可以把中央处理器、数字信号处理器、内存等模块设计在一块芯片上，这就是SOC。SOC采用IP核设计，供测试的端口少，且IP核提供商为了保护知识产权往往不愿意过多地透露IP核的具体实现细节。在这种情况下，内部IP核测试需要构建复杂的数学模型导致难以测试。

参考文献

[1] Gordon Roberts，Friedrich Taenzler，Mark Burns. An Introduction to Mixed-Signal IC Test and Measurement[J]. Physics Today，2011.

[2] 高成，张栋，王香芬. 最新集成电路测试技术[M]. 北京：国防工业出版社，2009.

[3] 朱晶，赵佳菲，史私琳，乾晓琳. 2020 年中国集成电路产业现状回顾和新时期发展展望[J]. 中国集成电路，2020.11.

习　　题

1.1 集成电路测试的作用有哪些？

1.2 集成电路测试过程包括哪几部分？

1.3 按测试目的和测试内容，集成电路测试可分为哪几类？

1.4 列出 ATE 的主要组成部分，简要说明其工作原理。

1.5 器件接口板（DIB）的主要作用是什么？

1.6 列出 3 个集成电路测试面临的主要挑战。

第二章 直流参数及模拟集成电路测试

直流（Direct Current，简称DC）是指电压或电流的大小和方向不随时间变化的电信号。集成电路测试中的直流参数测试指的是对集成电路管脚输入直流电压源或直流电流源，基于欧姆定律确定器件电参数的稳态测试方法。比如，漏电流测试就是在输入管脚施加电压，这使输入管脚与电源或地之间的电阻上有电流通过，然后测量其该管脚电流的测试。输出驱动电流测试就是在输出管脚上施加一定电流，然后测量该管脚与地或电源之间的电压差。

本章的直流参数测试，包括连接线（开路-短路）测试、漏电流、阻抗、偏移、增益、直流电压抑制比、直流共模抑制比等直流参数测试。直流参数测试也被称作静态参数测试。

2.1 连接性测试

2.1.1 连接性测试目的

为了正常运行任何集成电路测试应用程序，测试工程师首先需要将DUT与ATE机台以某种形式物理连接在一起。我们把设计有包括信号切换电路、夹具、DUT外围电路和辅助测试电路等的PCB板称为DIB板。由于ATE是通用的，对于不同的DUT，需要测试工程师设计不同的DIB。DUT插接在DIB板上的插座或者机械手接触器（handler contactor）中。需要说明的是，在进行晶圆测试时，是通过尖细的探针头和裸片进行有效连接的，所以此时由探针卡（probe card）代替DIB。DIB板和ATE机台测试头（Test head）通过弹簧针或其他边沿连接器实现连接。ATE测试头部分的电路专业上称为引脚电路（PE，Pin Electronics），也叫Pin Card、PEC（Pin Electronics Card），或者I/O Card，是测试系统资源和待测器件之间的接口，它给待测器件提供输入信号并接收器件的输出信号。不论是Pogo Pin还是其他类型连接器，往往也不是直接与DUT物理联系在一起的，为了方便进行多种类型或多个参数的测试，他们之间一般设计有可程控的开关系列。通过将这些开关系列设置在不同的开关组合上，并配合经过精确设计的外围辅助电路，我们不必更换DIB板就可以完成对一个DUT多个参数的测定。

作为电子电路中的机械部分，即使性能良好的Pogo Pin和程控开关，在经过多次使用后，都可能出现故障。比如弹簧针弯曲导致接触不良或与周围的针短路，程控开关可能会因为长期开关出现电弧烧毁或焊死。这些情况的出现都会导致DUT的引脚（Pin）不能正确地与ATE机头的通道（Channel）连接，出现开路或者短路问题。

正因如此，所有的测试程序首先进行连接性测试（Continuity Test）。连接性测试又称接触性测试（Contact test）或开短路测试，旨在验证被测器件管脚的电气连接。如果不进行连接性测试，则生产人员就不能区分芯片缺陷和测试硬件的连接缺陷。若没有连接性测试，由于pogo pin弯曲或继电器缺陷，数以千计的好器件可能被简单地判断为次品。

2.1.2　连接性测试方法

连接性测试通常是通过探测芯片内的保护电路实现的，这些电路保护器件的所有输入输出不受静电放电和其他过载条件的损害。集成电路设计制造时静电放电保护电路防止输入 / 输出引脚接收到高于正电源的电压和低于负电源或地的电压。而二极管或可控硅整流电路常常被利用来将输入管脚过大的电流导向地或者电源。

最简单的静电放电保护电路由一个或两个二极管组成，但是其他更复杂的保护电路如可控硅电路和简单二极管保护电路从原理上来看是完全一致的。在本章中我们就仅以二极管静电保护电路为例。如果在一个串联有二极管的电路上施加一个正偏电压，当这个正偏电压比二极管的正向导通电压过大时，由于正向导通情况下二极管伏安特性的陡峭性，即使二极管两端有很小的电压升高也将会引起流过二极管的正向电流极大地增大，这个电流流过限流电阻，最终的结果就是使二极管两端电压变化很小，忽略这个变化的情况下我们就认为二极管两端电压恒定。静电保护二极管电路使得只要器件管脚的电压高于二极管正偏电压情况下，静电放电电流可以通过二极管流到地或电源。

在所有的集成电路中，管脚都有静电保护电路，简单的静电保护电路由两个或一个二极管组成，分别如图2-1右边管脚和左边管脚所示，图中虚线框表示这些电路是设计在集成电路内部的。右边的管脚接了两个二极管，其中一个二极管D_1的P极和管脚相连，N极和正电源连接。另外一个二极管N极和管脚相连，P极和地或负电压接在一起。

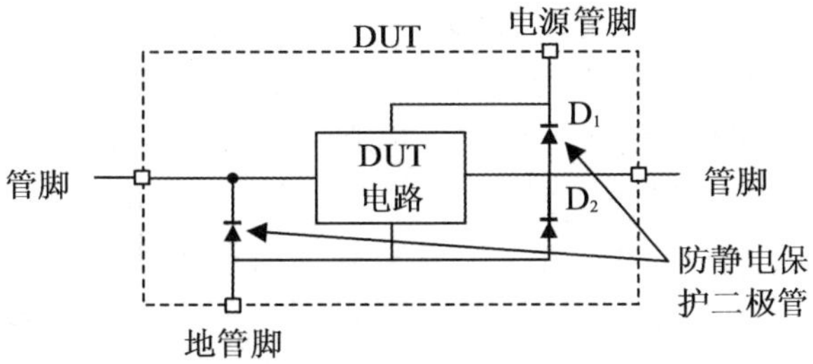

图2-1　连接性测试原理图

为了验证集成电路的管脚和测试机台是否实现正确的连接，即有没有出现开短路故障，首先将DUT电源管脚VDD电压置为0V（接地），如图2-2所示，操作测试机台向DUT管脚连接的内部二极管注入一个正偏电流。对于二极管D_1来说，需要测试机台向管脚1接入电流源I_{CONT}，这个电流的方向为管脚1流向，接0V的V_{DD}，可称为灌电流，此时二极管D_2是反偏的。管脚1对地电压测量值V_{MEAS}即为二极管D_1两端电压，在器件连接正常时为二极管D_1正向导通电压，对于硅管来说大约在0.55V～0.75V范围内，简单写为0.7V。

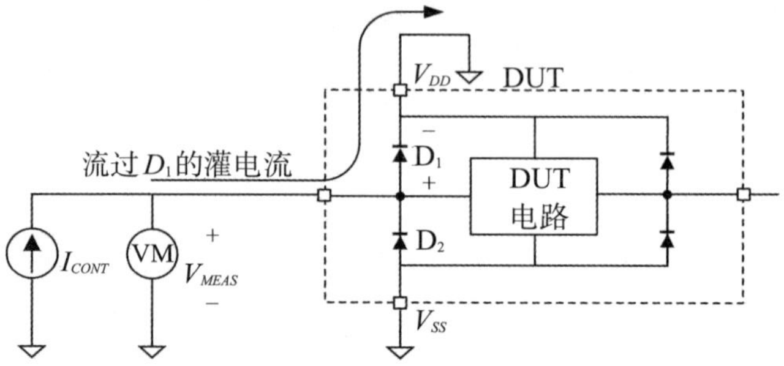

图2-2　灌电流测量

对于二极管D_2来说，需要测试机台向管脚1输入一个与D_1正偏时方向相反的电流，该电流方向为地流向管脚1，称为拉电流，此时二极管D_1是反偏的。测量管脚1对地电压即为二极管D_2两端正向导通电压，该电压实际方向和V_{MEAS}参考方向相反，所以此时电压表VM测得的值应为–0.7V左右。

灌电流和拉电流大小一般选择在100μA～1mA，主要是由静电防护二极管电特性决定的。电流过大会损坏二极管，电流过小二极管则不会正向导通。

上述两种测量结果为测试机台和DUT没有出现连接性问题的情况。假如管脚1和地之间出现短路，此时电压表两端测得的电压应为0。假如电流源和V_{DD}（此时接地）之间出现开路，因为电流源两端是不允许出现开路的，开路会产生过大电压进而损害仪器，所以ATE测试机台本身会设计钳位电路使得电压表VM的测量值为钳位电压值。

很多时候DUT本身有多个电源管脚和地管脚，一般会要求所有的电源和地管脚都接地之后再进行连接性测试。如果只是在部分电源管脚和地管脚接地的情况下测试，虽然已接地的管脚会给二极管提供正偏回路，使得测试在大多数情况下不会出问题，但是这些未接地的电源和地管脚本身的开短路故障则不会被检测到。其实在多个电源和地管脚都接地的情况下，单个电源或地管脚的开路问题也不会被检测到。为了避免以上两种情况发生，测试工程师可以给所有的电源和地管脚接上继电器，进行多次测量，每次测量之间只使用一组电源和地供电。

少数运用在射频电路中的器件，当希望输入管脚寄生电容的值很小时，可能不会使用二极管静电保护电路，因为二极管反偏时空间电荷层引起的势垒电容可能高达数pF，在工作频率很高的情况下pF量级的电容呈现的容抗也很小，对性能的影响不可忽视。这些缺乏静电保护的电路，除了使得器件容易损坏外，也给连接线测试提出了新的挑战：可替代的方案可能包括测试泄漏电流、测量输入阻抗等方法，具体应该根据被测器件本身的结构而定。

2.1.3 连接性测试效率提高技术

如果一次只对一个管脚串行地进行连接性测试，从时间上来说效率是很低的。ATE测试机台一般都配有多个独立引脚参数测量单元PPMU，可以同时对各引脚独立地进行连接性等直流参数测试，称并行测试，并行测试时PPMU单元对每一个管脚同时施加一个电流源测试并测试其电压，如图2-3所示。器件连接性不出现问题时，所有电流源同时输入管脚，不管是拉电流还是灌电流，电压表都能测试出正确的–0.7V和0.7V。目前一次测试一个引脚的串行测试已不多见。

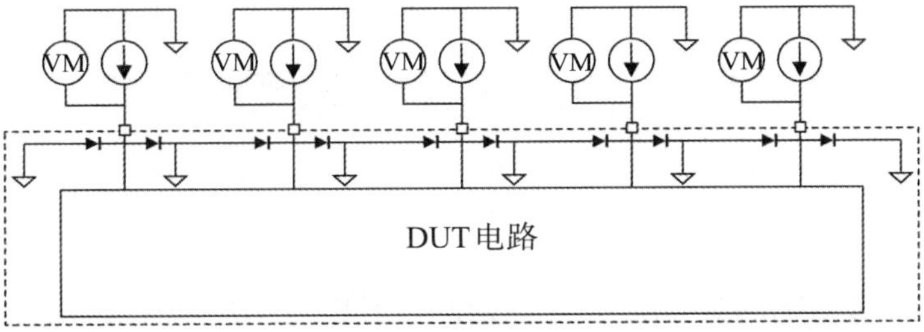

图2-3 并行连接性测试示意图

并行测试存在一个问题：我们发现两个同时被测的管脚之间发生短路时，如图2-4所示，管脚1和管脚2短路，不管是施加灌电流还是拉电流，在短路点和地之间依然接有两只并联的二极管和并联的两个电流源，两个电流源的电流之和同样能让两个并联的二极管保持正偏，当然根据电流源的方向分别是不同的两个二极管正偏，这个时候电压表测量出来的也是±0.7V左右，测量结果会显示通过，不能成功地检测出实际发生在管脚1和管脚2之间的短路故障。

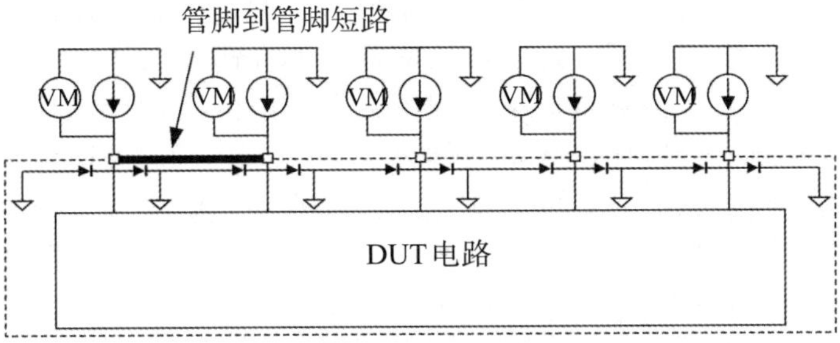

图2-4 连接性并行测试时出现管脚短路的情况

一次测试一个管脚的串行测试显然不会出现这种问题但时间效率又很低。综合串行测试和并行测试的优点，并且考虑到这种短路常常发生在相邻的两个管脚之间，我们将相邻的管脚分在两次测试进行并行测试，如图2-5所示。假如第一次测试对奇数管脚（管脚1、管脚3、管脚5）进行，此时将其余的偶数管脚接地，如果管脚1和管脚2发生短路，电压表测出电压为0，测试结果不通过，能正确检测到管路。这种测试方法也称为双轮法（Dual pass approach）。

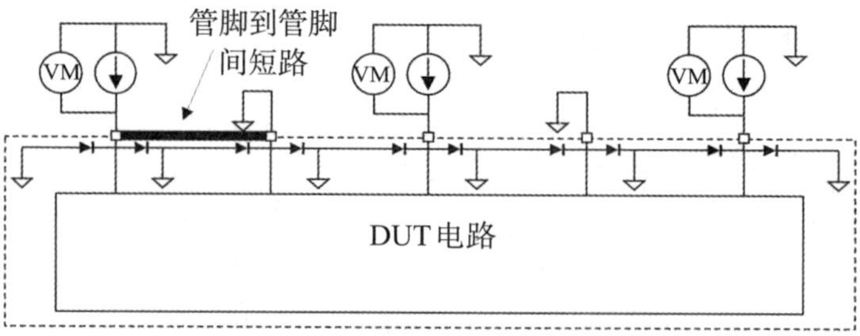

图2-5　双轮法连接性测试示意图

2.2　常规直流参数测试

2.2.1　电源电流测试

检测器件严重缺陷的最快方法之一是测量其吸收的电源电流的大小。集成电路出现的严重缺陷包括金属短路、光掩膜错误、蚀刻未完成、表面杂质等，会造成电源到地的短路等灾难性故障。所以电源电流测试往往放在测试程序一开始，仅仅在连接性测试之后，快速且经济有效地彻底筛选出有缺陷的器件。

当然电源电流测量也是保证某些终端应用小功率的重要手段。对于希望设计尽可能低的功耗系统的客户来说，电源电流是一个重要的参数。对手机等使用电池的移动设备商来说，低功耗是最重要的需求。当然大功耗设备器件对电流的消耗也必须在一定范围内，所以大多数时候都需要进行电源电流测试。

多数ATE机台具有可以在管脚施加直流电压测量管脚电流的PMU单元，这种情况下电源电流测试相对简单，测试的难点主要来自数据手册的模糊性。例如在测试时应该连接还是断开模拟负载，数字模块应该工作在高、低还是空闲状态。如果数据手册没有给出，我们应该测量最坏情况下的电源电流。设计工程师应该与测试工程师合作，指定可能导致最坏功耗情况的测试条件，如模拟带最大负载、数字输出最大电流逻辑，这些最恶劣的条件应该在测试计划中明确说明。很多时候在器件没有被大量测试之前可能并不知道最恶劣的测试条件，这种情况下需要随着对器件的了解及时更新测试计划和测试应用程序。

器件如果有正常工作、省电和待机模式等多种工作状态，一般需要在每种工作状态下分别进行下电源电流测试。另外，模拟电源和数字电源应该分开测试。CMOS器件的电源电流常用I_{DD}表示，双极型器件电源电流常用I_{CC}表示，下标中增加A和D分别表示模拟电源电流和数字电源电流，如I_{DDA}、I_{DDD}、I_{CCA}、I_{CCD}等。

很多器件具有多个相同的电源引脚，它们正常工作时同时连接到公共电源端。设计工程师需要提供流入每个电源引脚的电流是多大，测试工程师可以给每个电源引脚供电以测量其静态电流，当然这在电源引脚过多时对ATE机台资源提出了更高的要求。

实际电源测试中有两个问题需要考虑。电源上电后，需要等待一定稳定的时间才能进行电流测量，对于微安量级的电流，电容充电的时间大约为数百毫秒。另外电源引脚和地之间会接有大的退耦电容，这些电容会通过泄漏电流，这个电流在器件关机（Powerdown）状态和待机（Standby）状态下不可忽略，所以在待机关机状态下测量电源电流时需要断开大退耦电容，DIB设计时应在大电容端加入控制继电器，如图2-6所示。

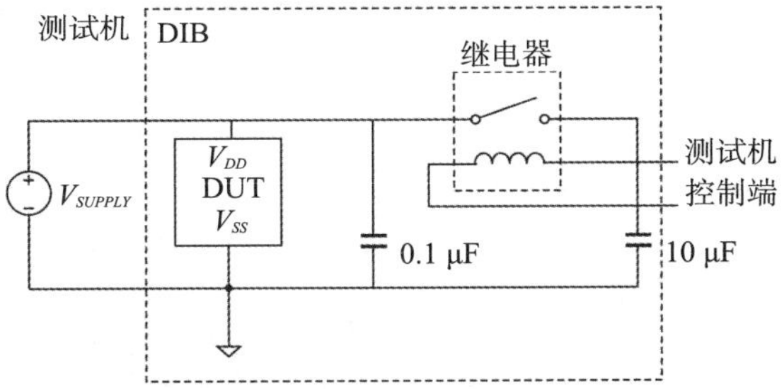

图2-6 关机待机状态下电流测试原理框图

图2-6中，当测试机控制继电器的打开时，就会将大的退耦电容从测试电路中断开。

2.2.2 漏电流测试

当对高阻态的模拟或数字输入引脚施加电压时，有少量电流从引脚泄漏。这种电流被称为漏电电流，简称为漏电流。在高阻态的输出引脚中也会出现漏电流。不同的器件漏电流不同，一般小于1μA，应该通过优良的设计和制造过程使产生的漏电流尽量小。

检测漏电流的原因之一是能发现处理错误的集成电路。金属丝及颗粒物等物理缺陷都可能产生漏电，这些颗粒物会在IC层之间形成短路和泄漏路径。另一个原因是过大的漏电流会导致顾客的终端应用操作错误，并且它会引起直流电源偏移以及参数改变。第三个原因是当漏电流过大时就能判断该设备出错，起初客户手中的设备能正常使用，但几天或几周后就会出现问题。这种现象被称为早期失效或婴儿期失效。

在被测装置的输入或输出引脚上施加直流电源，若在该引脚上检测到微弱的电流变化则表明被测装置漏电。除非数据表中另有说明，漏电流通常要检测两次。先在管脚电压接近正电源电压处检测，然后在接近地（或负电源电压）处再检测一次。这两个电流分别称为I_{IH}（输入电流，高逻辑）和I_{IL}（输入电流，低逻辑）。对数字输入管脚则是在输入阈值电压V_{IH}和V_{IL}下分两次检测。模拟输入管脚则按数据表中的特定电压电平测试。如果未指定输入电压，则应检测在所有允许输入的电压范围测漏电流的最大值。一般来说，当输入电压达到极限状态时漏电流最大，所以漏电流通常在允许输入电压的最大值和最小值处检测。检测输出管脚漏电流（I_{OZ}）时，必须使输出引脚处于高阻状态，其余步骤与对输入管脚进行漏电流检测类似。

漏电流测试的本质是在管脚端施加规定的直流电压测量流入的电流，可以由ATE相应的直流电源提供单元和电流检测单元完成，如多数ATE测试引脚卡的PPMU测试单元。

2.2.3 阻抗测试

1. 输入阻抗

输入阻抗（Z_{IN}）或输入电阻，是模拟输入的一种最重要参数。一般来说，阻抗指的是电路中电阻性和容性与感性元件。由于本章的讨论仅限于直流电路，直流情况下电感器和电容的电抗分别为零和无穷大时，可以忽略。所以在直流电路中，阻抗和电阻指的是同一个量。

输入阻抗的测量相对简单。如果输入电压是输入电流的线性函数（如果它的行为符合欧姆定律），那么只需施加一个电压V，测量产生的电流I，反之亦然，然后根据欧姆定律公式求得：

$$Z_{IN}=\frac{V}{I}$$

图2-7（a）给出了满足欧姆定律的器件的输入伏安特性。在这里，我们看到伏安特性是一条经过原点的直线，其斜率等于Z_{IN}。在许多情况下，输入引脚的伏安特性是一条直线，但不经过原点，如图2-7（b）所示。这种情况通常是由接入的偏置引起的，设备的输入端被如图2-8所示的恒流源I_{BIAS}偏置，或者在地与输入阻抗间还串联有其他的未知电压源。

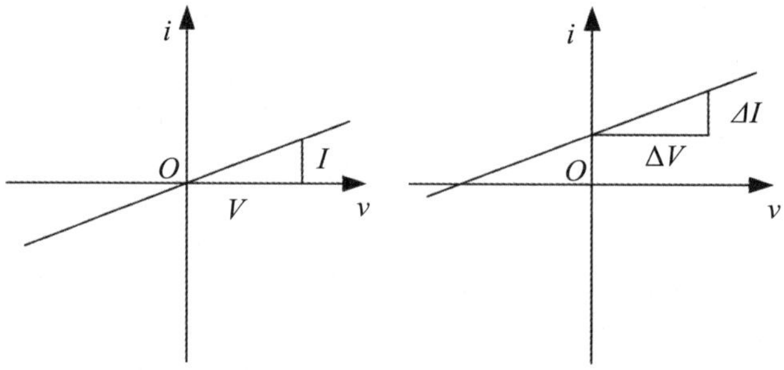

（a）线性阻抗　　（b）非线性阻抗

图2-7　输入伏安特性曲线

在这种情况下，我们不能再直接使用直流电压电流比来计算输入阻抗，因为它不能正确地得出伏安特性的斜率。我们将测量输入电压变化量（ΔV）和输入电流变化量（ΔI），两者相比则可求得输入阻抗：

$$Z_{IN}=\frac{\Delta V}{\Delta I}$$

如果输入阻抗很低，即使施加很小的电压也会导致过大的电流流入引脚。需要使用另外的方法：施加电流源，控制电流变化量并测量产生的电压差。这通常称为施流测压的方法。

例1　在图2-8所示的输入阻抗测试设置中，电压源SRC1设置为2V，流入引脚的电流测量值为0.055 mA。然后SRC1设置为1V，再次测量输入电流为0.021 mA。请问输入阻抗是多少？

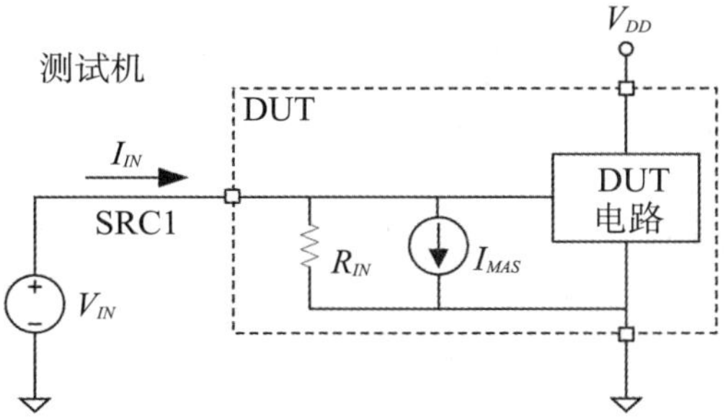

图2-8　输入阻抗测试设置

解　输入阻抗 Z_{IN} ，由 R_{IN} 和DUT输入阻抗并联组成，用式（2-1）计算如下：

$$Z_{IN}=\frac{2V-1V}{0.055mA-0.021mA}=29.41k\Omega \tag{2-1}$$

也可以通过施加0.055 mA和0.021 mA电流测量相应电压。然而，IBAIS值的不确定性可能会导致输入电压摆动超过DUT的供电电压而被钳位。由于这个缺点，施流测压的方法仅仅在输入阻抗很低的时候使用。

在上例中，电压源激励值2v和1 V不具有相关性。我们也可以使用2.25和1.75 V电压。电压差越大，就越容易准确测量电流的变化。在许多类型的测试中电压和电流的大变化都比小变化更容易测量。但是，测试工程师应该注意不要使设备的输入电压过高而导致运放工作在饱和状态。饱和状态会导致额外的输入电流，从而导致阻抗测量不准确。器件数据手册应列出可接受的输入电压范围。

2. 输出阻抗

输出阻抗（ZOUT）的测量方法与输入阻抗相同。输出阻抗往往远小于输入阻抗，所以它通常是采用施流测压的方法。当然在输出阻抗非常高的情况下，则应该使用施压测流的方法来代替。

例2　在如图2-9所示的输出阻抗测试设置中，电流源SRC1设置为10mA，测量引脚处的电压为1.61 V。然后将SRC1设置为−10 mA，测量引脚处的电压为1.42 V。请问总输出阻抗（R_{OUT}加放大器的输出阻抗）为多少?

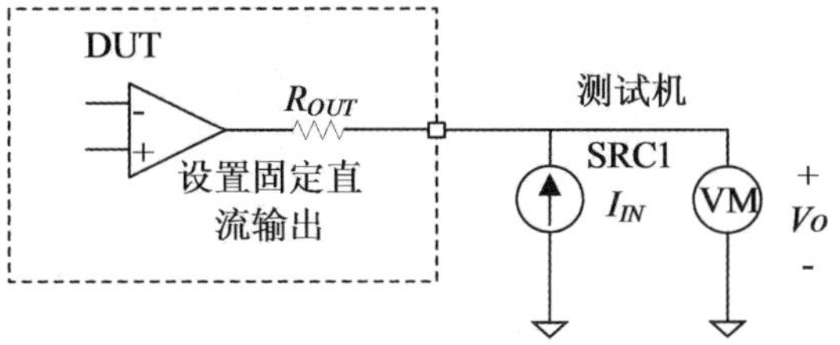

图2-9　输出阻抗测试设置

解　在断开电源情况下，用与求输入阻抗类似的公式（2-2），用 Z_{OUT} 代替 Z_{IN} ，可求出

$$Z_{OUT}=\frac{1.61V-1.42V}{10mA-(-10mA)}=9.5\Omega \tag{2-2}$$

3. 差分阻抗

对于差分输入或输出，差分输入阻抗或差分输出阻抗是通过施加两个差分电压和测量差分电流的变化来得到的。下面的例子用这种方法来计算差分输出阻抗。差分输入阻抗将以类似的方式测量。

例3 在如图2-10所示的差分输出阻抗测试设置中，设置电流源SRC1为10 mA，SRC2设为–10 mA，测量引脚处的差分电压为201mV。然后，SRC1设为–10 mA，SRC2设为10 mA，测量引脚处的差分电压为–199 mV压。请问差分输出阻抗是多少？

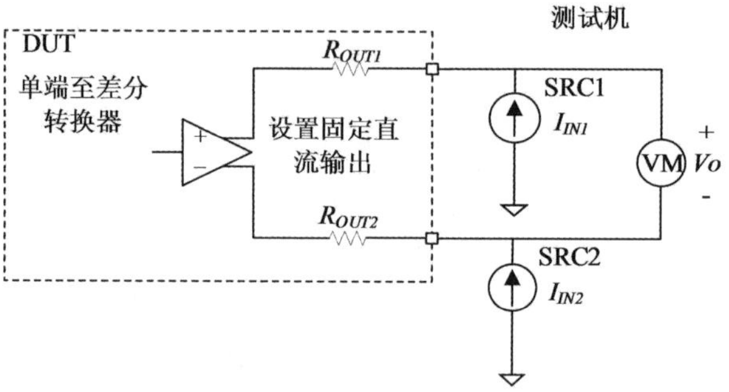

图2-10 差分输出阻抗测试图

解 利用式（2-3）可以求得输出阻抗为

$$Z_{OUT} = \frac{201\text{mV} - (-199\text{mV})}{20\text{mA} - (-20\text{mA})} = 10\Omega \tag{2-3}$$

2.3 模拟集成电路的直流参数测试

2.3.1 直流传输特性测试

对双端口器件如放大器来说，传输特性是描述其输出—输入关系的特性。如果将输入和输出分别绘制在坐标X轴和Y轴上，一一对应地可以绘出传输特性曲线，如图2-11所示。输出输入的电量可以为电压也可以为电流，例图是以电压为例，电流情况可以类推。IC设计工程师根据用户需求希望设计的放大器的传输特性，往往称之为理想传输特性，因为实际制造出来的器件传输特性总是和理想值有差异，而这个差异要能在需求性能容许的限度内，所以测试工程师需要测试传输特性参数，包括增益、偏移等。

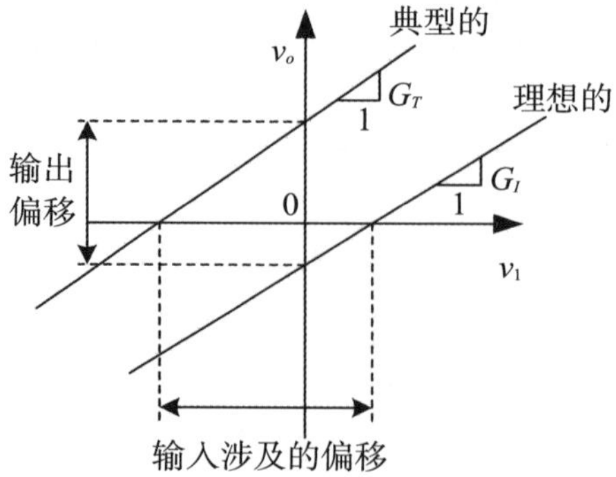

图2-11 输出偏移电压、输入偏移电压图

1. 直流电压增益

直流电压增益G定义为输出电压和输入电压之比，为了去除偏移电压的影响，一般将测量输入—输出传输曲线的斜率作为直流电压增益：

$$G=\frac{\Delta V_O}{\Delta V_I}$$

增益可以用分贝（dB）表示，从V/V转为分贝公式为：

$$G(\mathrm{dB})=20\lg\left|G(\mathrm{V/V})\right|$$

例4　图2-12显示了一个设计增益为 –10V/V 的放大器，输入和输出电平的参考电压为1.5V。SRC1设置为1.4V，电压表测得输出电压2.51 V。然后将SRC1设置为1.6 V，测得输出电压为0.47 V。这个放大器直流增益是多少？用分贝表示为？

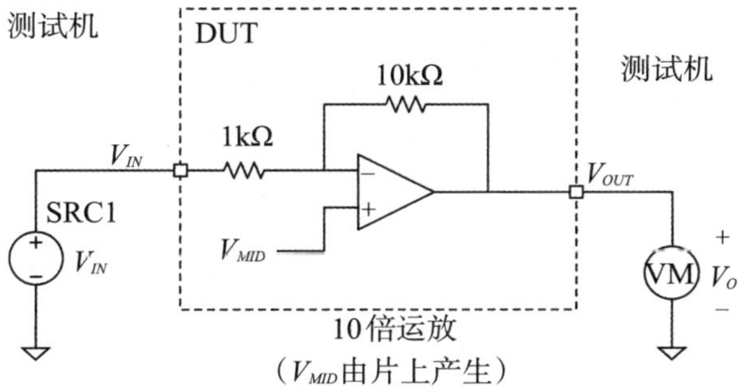

图2-12　运放闭环增益测试图

解　直流增益G为

$$G=\frac{2.51\mathrm{V}-0.47\mathrm{V}}{1.4\mathrm{V}-1.6\mathrm{V}}=-10.2\mathrm{V/V}$$

用分贝表示为：

$$G=20\log_{10}\left|-10.2\right|=20.172\mathrm{dB}$$

从上例中我们可以看出，设计增益–10和实测值增益–10.2之间存在误差，称为增益误差，其中绝对增益误差–0.2，为测量值与设计值之差，相对增益误差为绝对增益误差除以设计值，即$\frac{-0.2}{-10}\times100\%$求得增益相对误差为2%。

图2-12中的运放外围电路中，10kΩ的电阻将运放输出与反相输入端闭环地连接起来，运放工作在负反馈工作状态，这时候测量得到的增益我们称之为运放的闭环增益。对于运放来说，闭环增益主要由外围电路电阻决定，不如运放开环增益更能反映其自身特性。但在开环测量中，运放开环增益可能高达140dB或更高，而拾取、杂散电流或热电偶效应可能会在放大器输入端产生非常小的电压，经高开环增益放大后误差将难以容忍。所以直接测量运放的开环增益难以成功，必须运用一定的辅助电路。

2. 偏移电压

由于实测值和设计值的不同，我们认为在输出端或输入端存在偏移电压。

（1）输出偏移电压

输出偏移电压是指在输入接地或某一固定参考电压情况下，理想的输出电压和器件实测输出电压的差值，用$V_{O,\ OS}$表示。测量$V_{O,\ OS}$时希望输出电压为恒定不变的直流电压，但实际输出电压会叠加上各种噪声。ATE机台一般采用两种方式来解决这个问题：一是增加一个可旁路的低通滤波器，在输出电压噪声过大时接入，不需要这个低通滤波器的时候将其旁路，以避免系统需要过大的稳定时间。另外一个方法是对输出电压进行多次采集求平均值，也常称为软件滤波。

有时高灵敏的DUT输出会受到ATE寄生负载的影响，其输出由于测试仪和连接路径的电容而不稳定或自激振荡。一些ATE通道的输入电容高达200pF，这种情况下可以在DIB上增加一级缓冲放大器将DUT和测试仪器隔离。

测试仪的输入阻抗也可能引起高输出电阻器件的直流参数测量结果误差。如图2-13所示电路。DUT的输出电阻R_{OUT}=100kΩ，测试仪的R_{IN}=1MΩ。

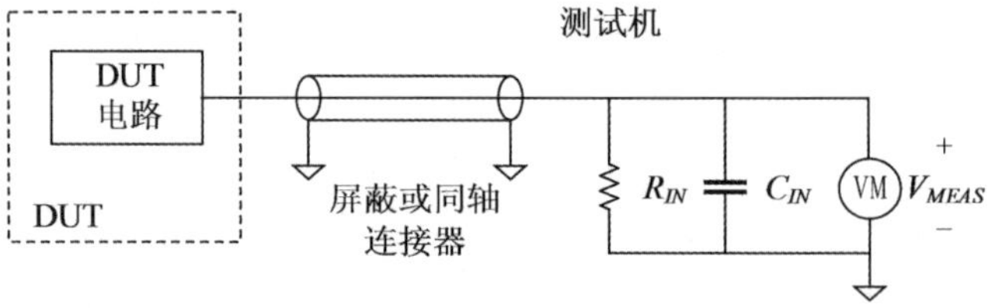

图2-13　高输出电阻器件的输出电压测量图

此时，实际的输出偏移电压为$V_{O,\ OS}$，ATE机台的测量显示值为V_{MEAS}，根据分压原理：

$$V_{MEAS}=\frac{R_{IN}}{R_{IN}+R_{OUT}}V_{O,OS}=\frac{1\text{M}\Omega}{1\text{M}\Omega+100\text{k}\Omega}V_{O,OS}$$
$$=0.909V_{O,OS}$$

测量的相对误差为

$$\text{相对误差}=\frac{V_{O,OS}-V_{MEAS}}{V_{O,OS}}=\frac{(1-0.909)}{1}=0.091$$

在此次测量中，引入的误差达到了9.1%，这在很多时候是不能容忍的。

被测器件可能是单端输出也可能是差分输出，根据器件手册可以查出输出偏移电压是单端偏移电压还是差分偏移电压，都统一用表示$V_{O,OS}$表示，不做区别。但差分输出的器件还有一个直流参数值得关注：共模偏移电压，指当输入接地或输入某一特定参考电压时，差分输出共模电压与理想值的偏差，用表示$V_{O,CM,OS}$表示。差分输出的共模电压是指两个差分输出管脚电压的平均值。

大家可能注意到，在定义输出偏移电压时，需要将输入接地或输入某一特定参考电压。那对于测试工程师来说，这个参考电压的值怎么选择？首先我们要知道输入接地的情况是针对那些用正负极性双电源供电的器件，测量单电源器件的输出偏移电压时，一般选择电源电压值的一半作为参考电压接到输入，这个参考电压称为V_{MID}，有时候参考电压值不一定刚好为电源值一半，但肯定在电源值V_{DD}和地之间，我们依然用V_{MID}表示。有些集成电路内部可生成自己的低输出阻抗电压作为参考电压V_{MID}，很多时候测试工程师也从器件外部（如ATE电源通道等）引入参考电压。硬件工程师常习惯把参考电位称为地，这很容易和真正与大地相连的无静电荷的0电位地相混淆，本教材为了区分地和参考电位，将后者用V_{MID}表示。

（2）输入偏移电压

当输入接地或特定参考电压，理想情况下输出也应该为地或参考电压。但实际上，器件会有输出偏移电压，为了使输出电压恢复到期望的参考电压，在输入端施加的电压值称为输入偏移电压 $V_{IN,\ OS}$。如果放大器要求施加+10mV到它的输入端使得输出电压到模拟地，则 $V_{IN,\ OS}$=10mV。$V_{IN,\ OS}$可以直接测量，也可以间接测量，间接测量是测量输出偏移电压，并且认为在估算情况下，$V_{IN,\ OS}$可用输出偏移电压 $V_{O,\ OS}$除以器件电压增益 G 得到。

$$V_{IN,OS}=-\frac{V_{O,OS}}{G}$$

注意，对于运放来说，通过输出偏移电压间接求运放输入偏移的前提是运放工作在线性工作状态，当运放工作在开环工作时很容易进入饱和，这种情况下无法使用上述方法。

2.3.2　电源抑制比与共模抑制比测试

1. 电源灵敏度（PSS，Power Supply Sensitivity）

电源灵敏度是衡量输出相对于电源的独立性的量，指当输入恒定时，电源电压变化引起的输出变化。对于双电源供电的器件，需要分别定义正电源灵敏度和负电压灵敏度：

$$PSS^{+}=\left.\frac{\Delta V_O}{\Delta V_{PS^{+}}}\right|_{V_{inconstant}} \quad 和 PSS^{-}=\left.\frac{\Delta V_O}{\Delta V_{PS^{-}}}\right|_{V_{inconstant}}$$

例5　图2-14测量运放的电源灵敏度，运放作为−10倍增益的电压负反馈放大器，其输入端连接到它自己的1.5V参考电压源，当电源设置为3.1 V时，在放大器的输出端测得电压为1.5011V。当电源电压改变为2.9V时，测得输出电压变为1.4993 V。求放大器的PSS？用分贝表示为多少？

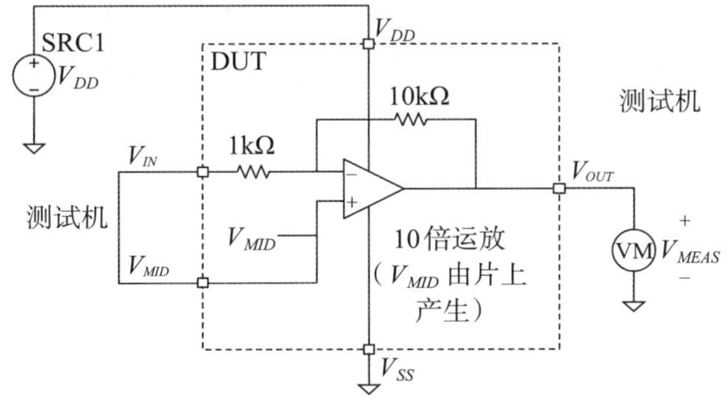

图2-14　PSS测试图

解　供电电源 V_{DD}被SRC1改变，正电源灵敏度为：

$$PSS^{+}=\frac{\Delta V_O}{\Delta V_{SCR1}}=\frac{1.5011\text{V}-1.4993\text{V}}{3.1\text{V}-2.9\text{V}}=9\text{mV}/\text{V}=-40.92\text{dB}$$

2. 电源抑制比（PSRR，Power Supply Rejection Ratio）

电源抑制比指电路的电源灵敏度除以电路正常工作模式下的闭环增益，也需要针对各个电源电压单独计算。

$$PSRR^{+} \equiv \frac{PSS^{+}}{|G|} \text{和} PSRR^{-} \equiv \frac{PSS^{-}}{|G|}$$

假设求得一单电源供电的运放电源灵敏度 PSS^{+} 为0.009，其直流闭环增益为–10.2，该运放的电源抑制比计算如下：

$$PSRR^{+} \equiv \frac{PSS^{+}}{|G|} = \frac{0.009}{10.2} \approx 0.0009$$

3. 共模抑制比（CMRR，Common Mode Rejection Ratio）

差分输入的器件（如运放）要求其对输入共模信号（$V_{IN,CM}$）有较高的抑制能力，才能保证环境温度等变化时器件工作的稳定性。我们把差分电路抑制共模输入的能力称为共模抑制比，指电路的共模增益除以差模增益：

$$CMRR = \left|\frac{G_{CM}}{G_D}\right|$$

计算公式加上取绝对值符号，是考虑到可能出现反向放大时增益为负值的情况。共模抑制比也常常用分贝形式表示。

根据之前我们对输入偏移电压的定义，可以得到：

$$CMRR = \left|\frac{\Delta V_{O,CM}/\Delta V_{IN,CM}}{G_D}\right| = \left|\frac{\Delta V_{O,CM}/G_D}{\Delta V_{IN,CM}}\right| = \left|\frac{\Delta V_{IN,OS}}{\Delta V_{IN,CM}}\right|$$

其中利用了公式 $V_{IN,OS} = V_{O,CM}/G_D$，它和输入偏移电压的公式 $V_{IN,OS} = \frac{V_{O,OS}}{G}$ 具有相同的物理意义，因为 $V_{O,CM}$ 表示的就是输入差模信号为0时输入一定共模电压时运放的输出，这个共模电压也可以认为是将运放同相输入端和反相输入端连接在一起所接的参考电压。

例6 如图2-15所示，运算放大器的一个简单CMRR测量设置，测试电路是一个由两输入相连的差分放大器结构，两输入端电阻完全匹配，此电路中 $R_1 = R_f$。V_{MID} 设定为1.5V，采用SRC1施加共模输入电压为2.5V，在运算放大器输出端测量的输出电压为1.501V。然后将SRC1变为0.5V，放大器输出电压为1.498V。求运算放大器的CMRR是多少？

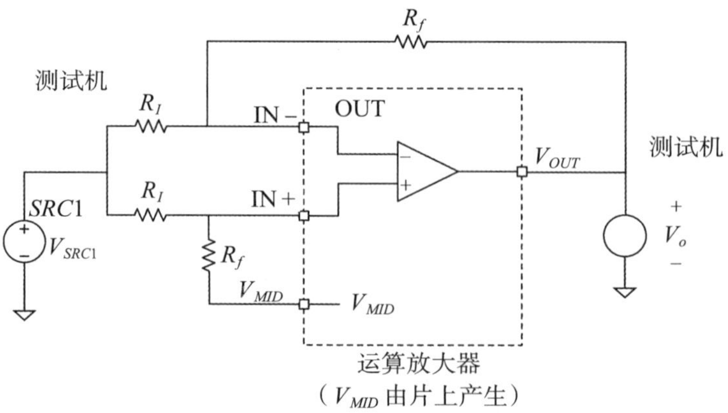

图2-15 运放CMRR测试图

解 根据对电路输出端的测量结果 ΔV_O，可推算出其 $\Delta V_{IN,OS}$：

$$V_O = \frac{R_1 + R_F}{R_1} V_{\mathrm{IN},OS}$$

$$V_O = 2V_{IN,OS}\text{，也即 } \Delta V_O = 2\Delta V_{IN,OS}$$

测量结果

$$\Delta V_O = 1.501\mathrm{V} - 1.498\mathrm{V} = 3\mathrm{mV}$$

得出

$$\Delta V_{IN,OS} = 1.5\mathrm{mV}\text{，而 } \Delta V_{CM} = \Delta V_{SRC1} = 2.5\mathrm{V} - 0.5\mathrm{V} = 2\mathrm{V}$$

根据共模抑制比公式可得出：

$$\mathrm{CMRR} = 2\mathrm{V}/1.5\mathrm{mV} = 62.5\mathrm{dB}$$

但是，采用这种方法测量运算放大器的CMRR存在一个问题：电阻必须已知且精确地匹配。CMRR值为–100dB，将要求电阻匹配到0.0001%，在实践中是不现实的。

2.4 集成运算放大器参数测试

集成运算放大器，常简称为运放，是最通用的模拟集成电路，也是各种电子系统中不可缺少的基本功能电路，它广泛地应用于各种电子设备和整机系统之中。

从不同的角度，运算放大器可以分为多类：

（1）从单片集成规模上可分为：单运放（OP07A）、双运放（AD712）、四运放（LM124）。

（2）从输出幅度及功率上可分为：普通运放、大功率运放（LM12）、高压运放（OPA445）。

（3）从输入形式上可分为：普通运放、高输入阻抗运放（AD515、LF353）。

（4）从电参数上可分为：普通运放、高精密运放（OP37A）、高速运放（AD847）等。

（5）从工作原理上可分为：电压反馈型运放、电流反馈型运放（AD811）、跨倒运放（CA3180）等。

（6）从应用场合上可分为：通用运放、仪表运放（INA128）、音频运放（LM386）、视频运放（AD845）、隔离运放（BB3656）等。

衡量运放性能的参数分直流参数和交流参数，电源电流、偏置电流、失调电流、失调电压、输出幅度、开环增益、电源电压抑制比、共模抑制比等直流参数和单位增益带宽、转换速率SR、建立时间、等效输入噪声电压等交流参数是考核运放器件性能的关键参数。其中电源电流、电源电压也采用前面介绍的方法进行测试，直流输出幅度可以直接用ATE机台的电压测量单元进行。但由于运放的高开环增益、高共模抑制比等特征，之前介绍过的增益、共模抑制比等直流参数的简单测试方法不适用于运放测试。下面针对运放特点讲述需要辅助电路进行运放直流参数的测试方法。

2.4.1 开环增益测试

闭环增益测量简单，测量精度主要取决于构成负反馈电路的电阻精度。但由于运放开环增益高达140dB或更高，而拾取、杂散电流或热电偶效应可能会在放大器输入端产生非常小的电压，经高开环增益放大后误差将难以容忍，所以运放开环增益运用了增加辅助运放的电路解决开环增益测试中的难题，如图2-16所示，两级运放组成负反馈回路，但第一级被测运放是开环的，第二级为辅助运放。对“辅助”运算放大器性能要求并不比待测运算放大器更高，当然其直流开环增益最好能达到120dB以上。

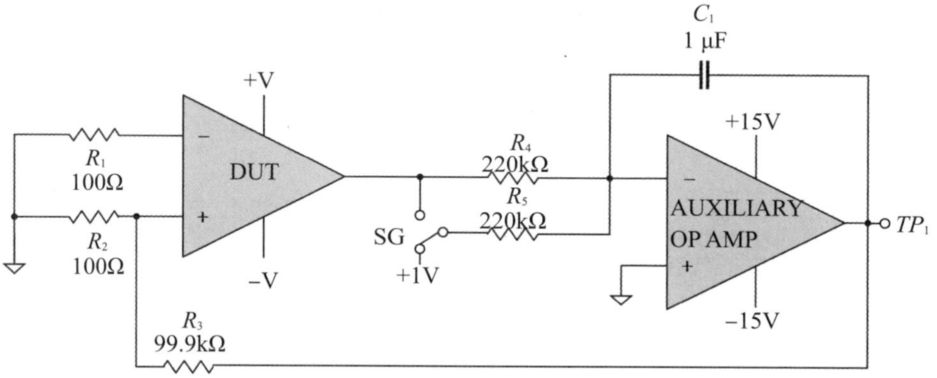

图2-16 运放开环增益测试图

虽然作为积分器的辅助放大器在直流时电容C_1相当于开路，辅助运放也具有很高的开环增益，但C_1的连接使得辅助运放和整个两级运放测试电路处于负反馈状态。不过，为了避免振荡，C_1的值应经过仔细挑选。

辅助运放同相输入端接地（对单电源供电运放为参考电压，下同），辅助运放反相输入一方面通过电阻R_5接到一个电压源，图2-15中为1V，同时还通过电阻R_4接至被测运放输出。根据虚短规则，辅助运放反向输入端电压应和同相输入端相同为0。当R_5处于1V，若要使辅助放大器的输入保持在0附近不变，根据虚断规则R_4和R_5相当于串联，进行分压计算，得到DUT输出必须变为1V。

辅助运放的输出通过一个R_2和R_3分压网络构成的1 000：1衰减器施加于DUT的同相输入端TP_1的电压变化衰减1 000：1后输入DUT，然后经开环放大后DUT输出为1V，由此可计算出被测运放的开环增益=1 000×1V/TP_1。

2.4.2 共模抑制比（CMRR）测试

2.3.2中讲述了一种直接测量运放CMRR的方法，直接测量方法对电阻的匹配等提出很高的要求，否则误差极大。所以在运放测试时，我们也采用加辅助运放的方式，如图2-17所示。它不是将共模电压施加于DUT输入端——这样低电平效应会破坏测量，而是改变电源电压（相对于输入的同一方向，即共模方向），电路其余部分则保持不变。

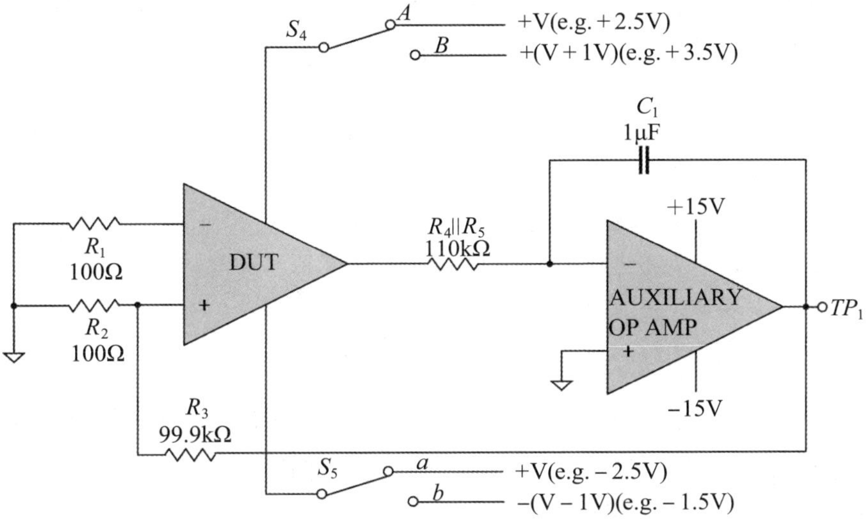

图2-17　运放直流CMRR测量图

在图2-17所示电路中，首先将电源电压设为+2.5V和−2.5V，在TP_1测量偏移电压，并且两个电源电压再次上移+1V（至+3.5V和−1.5V），在TP_1再次测量偏移电压。偏移电压的变化对应于1V的共模电压变化，因此直流CMRR为两次偏移电压差值与1V之比。

2.4.3　输入失调电流I_{OS}测试

理想运放的输入电阻无穷大，输入端不会有电流流入。实际运放两输入极存在电流，分别为I_{b+}和I_{b-}，使被测运放输出电压为零（对单电源运放为非0的一个定值）时，流入两输入端的电流之差为输入失调电流。图2-17显示了如何通过辅助运放电路测量输入失调电流的方法。

图2-18中被测运放DUT两个输入端分别串联两个电阻R_6和R_7。这些电阻可以通过开关S_1和S_2短路。当S_1和S_2闭合时，被测运算放大器的输出为偏移电压$V_{O,OS}$接近0，通过辅助放大器以极高的增益在TP_1点可测得一个输出电压V_{TP11}。

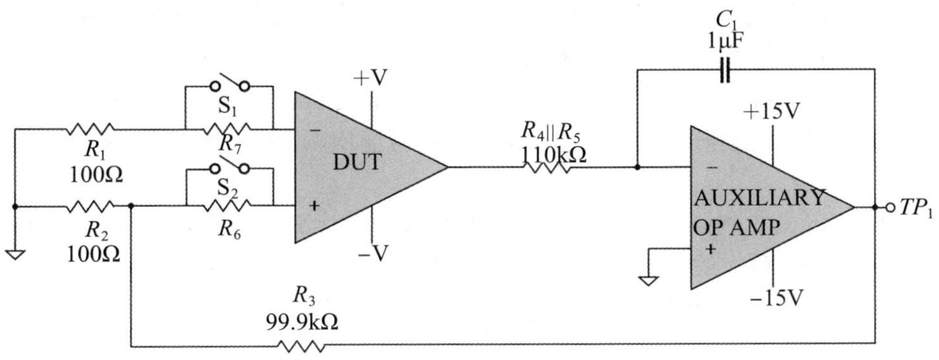

图2-18　输入失调电流测量图

当S_1断开时，反相输入端的偏置电流流入R_7，电压差增加到偏移电压上。通过测量TP_1的电压变化（=1 000 $I_{b-}\times R_7$），可以计算出I_{b-}。同样，当S_1闭合且S_2断开时，可以测量I_{b+}。

如果先在S_1和S_2均闭合时测量TP_1的电压，然后在S_1和S_2均断开时再次测量TP_1的电压，则通过该电压的变化可以测算出“输入失调电流”I_{OS}，即I_{b+}与I_{b-}之差。R_6和R_7的阻值选取取决于要测量的电流大小。

当S_1和S_2闭合时，I_{OS}仍会流入110 Ω电阻，导致$V_{O,OS}$误差，但在计算时通常可以忽略它，除非I_{OS}足够大，产生的误差大于实测$V_{O,OS}$的1%。

2.4.4 输入偏置电流I_B测试

输入偏置电流I_B是当运算放大器在无信号输入，输出端处于零电位时，两个输入静态基极电流的平均值，即$I_B=(I_{b+}+I_{b-})/2$。输入偏置电流可以通过电流表或ATE机台的电流测量单元进行测量。

2.4.5 集成运算放大器交流参数测试

运放的交流参数主要包括开环带宽、单位增益带宽、转换速率SR、全功率带宽、建立时间、等效输入噪声电压等。

开环带宽和单位增益带宽用于小信号处理时运放选型。开环带宽测试方法为，将一个恒幅正弦小信号输入运放的输入端，从运放的输出端测得开环电压增益从运放的直流增益下降3dB（或是相当于运放的直流增益的0.707）所对应的信号频率。单位增益带宽的测试方法为，运放的闭环增益为1倍条件下，将一个恒幅正弦小信号输入运放的输入端，从运放的输出端测得闭环电压增益下降3dB（或是相当于运放输入信号的0.707）所对应的信号频率。

转换速率、全功率带宽、建立时间用于大信号处理时运放选型。转换速率又称压摆率，测试方法为，运放接成闭环条件下，将一个大阶跃信号输入运放的输入端，从运放的输出端测得运放的输出上升速率。由于在转换期间，运放的输入级处于开关状态，所以运放的反馈回路不起作用，也就是转换速率与闭环增益无关，所以可以和其他参数的测试共用电路。全功率带宽测试方法为在规定的负载和运放的闭环增益为1倍条件下，将一个恒幅正弦大信号输入运放的输入端，使运放输出幅度达到最大（允许一定失真）的信号频率。这个频率受到运放转换速率的限制，可以用全功率带宽=转换速率/2πV_{OP}（V_{OP}是运放的峰值输出幅度）的公式估算，一般情况下不用专门测试。

建立时间定义的测试方法为，在额定的负载时，运放的闭环增益为1倍条件下，将一个阶跃大信号输入运放的输入端，使运放输出由0增加到某一给定值的所需要的时间。由于是阶跃大信号输入，输出信号达到给定值后会出现一定抖动，这个抖动时间称为稳定时间。

稳定时间+上升时间=建立时间

等效输入噪声电压测试方法为屏蔽良好、无信号输入的运放，在其输出端产生的任何交流无规则的干扰电压。这个噪声电压除以闭环增益折算到运放输入端时，就得到运放输入噪声电压。由于器件噪声一般都很小，所以测试关键是要避免测量本身引入的干扰。

2.5 电源集成电路参数测试

2.5.1 电源直流参数测试

电子设备或系统中，需要由稳定性差的、有波动的输入电压产生一个稳定性好的恒定的输出电压，作为系统其他电路的电源。电源的主要直流参数包括：无负载输出电压、输出电压调节率或负载调节率、输入电压调节率或线性调节率、输入或纹波抑制比和回动电压（压差）。分别介绍如下：

1. 无负载输出电压

电源空载时的输出电压。通过电压表或者ATE机台的电压测量单元直接测试。

2. 负载调节率

负载调节率又称输出电压调节率，是衡量电源在不同负载电流 I_L 情况下保持给定输出电压 V_O 的能力。

3. 线性调节率

线性调节率又称输入电压调节率，是衡量在整个输入电压范围下保持稳定输出电压的能力。其是测量输入电压在允许的最大范围内变化时，输出电压变化和额定输出电压的百分比。

4. 输入抑制比

纹波抑制比，是测量最大输入电压变化与输出电压摆幅的比。需要在数据手册规定的频率（如120Hz）范围内测试。

5. 回动电压

回动电压又称压差，指不会引起输出电压下降到其规定的最小输出电压时的最低输入电压和输出电压之差。回动电压需要在最大负载电流条件下测试，调节输入电压直到输出电压达到最小可接受的电压为止。生产测试采用的方法是：输入电压设置为数据手册规定的回动电压加上最小可接受输出电压，测量输出电压是否大于最小可接受的输出电压，据此判断器件是否合格。

以上5个参数的测试是在不同的条件下测试输入电压或输出电压，对电压的测试直接用电压表或者ATE机台的电压测试单元完成。

2.5.2 电源集成电路纹波和噪声测试

直流电源按照工作原理的不同，分为线性电源和开关电源两类。线性电源的晶体管在放大状态下工作，因此会产生大量热量并且效率较低，约为35%。开关电源的晶体管在饱和和截止状态下工作，因此发热量低，效率高，一般超过75%。但是开关电源的直流输出会叠加一个较大的纹波，可高达几十毫伏。

由于电源电压的变化会直接作用于其供电电路元器件。从而影响器件的各项参数和功能，所以开关电源的纹波和是一个衡量其质量的重要指标，然而在实际测量中经常会发现开关电源纹波的测试值达上百毫伏甚至几百毫伏，远大于电源器件手册提供的最大值。这么大的误差往往是由于测量方法不正确造成的。所以下面针对开关电源特点对纹波测量方法进行分析。

纹波和噪声指的是在稳压电源输出上的交流信号，用峰峰值表示其大小。分析开关电源的工作原理，可发现开关电源的纹波和噪声主要有四种，如图2-19所示。

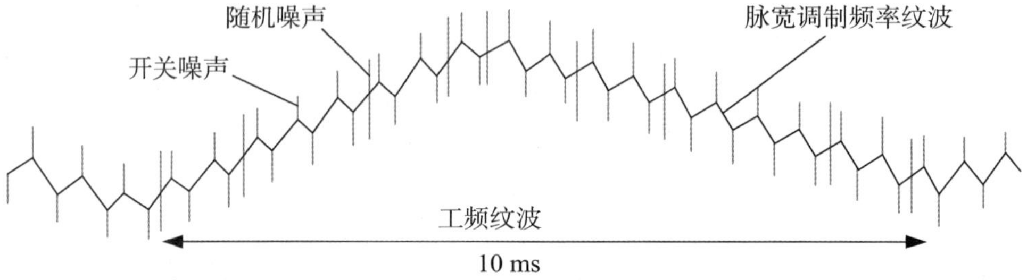

图2-19　开关电源纹波和噪声分析图

第一种电源纹波为脉宽调制频率纹波（PWM frequency RIPPLE），频率为脉宽调制频率。这个纹波表示了输入和输出电容上的充放电过程，在最大负载时，这个纹波达到最大值。这种电压的波动可以通过加大输入输出电容、加大输出电感来减小。

开关噪声（SWITCHING NOISE），这种噪声发生在电源的开关时刻。虽然开关噪声的重复周期和PWM频率一致，但是振荡频率一般都很高。开关噪声的振幅一般取决于电源芯片、电路寄生参数以及PCB布板。

工频纹波（Rectified main RIPPLE），一般是交流供电频率的两倍。我国供电频率是50Hz，所以它的纹波主要来自工频50Hz变压器。频率大小取决于整流电路的类型，对于半波整流，50Hz；对于全波整流，是100Hz；对于三相全波整流，300Hz。

非周期性的随机噪声（NOISE），和交流供电、电源开关频率均无关。

目前一般电路工频纹波比较小，随机噪声无法量化，所以一般不考虑这两项的影响，典型的开关电源纹波噪声如图2-20所示。我们需要测量的是纹波以及开关噪声之和。而开关噪声容易被简单低通滤波器滤掉。

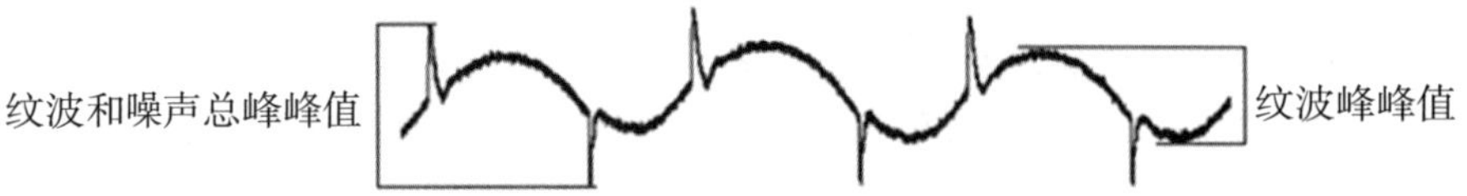

图2-20　开关电源主要纹波和噪声

在纹波和噪声的测量中，最易犯的错误是数字化仪探头的接地线过长，如图2-21左所示。图2-21右边波形1是开关波形，波形3是此时数字化仪对电源输出的测量波形，发现有远超器件手册给出的纹波和噪声，测量结果明显不正确。

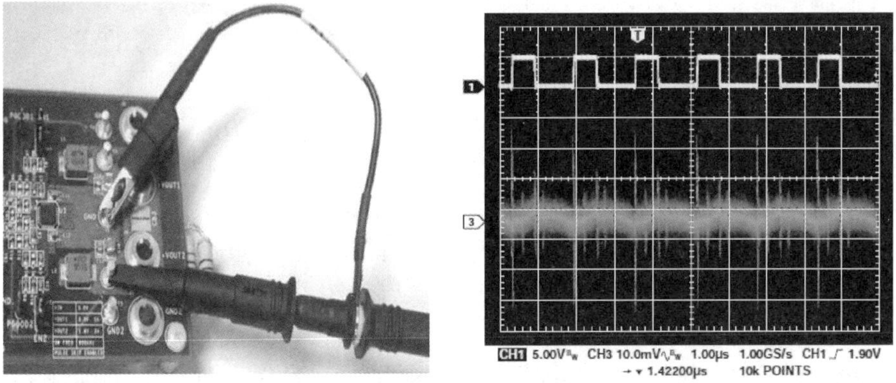

图2-21　　较长地线时纹波测量图

这是由于探头信号和长接地引线形成的回路会产生额外电感，电磁干扰辐射在回路中形成电压，使得数字化仪的波形中包含了这部分分量。从图2-22中可看出，地线越长、接地点和测量点距离越长，引起的误差越大。

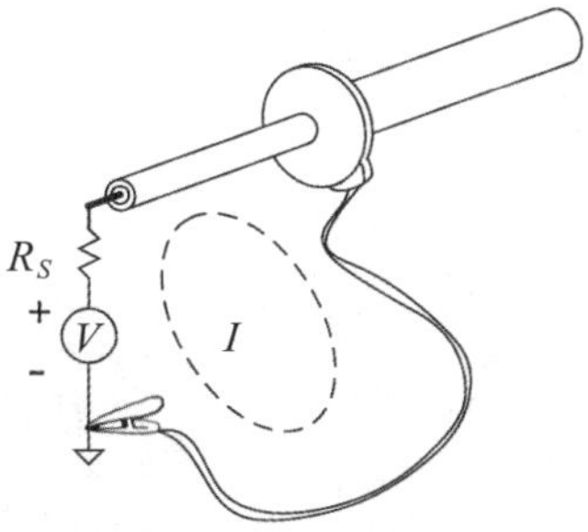

图2-22　电磁辐射感生电流示意图

所以测量点应该在输出电容两端，电容两端是输出纹波的主要来源。由于从信号尖端到接地点的环路很小，避免了可能影响测量的电路板上走线路径引起的电感。测量结果如图2-23波形3所示，最大限度地减小了高频瞬变。但是，纹波波形在幅度上有较大的抖动，显示为一个很粗的轮廓线。

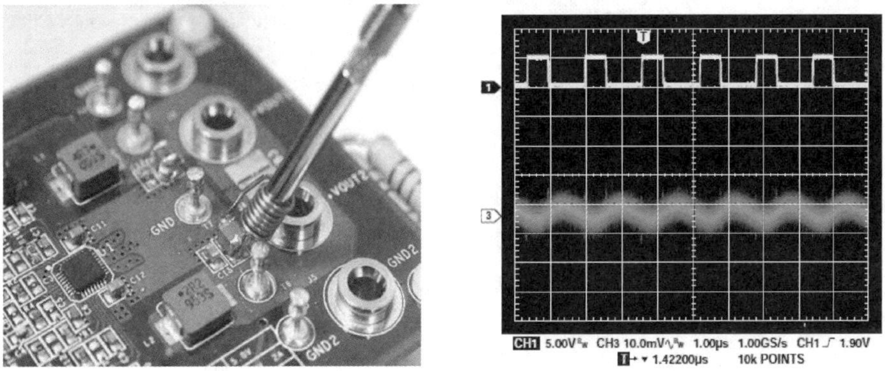

图2-23　短地线和电源输出测量波形图

集成电路测试原理

因为同轴电缆能很好地抑制空间中的辐射，所以最佳的方法是使用50Ω同轴电缆连接电源和数字化仪，和电源连接的同轴电缆的一端可通过非常短的飞线直接焊接到电源输出电容上，并将数字化仪的输入阻抗设置为50Ω匹配。

由于较小的纹波叠加在较大的直流稳压输出上，我们需要以较小的量程来观察纹波，如果在较小量程下设置为直流耦合，整个电源电压会超出数字化仪的测量范围，界面上会观察不到波形。实际我们并不关心直流电平的大小，所以之前的测量中都设置数字化仪的耦合方式为交流耦合。然而在输入阻抗设置为50Ω情况下，一般示波器无交流耦合档，需要在开关稳压电源与示波器输入端串接一个大的隔直电容，电容容量根据开关频率进行确定。

为了避免数字电路的高频噪声影响纹波测量，尽量保证测量的准确性，数字化仪设置带宽应限制在20MHz。

另外注意需要将数字化仪地悬空，只通过探头地与测试信号的参考点共地，不要通过其他方式与测试设备共地，否则会给纹波测量引入很大的地噪声。例如：当数字化仪和其他仪器共插线板时，其他仪器的开关可能通过接地线给测试带来噪声干扰。

图2-24波形2是采用了同轴电缆加隔直电容，数字化仪设置为50Ω阻抗匹配、带宽限制20MHz、交流耦合情况下测得的纹波波形，与用短地线进行测量时的波形3相比更为精确，避免了很多由于测量本身引入的噪声。

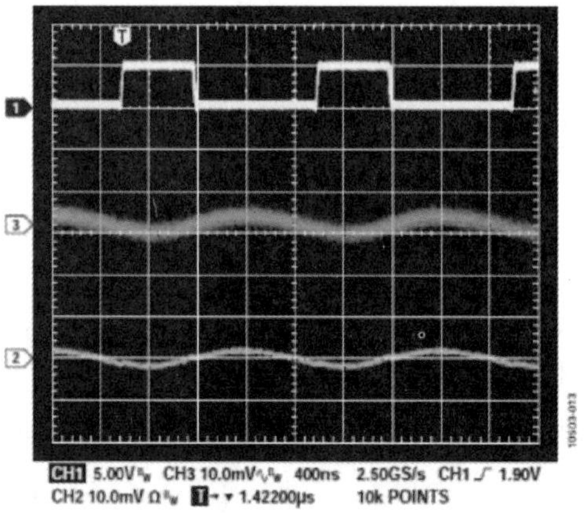

图2-24 同轴电缆连接和电源纹波测量图

如果需要同时测量电源的噪声，其他连接和设置与单独测量纹波时相同。虽然噪声出现的周期（即开关电源开关周期）频率不高，但噪声是一个瞬变信号，其谐波分量频率很高，所以需要关闭数字化仪20MHz带宽限制，测量电压输出的纹波和噪声如图2-25波形2。从图中可以看出纹波上叠加了毛刺状的噪声，出现频率和开关频率一致。

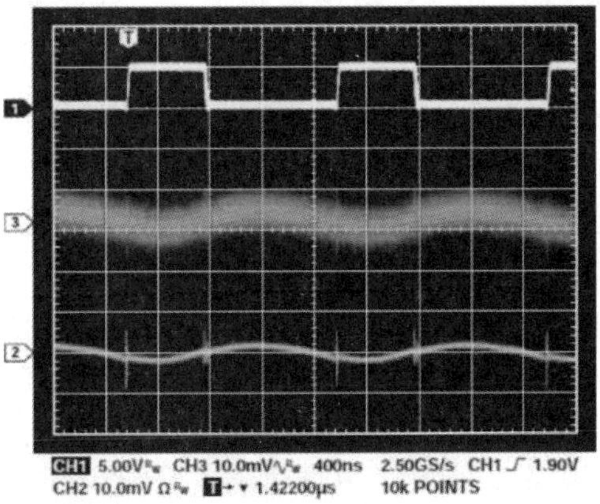

图2-25　电源纹波和噪声测量图

2.6　数字集成电路直流参数测试

数字信号是和模拟信号相对的概念。模拟信号指的是幅度和时间连续的信号，而数字信号指的是幅度和时间离散的信号。处理数字信号的集成电路即为数字集成电路。在现代各种数字和计算机系统中，数字信号一般用二进制表示，只有高和低两种逻辑，注意对高和低的判断是一个范围，不能精确到某一特定的值。另外不同型号的数字集成电路对高和低逻辑对应的实际物理电平是不一样的。数字集成电路的直流参数测试相对简单，分别介绍如下。

1. I_{IH}/I_{IL} 测试

输入漏电流（I_{IH}/I_{IL}）的测试在2.2节中进行了介绍。多数器件数据手册上对高阻态的数字输出引脚也规定了输入漏电流规格，需要对输出管脚进行测试。

2. V_{IH}/V_{IL} 测试

V_{IH} 指输入高电压，V_{IL} 指输入低电压，数字IC的数据手册中常对 V_{IH} 和 V_{IL} 指定一个范围，包括最大值、最小值和典型值。通常简单地设定测试仪给这些器件施加电平，进行“通过/失效”测试。如果器件没有适当的 V_{IH} 和 V_{IL}，那么测试程序将在其中一个用于验证DUT数字功能性的数字图形测试向量上失效。为了区分 V_{IH}/V_{IL} 设置引起的数字图形失效与其他原因引起的失效，测试工程师可以采用更加宽松的 V_{IH}/V_{IL} 电平第二次用相同的数字图形向量进行测试。如果采用规定的 V_{IH}/V_{IL} 电平数字图形测试失效，而采用更宽松的设定条件可以通过，那么 V_{IH}/V_{IL} 阈值就是最可能的失效模式。

3. V_{OH}/V_{OL} 测试

V_{OH} 和 V_{OL} 指的是输入为 V_{IH} 和 V_{IL} 分别对应的输出值。数字IC数据手册中规定的 V_{OH} 是输出为高时允许的最低电压，V_{OL} 是输出为低时允许的最高电压。

这些电压通常有静态测试和动态测试两种测量方法。静态测试是指将输出引脚设定为静态的高/低电平，在静态下测试。

但是当可测性设计不好时，使得不能将引脚设定为静态，就只能进行动态测试。通过设定测试仪到高于期望的 V_{OH} 或低于期望的 V_{OL} ，然后调节 V_{OH} 减小、V_{OL} 增加。在数字图形测试过程中，当输出转变时，利用测试仪对数字电路进行功能检测，可以检验这些不同的电压能否让数字集成电路正常工作。由于实际 V_{OH}/V_{OL} 电压是校验的而不是测量的，因此动态 V_{OH}/V_{OL} 测试是另一种“通过/失效”测试方法。

4. I_{OH}/I_{OL} 测试

I_{OH} 和 I_{OL} 分别指的是输出为 V_{OH} 和 V_{OL} 时，数字IC数据手册上规定的输出负载电流的极限值。当输出为高电平时，测试仪必须从DUT引脚抽取电流，这个负载电流称为 I_{OH} 。同样，当引脚为低电平时，测试仪给引脚施加 I_{OL} 电流。这些电流使数字输出接近于 V_{OH}/V_{OL} 规格，使DUT更难通过 I_{OH}/I_{OL} 测试。在测试仪数字引脚电子电路中，采用二极管桥路施加 I_{OH} 和 I_{OL} 。

5. I_{OSH} 和 I_{OSL} 短路电路

数字输出通常包括保护引脚避免短路条件下损坏的限流特点。如果输出引脚直接与地或电源引脚短接，保护电路可以限制流入或流出引脚的电流量。设定输出到低电平和给引脚施加高电压来测量短路电流，采用测试仪PMU单元电流计可测量流入引脚的电流（I_{OSL}），然后设定输出到高电平和给引脚施加0V，再采用电流计测量流出引脚的电流（I_{OSH}）

以上五个参数的都属于电压和电流测量，利用ATE的电压电流测量单元即可完成。测试需要注意的是，由于参数测试多要求在条件最恶劣的情况下进行，所以在测试这些参数的时候其他电量的选择要严格按照测试要求选取极限值。

参 考 文 献

[1] Gordon Roberts，Friedrich Taenzler，Mark Burns. An Introduction to Mixed-Signal IC Test and Measurement[J]. Physics Today，2011.

[2] 高成，张栋，王香芬. 最新集成电路测试技术[M]. 北京：国防工业出版社，2009.

[3] 时万春. 现代集成电路测试技术[M]. 北京：化学工业出版社，2006.

习　　题

2.1　一个额定电压放大倍数为10的放大器满足 $V_{OUT}=10V_{IN}+5$，它的输入和输出偏移电压是多少？

2.2　一个额定电压放大倍数为10的放大器在输入电压为−5V至+5V时满足 $V_{OUT}=10V_{IN}-V_{IN}^2+5$，它的输入和输出偏移电压是多少？

2.3　输入阻抗为100kΩ的电压表用于测量输出阻抗为500kΩ的放大器的直流输出。测量所产生的相对误差是多少？

2.4　一个差动式放大器的正输出 V_{OUTP} 为3.3V，负输出 V_{OUTN} 为2.8V，参考电压 V_{MID} 为3V。单端偏移电压和差分偏移电压是多少？共模偏移电压是多少？

2.5　测量一个理想线性放大器的电压放大倍数为5.1，输出偏移为−3.2V，输入偏移电压是多少？

2.6　一运放的CMRR为100dB。输入共模电压发生1V变化，请问该放大器输入偏移电压变化量是多少？

2.7　如图所示采用辅助运放测量DUT运放的CMRR，$R_1=100\Omega$，$R_2=500\text{k}\Omega$，$R_3=100\text{ k}\Omega$的，SRC1设置为+3.5 V，在SRC1和辅助放大器输出之间测得电压为210 mV。设置SRC1为0.5V，测得电压变化为−120 mV。求该运放的CMRR为多少分贝？

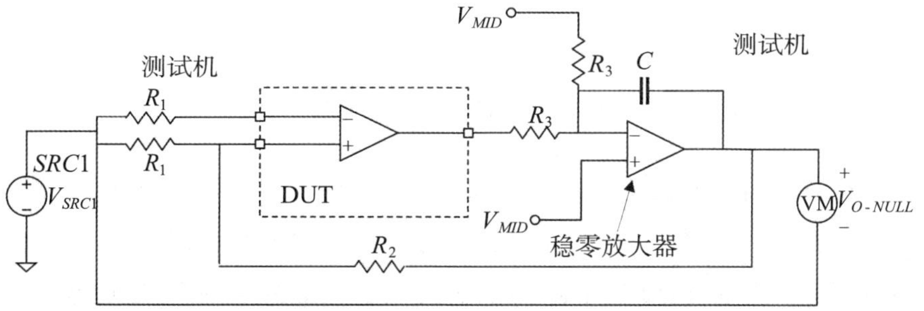

2.8　设计10V输出稳压器的输出在空载条件下为9.95V，在10mA最大额定负电流下输出为9.34V。它的负载调节率是多少？

2.9　在最大负载电流为10mA的情况下，当输入电压从14V变到6V时，5V稳压器的输出在4.86V到4.32V不等。它的线性调节率是什么？

2.10　输入引脚接入100μA电流时，引脚上的电压会下降1.2V。随后，当电流增加到200μA时，电压下降1.254V。输入电阻是多少？

2.11　输入阻抗为500kΩ的电压表用于测量输出阻抗为500kΩ的放大器的直流输出，这种情况下进行测量所产生的相对误差是多少？

2.12　当输出电流分别为−10mA和+10mA时，放大器的输出电压分别为1.2V和3.3V。输出电阻是多少？

2.13　一个增益为10放大器的输入连接到一个激励为1.75V的电压源。电源设置为4.9V，在放大器输出端测得电压为1.700V。然后将电源电压改为5.1V，测得输出变为1.708V。PSS是多少？如果测得增益为9.8V/V，那么PSRR是多少？

2.14　如图所示的利用辅助运放测量DUT运放的开环增益，其中R_1=100Ω，R_2=200kΩ，R_3=50kΩ，1V的SRC1输入摆幅导致辅助放大器的输出处产生130mV的摆幅。DUT放大器的开环增益是多少？（用分贝表示）

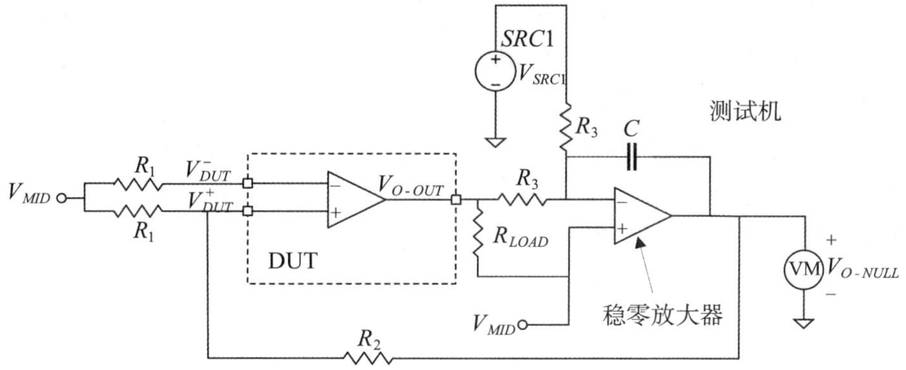

第三章 数字集成电路测试

3.1 概　述

数字单片集成电路是指基于布尔代数（又称开关代数或逻辑代数）理论，采用二进制计数进行数字计算和逻辑函数运算，用于处理数字信号的集成电路。数字单片集成电路的输入、输出满足一定的逻辑关系，而基本的逻辑关系是“与”“或”“非”。通常数字单片集成电路由各种门电路和记忆元件等组成。

20世纪以来，电子学在小型化技术发展方面经历了四个阶段（或称四代）：

1. 1904年出现电子管；

2. 1948年发明晶体管，五十年代实用化；

3. 1959年出现集成电路，六十年代实用化；

4. 1964年提出大规模集成的概念，1966年出现大规模集成电路，七十年代实用化。

随着电子整机向功能复杂化、体积小型化以及高性能高可靠性方面的发展，集成化和大规模集成化已成为迫切的要求和必然趋势。在集成电路面临这种应用要求而迅速发展的过程中，数字单片集成电路又在数量、品种和进展速度上比其他集成电路居领先地位。数字单片集成电路广泛地应用于计算机、通信、自动控制、仪器仪表等的数字系统中，尤其是计算机，已广泛地用于民用、工业和军事上，计算机的应用程度已成为工业自动化和现代化的重要标志之一。

数字单片集成电路应用十分广泛，伴随数字单片集成电路的不断发展，除了其基本构成不断丰富外，测试技术也在很大程度上取得了提升。数字单片集成电路的测试技术通常包括功能、时序、电流和电压的验证，以确保被测数字集成电路能基本满足器件的特征和设计规格书。

本章从数字集成电路的电气、功能等方面入手，详细介绍通用数字集成电路测试的流程、测试参数以及测试方法；同时对数字集成电路测试系统、存储器测试、微处理器测试、可编程器件测试等常见数字单片集成电路的测试技术进行介绍；另外，本章还将对数字集成电路测试技术未来发展的方向和方法进行介绍。

3.1.1　数字集成电路简介

数字单片集成电路产品的种类很多，若按包含的具体门电路、具体的器件数量来分，可分为小规模的集成电路、中规模的集成电路、大规模的集成电路等。若按电路结构来分，可分成TTL和MOS两大系列。TTL数字单片集成电路是利用电子和空穴两种载流子导电的，所以又叫作双极性电路。MOS数字单片集成电路是只用一种载流子导电的电路，其中用电子导电的称为NMOS电路；用空穴导电的称为PMOS电路；如果是用NMOS及PMOS复合起来组成的电路，则称为CMOS电路。数字单片集成电路品种繁多，包括各种门电路、触发器、计数器、编译码器、存储器等数百种器件。

数字单片集成电路也分为组合逻辑电路和时序逻辑电路两大类。在一个逻辑系统中，输出结果仅决定于当前各输入值，而与信号作用前电路的原状态无关的电路，称为组合逻辑电路。组合逻辑电路中不包含存储单元，没有记忆和存储功能。倘若表现为组合逻辑，那么在运行的过程中，就只能完成逻辑的运算。在时序逻辑电路方面，其在有效完成逻辑运算的同时，还可以将具体的处理结果进行暂时的存储，以此为下一次的运算提供便利。在一个系统中，输出结果既由当前各输入值，又由过去的输入值来决定的电路，称为时序逻辑电路。它的一个或多个输出端与输入连接以产生正反馈。因为时序逻辑的输出依赖于过去的输入，所以它们必须包含有维持触发器、存储器等记忆或存储过去输入状态的元件。有两个稳定状态的元件能记忆一个二进制数或单位。电路的记忆量可用位数或内部状态数来确定。双稳态电路是时序电路的基础。锁存器和触发器是基本的时序逻辑电路。寄存器、计数器等都属于时序逻辑电路。用一个专门的定时信号作输入（即时钟）对状态变量进行瞬时取样来控制时序逻辑电路的动作，称为“同步”时序电路。没有专门定时信号的，称为“异步”时序电路。时序逻辑电路可用状态表和状态图来描述。状态图通常由状态表推出，更直观易读。对时序逻辑可表示为有反馈的组合逻辑。

数字集成电路用数字符号0和1表示相互对立的逻辑状态，称为逻辑0和逻辑1，常见的对立逻辑状态如表3-1所示。

表3-1　常见的对立逻辑状态示例

一种状态	高电位	有脉冲	闭合	真	上	是	…	1
另一种状态	低电位	无脉冲	断开	假	下	非	…	0

数字集成电路用高电平、低电平来描述电位的高低。高低电平不是一个固定值，而是一个电平变化范围，如图3-1所示。在集成逻辑门电路中规定：标准高电平VSH为高电平的下限值；标准低电平VSL为低电平的上限值。应用时，高电平应大于或等于VSH；低电平应小于或等于VSL。

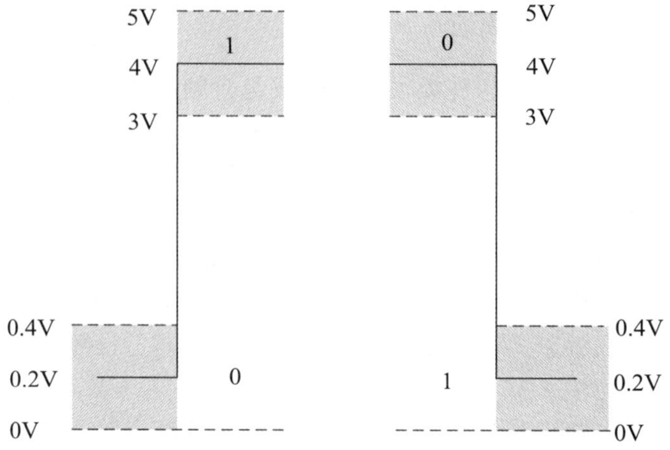

（a）正逻辑　　（b）负逻辑

图3-1　正逻辑和负逻辑

数字集成电路有正、负逻辑规定。正逻辑用1表示高电平，用0表示低电平的逻辑体制。负逻辑用1表示低电平，用0表示高电平的逻辑体制。

目前常用的数字逻辑电平标准有TTL、CMOS、LVTTL、LVCMOS、ECL、PECL、LVPECL等，速度比较高的有LVDS、GTL、PGTL、CML、HSTL、SSTL等。下面简单介绍一下各自的供电电源、电平标准以及使用注意事项。

1. TTL：Transistor-Transistor Logic 三极管结构。

V_{CC}：5V；V_{OH}≥2.4V；V_{OL}≤0.5V；V_{IH}≥2V；V_{IL}≤0.8V。

LVTTL：（Low Voltage TTL）

3.3V LVTTL：

V_{CC}：3.3V；V_{OH}≥2.4V；V_{OL}≤0.4V；V_{IH}≥2V；V_{IL}≤0.8V。

2.5V LVTTL：

V_{CC}：2.5V；V_{OH}≥2.0V；V_{OL}≤0.2V；V_{IH}≥1.7V；V_{IL}≤0.7V。

TTL使用注意：

TTL电平过冲一般都会比较严重，可以在始端串22Ω或33Ω电阻；

TTL电平输入脚悬空时内部认为是高电平。

2. CMOS：Complementary Metal Oxide Semiconductor（PMOS+NMOS）

V_{CC}：5V；V_{OH}≥4.45V；V_{OL}≤0.5V；V_{IH}≥3.5V；V_{IL}≤1.5V。

相对TTL有了更大的噪声容限，输入阻抗远大于TTL输入阻抗。对应3.3V LVTTL，出现了LVCMOS，可以与3.3V的LVTTL直接相互驱动。

3.3V LVCMOS：

V_{CC}：3.3V；V_{OH}≥3.2V；V_{OL}≤0.1V；V_{IH}≥2.0V；V_{IL}≤0.7V。

2.5V LVCMOS：

V_{CC}：2.5V；V_{OH}≥2V；V_{OL}≤0.1V；V_{IH}≥1.7V；V_{IL}≤0.7V。

CMOS使用注意：

CMOS结构内部寄生有可控硅结构，当输入或输入管脚高于V_{CC}一定值（比如一些芯片是0.7V）时，电流足够大的话，可能引起闩锁效应，导致芯片的烧毁。

3. ECL：Emitter Coupled Logic 发射极耦合逻辑电路（差分结构）

V_{CC}=0V；V_{EE}=−5.2V；V_{OH}=−0.88V；V_{OL}=−1.72V；V_{IH}=−1.24V；V_{IL}=−1.36V。

速度快，驱动能力强，噪声小，但是功耗大，需要负电源。为简化电源，出现了PECL（ECL结构，改用正电压供电）和LVPECL。

PECL：Pseudo/Positive ECL

V_{CC}=5V；V_{OH}=4.12V；V_{OL}=3.28V；V_{IH}=3.78V；V_{IL}=3.64V

LVPELC：Low Voltage PECL

V_{CC}=3.3V；V_{OH}=2.42V；V_{OL}=1.58V；V_{IH}=2.06V；V_{IL}=1.94V

ECL、PECL、LVPECL使用注意：不同电平不能直接驱动。中间可用交流耦合、电阻网络或专用芯片进行转换。以上三种均为射随输出结构，必须有电阻拉到一个直流偏置电压。

4. LVDS：Low Voltage Differential Signaling

差分对输入输出，内部有一个恒流源3.3～4mA，在差分线上改变方向来表示0和1。通过外部的100Ω匹配电阻（并在差分线上靠近接收端）转换为±350mV的差分电平。

LVDS使用注意：可以达到600M以上，PCB要求较高，差分线要求严格等长，差最好不超过10mil（0.25mm）。100Ω电阻离接收端距离不能超过500mil，最好控制在300mil以内。

5. CML

是内部做好匹配的一种电路，不需再进行匹配。三极管结构，也是差分线，速度能达到3G以上。只能点对点传输。

6. GTL

类似CMOS的一种结构，输入为比较器结构，比较器一端接参考电平，另一端接输入信号。1.2V电源供电。

V_{CC}=1.2V；V_{OH}≥1.1V；V_{OL}≤0.4V；V_{IH}≥0.85V；V_{IL}≤0.75V

PGTL/GTL+：

V_{CC}=1.5V；V_{OH}≥1.4V；V_{OL}≤0.46V；V_{IH}≥1.2V；V_{IL}≤0.8V

7. HSTL

主要用于QDR存储器的一种电平标准：一般有V&not；CCIO=1.8V和V&not；&not；CCIO= 1.5V。和上面的GTL相似，输入为比较器结构，比较器一端接参考电平（VCCIO/2），另一端接输入信号。对参考电平要求比较高（1%精度）。

8. SSTL

主要用于DDR存储器，和HSTL基本相同。V&not；&not；CCIO=2.5V，输入为比较器结构，比较器一端接参考电平1.25V，另一端接输入信号。对参考电平要求比较高（1%精度）。

HSTL和SSTL大多用在300M以下。

3.1.2 数字集成电路测试概述

随着人们对电子产品的需求和依赖性的与日俱增，对数字集成电路的需求与可靠性要求也迅速增加。为了确保数字系统的正常工作，就必须对数字集成电路进行充分的测试。虽然通用数字电路种类繁多，但针对此类电路的测试方法通常都可以分为下述三个部分：功能测试、结构测试、直流参数和交流参数的测试。

功能测试：验证电路的所有功能操作。对于复杂的数字电路和系统，这可能非常耗时，因此成本高昂。

结构测试：激发由于制造缺陷而可能存在于电路中的故障，用适当的数字向量，使电路对激励敏感，从而使故障电路在初级输出上产生与无故障电路不同的结果。

参数测试：即测量特定参数，如电流和电压水平以测量设备的特定电气特性，直流参数测试测量电压和电流，以及开路/短路测试。交流参数测试测量与时间相关的特性，如信号的延迟和上升、下降时间。

在测试设计的逻辑正确时，目标是在最短的时间内充分测试设计。这对于生产测试尤其重要，因为测试程序必须尽可能具有成本效益和完全。对于IC的逻辑测试，则进行功能或结构测试，或两者的组合。

结构测试方法是基于测试向量的发展来检测制造电路中可能存在的特定故障。针对特定的制造工艺缺陷创建故障模型，并将其插入电路模型中。创建结构测试程序的一个要求是检测故障。在理想情况下，100%的故障将被检测出来。但是，不一定能够检测到电路中100%的故障。通常情况下，故障覆盖率要求超过95%，而电路中可能包含未被结构测试覆盖的故障的部分需要进行额外的功能测试。故障覆盖率计算如下：

$$故障覆盖率(\%)=\frac{检测出的故障数目}{故障总数}\times 100\%$$

简单来说，数字集成电路功能测试和结构测试是在给定输入的前提下判断输出是否达到期望值。如图3-2所示，给定的输入定义为测试向量，其实际图形为测试图形。

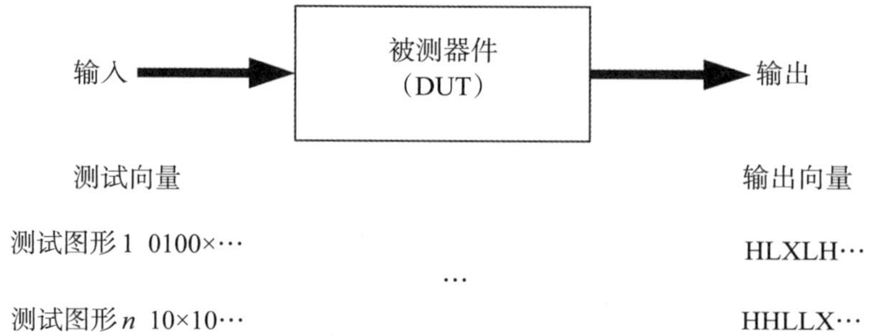

图3-2 数字集成电路测试原理图

介绍一下在数字集成电路测试中常用到的几个术语：

测试向量（Test Vector）：以并行方式施加于DUT初始输入端的逻辑0和1信号组合。

测试图形（Test Pattern）：一系列测试输入向量和集成电路对输入测试向量的输出回应合在一起称为集成电路的测试图形。

测试码：能够检测出电路中某个故障的输入激励（测试向量），也称为故障测试码。

测试集：测试码或测试图形的集合。可以是穷举的、小于穷举的、最小数，这取决于测试图形的算法。

对数字集成电路来说，最主要的是测试其功能、时序关系和逻辑关系等。

数字集成电路采用穷举是不现实的。一般测试输出响应有两种办法：比较法（与好的器件作比较，一般是对比简单的中小规模集成电路，如图3-3所示），存储法。

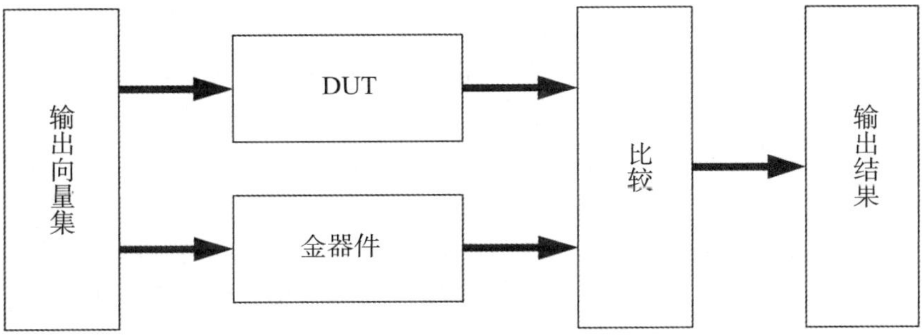

（a）　被测器件与金器件比较

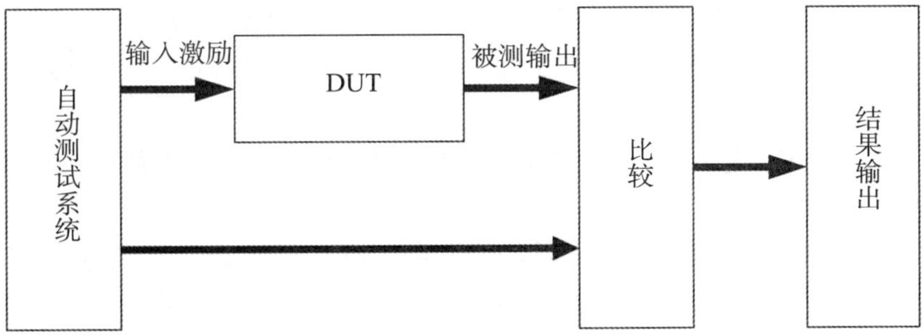

（b）　被测器件与预期输出图形比较

图3-3　比较法

存储法：在计算机控制下，通过程序生成所需的测试集并存储于测试仪的高速缓冲存储器（图形发生器）。测试时，随测试主频率逐个读出，将测试向量施加于输出端，以测试集的输出图形为标准，逐个与被测输出的回应进行比较。（可以在确保一定的前提下，将很长的测试集压缩，或设计一个小的测试集节约测试存储容量，加快测试速度）

一个典型的数字集成电路测试流程如图3-4所示。

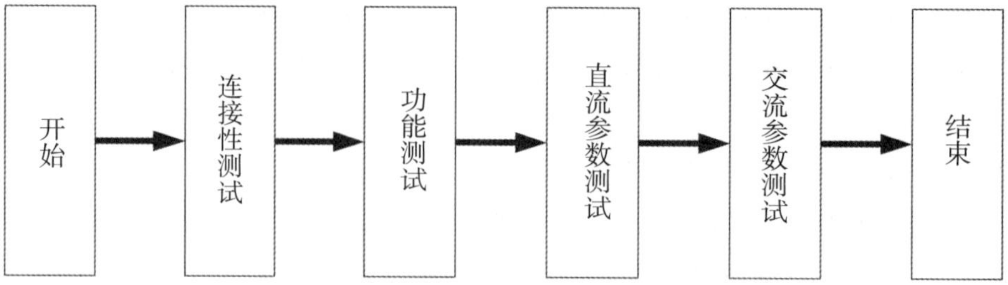

图 3-4　典型的数字集成电路测试流程

1. 首先进行连接性测试

在DUT的每一个管脚上都施加一电流，随后测量其相应电压，如果所得电压值超出了特定的电压范围，则可认为管脚与测试仪的接触是断开的，即开路。

2. 然后进行功能测试或结构测试

功能测试用于测试器件是否能完成设计所预期的所有工作或功能。逻辑I/O通过一定的方法在器件中传输，确保对器件的每一个内部节点都进行了工作正常与否的验证。功能测试有时也称为时钟速率、节点或真值表测试。静态功能测试常用真值表测试的方法。

功能测试的基本过程是应用一有序的或随机的数据组合测试图形，以器件规定的速率作用于被测器件，并比较器件的输出与预期的数据图形，观察两者是否相同，以此判断期间功能是否正常。

测试图形产生的速率、边沿定时控制、输入/输出控制及屏蔽选择等。

方法：反射码、状态读出、转换计数、特征分析、算法生成及存储真值表法。

测试周期：基于器件测试过程中的工作频率而定义的每单元测试向量所持续的时间，其公式为$T=1/F$，T为测试周期，F为工作频率。

输入数据：输入数据由测试向量数据（给到DUT的指令或激励）、输入信号时序（信号传输点）、输入信号格式（信号波形）、输入信号电平（V_{IH}/V_{IL}）、时序设置选择（如果程序中有不止一套时序）因素的组合构成。大部分的输入信号格式要求设置为包含唯一格式（波形）和时序（时沿设定）的更为复杂的数据形式，主程序中会包含这些信息并通过相应的代码实现控制和调用。

输入信号格式：可以保证规格书定义的所有AC参数均被测试。信号格式与向量数据、时沿设定及输入电平组合使用可以确定给到DUT的输入信号波形。

常见的信号格式：RZ（归零码），RO（归一码），SBC（环绕补码）、NR（不返回码）等，其波形如图3-5所示。

输入信号时序：一旦决定了测试周期，周期内各控制信号的布局及时钟沿位置也就可以确定。输入信号有两种，控制信号和数据信号。首先要决定的是控制信号的有效时沿和数据信号的建立与保持时间。接下来决定各输入信号的格式。输入信号由测试系统各区域提供的数据组合创建，最后从测试头输出的信号波形是测试向量、时沿设置、信号格式及V_{IH}/V_{IL}设置共同作用的结果。

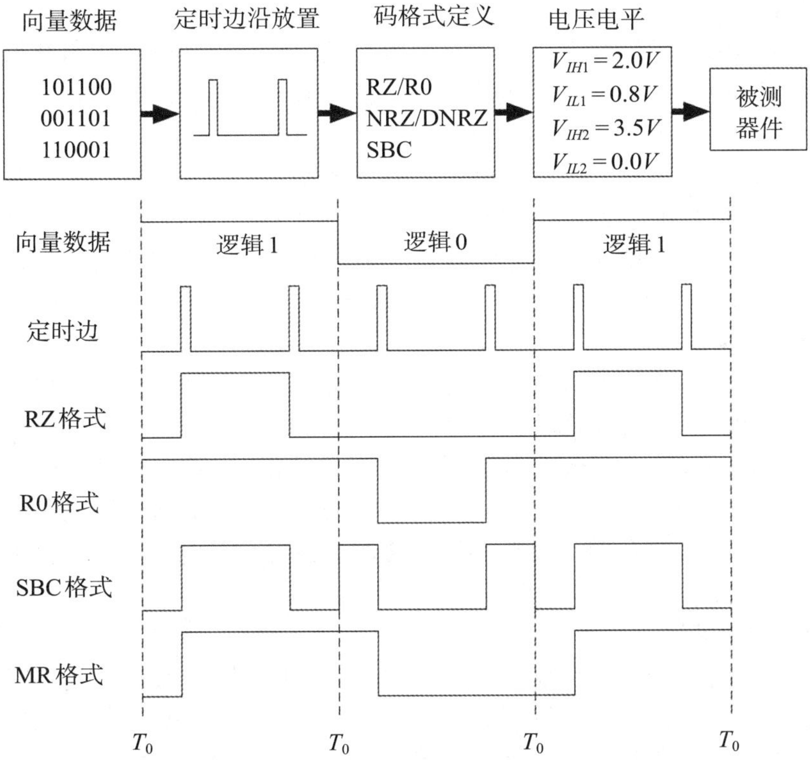

图3-5 常见信号格式

输出部分的测试分为测试向量数据（期望的逻辑状态）、采样时序（周期内何时对输出采样）、V_{OL}/V_{OH}（期望的逻辑电平）、I_{OL}/I_{OH}（输出电流负载）。

测试输出：功能测试期间，程序会为每个输出管脚在测试周期内指定一个输出采样时间，在这个时间上，比较单元会对输出进行采样，再将采样到的DUT输出信号电平和V_{OL}/V_{OH}参考电平相比较。

测试向量含有每个管脚的期望逻辑状态。如果期望是逻辑0，当采样进行时，DUT的输出电平必须小于或等于V_{OL}。

在通用数字电路与ASIC的测试技术当中，结构测试是比较重要的组成部分，在很多方面都具有较大的积极作用。结构测试的目的和功能测试一致，也在于验证电路的设计和使用是否完成了预期的效果。结构测试的重点在于基于对数字集成电路结构的了解，并应用测试生产算法，生产测试图形。测试的基本过程如下：

（1）从输入端施加若干的激励信号，也就是常说的测试图形。

测试图形在应用过程中是检验器件功能的重要途径，获得了业内的高度认可。从理论上来分析，一个比较好的测试图形，本身所具有的特点是非常突出的。

①测试图形必须具有较高的故障覆盖率，这样才能更好地测试不同类型的故障。

②测试图形必须具有较短的测试时间。以往的测试花费大量的精力和时间，得到的结果却不精确。因此，针对测试图形的测试时间，要求是比较严格的。

③测试图形必须针对被测器件的故障、工艺缺陷进行检测，提高被测器件的功

能测试准确度。

因此，在结构测试过程中，测试电路的具体质量，会与测试向量的精度具有比较密切的关系。例如，组合电路测试生成算法是结构测试的重点内容。可根据实际的需求，选择合理的方法来完成。

（2）在操作当中，需要按照电路规定的具体频率，有效地施加到被测试的器件当中，这一操作需要仔细进行，避免出现任何形式上的纰漏。

（3）要根据两者的相同情况、差异情况等，对具体的数据和信息进行分析，以此来更好地判定电路功能是否达到了正常的状态。

3. 直流参数的测试

数字单片集成电路的测试技术还能够针对较多的重要指标，完成相应的测试工作。直流参数的测试是目前比较关注的问题。从测试技术的角度来分析，直流测试是用来确定器件点参数的稳态，确保器件可以更加稳定地运行。从方法上来分析，直流参数的测试方法比较多样化，目前常用的包括连接性测试、漏电流测试、电源电流测试、输入高/低电压测试、驱动能力测试、输出短路电流测试、输出高阻电流测试等。

4. 交流参数的测试

交流参数的测试，是数字单片集成电路测试技术的重点表现，其在很多方面都是非常重要的一项指标。从具体的测试层面来分析，交流参数的测试工作主要是测量器件晶体管转换状态时所表现出的时序关系。执行该项测试的目的在于，确保器件能够在规定的时间内发生正常的状态转换。一般的方法是输入端输入指定的输入边沿，特定的时间后在输出端检测预期的状态转换，测试原理图如图3-6所示。

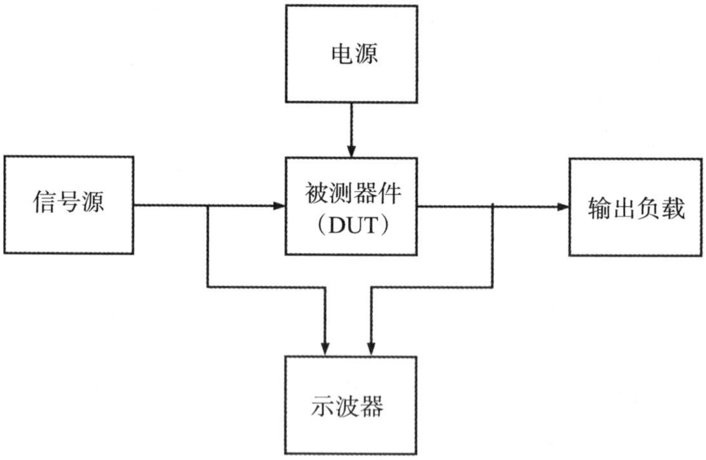

图3-6　交流参数测试原理图

（1）传输延迟时间测试

传输延迟是指输入端产生一个状态（边沿）转换和导致相应的输出端的状态（边沿）转换之间的延迟时间。这个时间从输入端的某一特定电压开始到输出端的某一特定电压结束。它是反映数字集成电路对信号响应速度的一个重要指标。

进行传输延迟的测试时，一般是通过测试系统给DUT的驱动端发送测试信号，经由被测器件数字通道的传输路径后到达测试系统DIB的通道末端。在此过程中测试DUT输入信号发出和接收到输出信号的时间间隔，即为该DUT的传输延迟时间。

输出由低电平到高电平传输延时时间 t_{PLH} 。指输入端在施加规定的电平和脉冲电压时，输出脉冲电压由低电平到高电平的边沿和对应的输入脉冲电压边沿上两规定的参考电平间的时间。

测试方法：被测输入端施加脉冲电压，其余输入端施加规定电平；被测输出端接负载，其余输出端开路。在被测输出端输出脉冲电压由低电平到高电平的边沿的参考电平 V_{REF} 处和对应的输入脉冲电压边沿的参考电平 V_{REF} 处两者之间测得的时间间隔即为输出由低电平到高电平传输延时时间 t_{PLH} 。

输出由高电平到低电平传输延时时间 t_{PHL} ，指输入端在施加规定的电平和脉冲电压时，输出脉冲由高电平到低电平的边沿和对应的输入脉冲电压边沿上两规定的参考电平间的时间。

测试方法：被测输入端施加脉冲电压，其余输入端施加电平；被测输出端接负载，其余输出端开路。在被测输出端输出脉冲电压由高电平到低电平的边沿参考电平 V_{REF} 处和对应的输入脉冲电压边沿的参考电平 V_{REF} 处两者之间测得的时间间隔即为输出由高电平到低电平的传输延时时间 t_{PHL} 。波形图如图3-7所示。

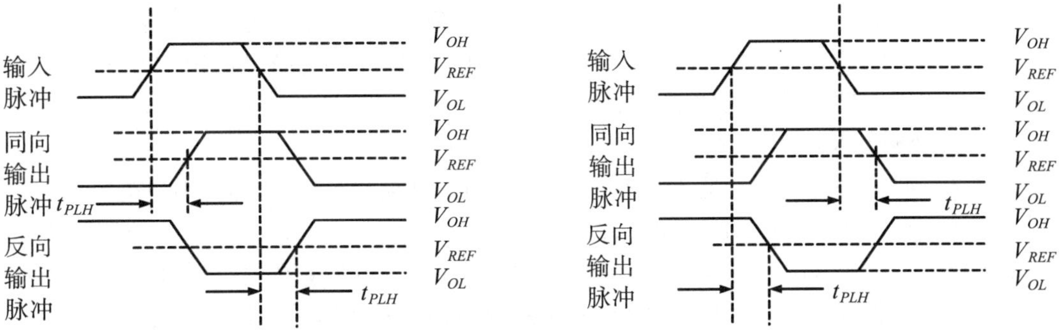

图3-7　波形图

（2）建立和保持时间测试

建立时间是在时钟沿到来之前数据从不稳定到稳定所需的时间。如果建立时间不满足要求，那么数据将不能在时钟上升沿/下降沿到来时稳定输入器件中。保持时间则是时钟脉冲到来之后数据稳定后保持的时间。

建立和保持时间的测试一般是将输入信号按此参数的规范值进行时序配置，然后通过运行数字图形，测试其是否“通过/失效”，来对建立和保持时间进行校验的。

（3）输入脉冲上升时间的 t_r 测试

t_r 定义：时序逻辑器件中输出逻辑电平按规定临界转换前，在触发输入端施加脉冲电压上升沿上两规定参考电平间的最大时间。

被测触发输入端施加脉冲电压，其余输入端施加规定电平，输出端接负载。调节输入脉冲电压上升/下降时间，使输出逻辑电平按规定临界转换，测量输入脉冲电压上升沿/下降沿上两规定的参考电平（V_{REFL}、V_{REFH}）间的最大时间，该时间即为输入脉冲上升/下降时间 t_r/t_f。波形图如图3-8所示。

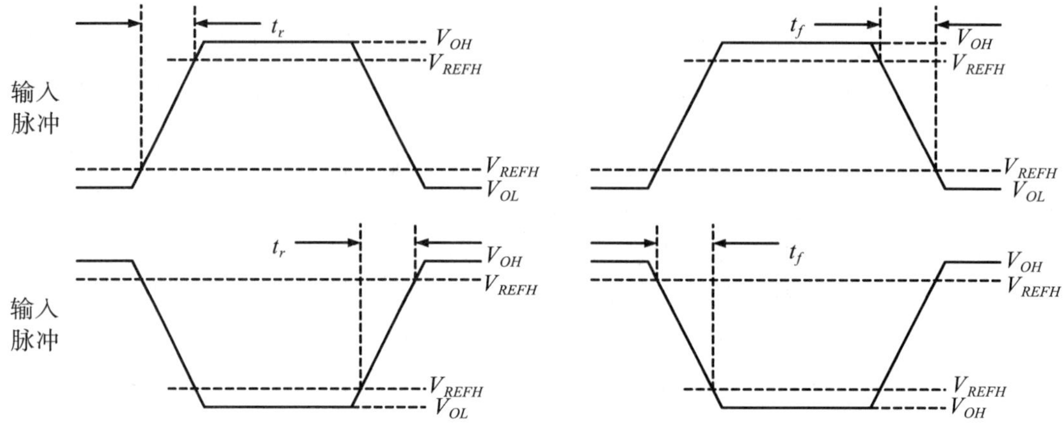

图3-8 波形图

最高时钟频率 f_{MAX}

定义：时序逻辑器件，输出逻辑电平按规定临界转换前，在时钟输入端施加的最高脉冲电压频率。

测试方法：时钟输入端施加脉冲电压，其余输入端施加规定电平；被测输出端接规定负载，其余输出端开路。调节输入脉冲电压频率，使输出逻辑电平按规定临界转换，该频率即为最高时钟频率 f_{MAX}。

最小时钟脉冲宽度 t_{WL}/t_{WH}

定义：时序逻辑器件，在时钟输入端施加的时钟信号最小的低/高电平时间。

测试方法：时钟输入端施加脉冲电压，其余输入端施加规定电平；被测输出端接规定负载，其余输出端开路。调节输入时钟脉冲信号的低/高电平时间，使输出逻辑电平按规定临界转换，此时高/低电平保持时间即为最小时钟脉冲宽度 t_{WL}/t_{WH}。

偏差时间 t_{SK}

偏差时间 t_{SK} 是输入前沿（或后沿）之间，对器件动作无不利影响的时间。方法如上类似。

波形图如图3-9所示。

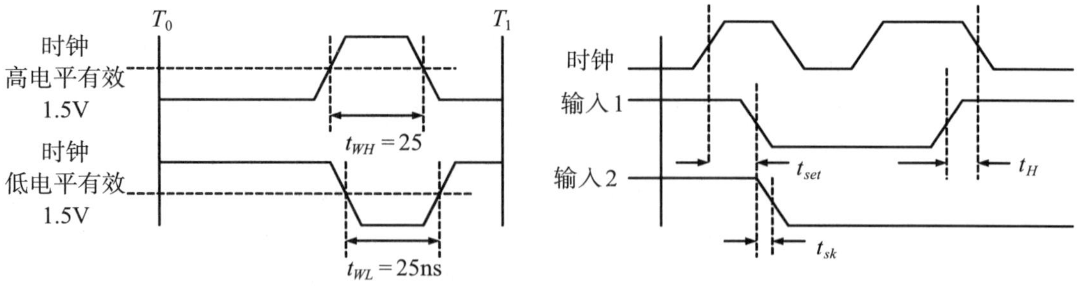

图3-9 波形图

3.1.3　数字集成电路故障模型

在集成电路的物理层上发生了与原先设计相违背的意外称为缺陷。在大规模集成芯片中一些常见的缺陷类型包括：元件腐蚀、退化、材料表面电离、连接线接触不稳而发生的断路或短路等。而故障是对缺陷的一种抽象化描述，通过集成电路反常态的电路行为建立出的数学模型。

故障模型分为基于逻辑层次的故障模型和面向故障的故障模型两种。面向缺陷的故障模型是基于产生故障的电路电气模型。不是简单的数字逻辑模型，而是根据模拟电路中有源元件、电阻、电容等元件考虑故障的电气特性（电压和电流）的模型。对于数字电路而言，给定输入向量即可求得其各引线的稳定逻辑值，所以采用将电气故障转换为逻辑层次的逻辑故障模型，这些模型可能包含时序故障。数字集成电路测试包括故障检测和故障诊断。故障检测指测试是否有故障，故障诊断不仅测试是否有故障，还要指出故障的位置。

基于逻辑层次的故障是对缺陷的抽象化描述，是对电路的逻辑描述。对数字集成电路的故障模型可以分为逻辑门层次的故障模型、晶体管层次的故障模型和功能模块层次的故障模型（更适合大规模集成电路的测试）。而现有的故障模拟算法和测试生成算法主要是针对门级电路的，所以本章将以门级电路为主要模型。常见的故障模型包括以下几种。

1. 固定型故障模型

这是在数字集成电路测试中使用最早和最普遍的故障模型。固定型故障模型是指SoC制造过程中的缺陷都可以表现为逻辑门层次上连线的逻辑值被固定在某一逻辑电平。当连线的逻辑值被固定在电平时，称为固定故障，记为s-a-0/SA0；当连线的逻辑值被固定在1电平时，称为固定1故障，记为s-a-1/SA1，对应的电路实例图如图3-10所示。s-a-1和s-a-0故障是相对于电路的逻辑功能而言，与具体的物理故障没有直接关系。

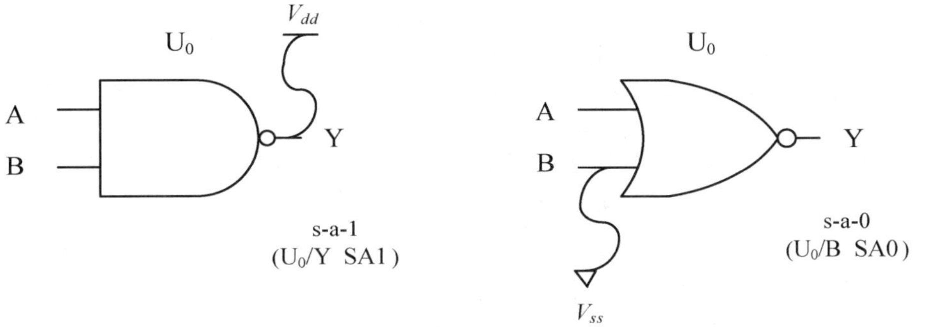

图3-10　固定型故障模型

2. 桥接故障模型

桥接故障是一种有可能改变电路拓扑结构的故障模型，主要表示SoC电路层次中互连线的短路故障。对于单个逻辑元件，桥接故障通常可分两类：元件输入端之间的桥接故障、元件I/O端之间的反馈式桥接故障。前者可以用线与运算来替换，而后者则可能把组合电路改变成时序电路或使电路发生振荡而趋于不稳定。桥接故障的模型化电路如图3-11所示。研究证明，对于任何能够检测用线与处理过电路的固定型故障的测试激励，一定能够检测出原电路中的桥接故障，即非反馈式桥接故障可以转化为固定故障来处理。

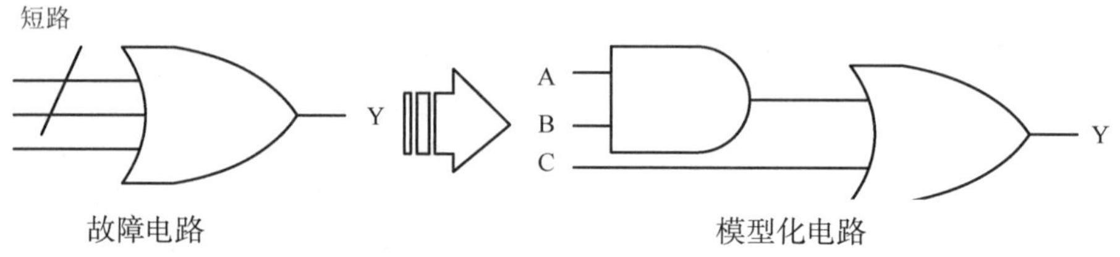

（a）输入端间桥接故障

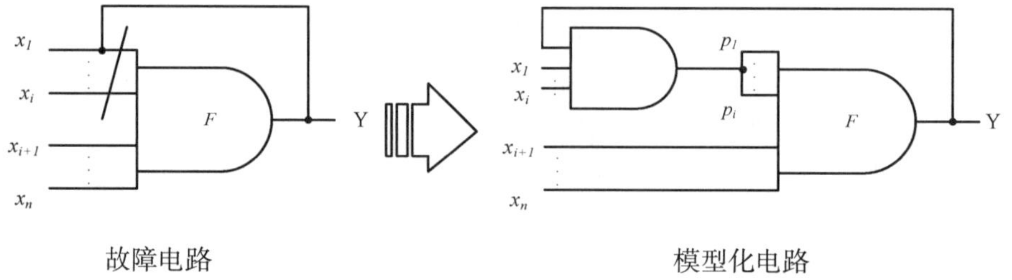

（b）I/O端间桥接故障

图3-11　桥接故障模型

3. 跳变延迟故障模型

跳变延迟故障是一种表示电路无法在规定时间内由0跳变到1或从1跳变到0的故障模型，如图3-12所示。在电路经过一段实际传输后，跳变延迟故障会表现为固定型故障。

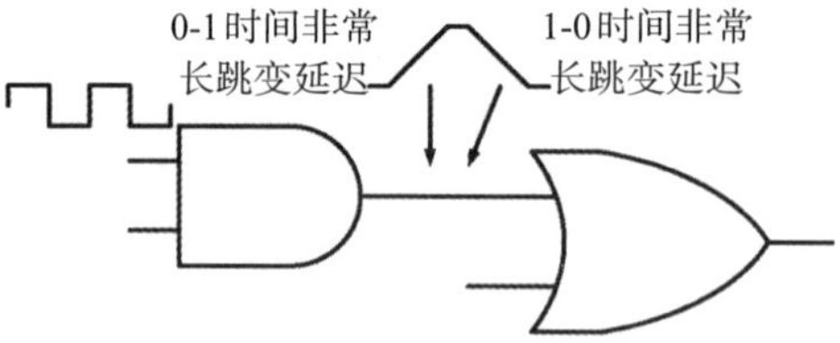

图3-12　跳变延迟故障模型

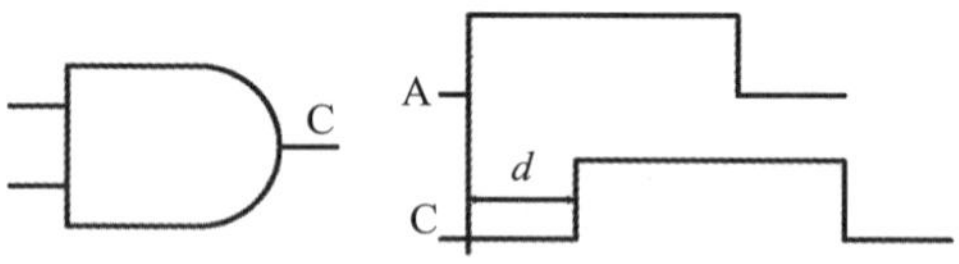

图3-13　传输延迟故障模型

4. 传输延迟故障模型

传输延迟故障不同于跳变延迟故障，是一种表示信号在特定路径上的传输延迟，通常与被测试路径RC参数有关，尤其是关键路径。信号在含逻辑元件路径出现的传输延迟故障模型如图3-13所示。在实际测试过程中，传输延迟故障可以通过增加测试激励数量和调整测试激励施加顺序来进行测试，也近似于固定型故障的测试。

3.2　数字集成电路测试

3.2.1　组合逻辑测试

组合逻辑测试包含了逻辑模拟和故障模拟。逻辑模拟是验证在给定输入量下电路的稳定逻辑值，应用在集成电路设计验证阶段。故障模拟是模拟在给定的输入量下注入给定故障和无故障时的响应，以检查所给的测试输入能否检测故障。用于测试集的评估和故障检测与诊断。

在组合逻辑电路中，电路的操作可以用布尔表达式来描述。在电路输入中应用数字向量，经过短时间的传播延迟后，输出成为一个有效的逻辑值。

控制值与控制输入：

若一个门的某一输入取值（a为0或1）后，不论其他输入为何值，均可唯一确定该门的输出值，则称该输入取控制值，并称该输入为控制输入；否则为非控制值及非控制输入。

例1　与门、与非门取0值为控制输入，1值为非控制输入。
或门、或非门取1值为控制输入，0值为非控制输入。
非门输入不论取值均为控制输入。
异或门、同或门输入均为非控制输入。

数字集成电路故障检测的思路是：加入某一或某些输入向量或向量序列——也称图形(pattern)，如果输出与设计值不符合，则电路一定存在故障。对组合逻辑电路中的固定故障a，如果存在一个输入向量，当对电路输入此向量时，若正常电路的输出响应与存在故障a时的输出响应不一致，则称该向量为故障a的一个测试向量或测试码。

例2　三输入与门电路图如图3-14所示，故障、测试码如下。

三输入与门，共有8个固定故障，可以分为5组。

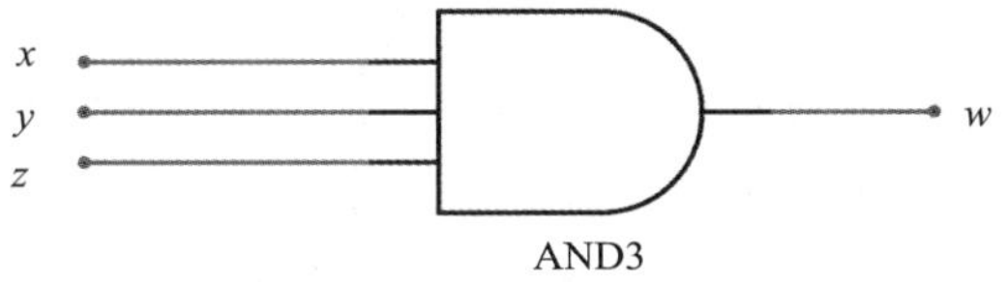

图3-14　三输入与门电路图

故障	测试码（x,y,z）
1.x s-a-1	(0,1,1)
2.y s-a-1	(1,0,1)
3.z s-a-1	(1,1,0)
4.w s-a-1	(0,0,0) (0,1,1) (1,0,1) (1,1,0) (0,0,1) (0,1,0) (1,0,0)
5.x s-a-0, y s-a-0, z s-a-0, w s-a-0	(1,1,1)

分析可以看出，第5组中的4个故障是等效的。如果两个故障的测试向量是完全一样的则称他们为等效故障，也称为不可区分故障。

在进行故障仿真和测试生成时，一个等效故障组只选取一个故障作为代表，不必对其他故障进行测试生成，称为等效故障精简。

在结构测试程序开发中使用了故障模型，目的是检测尽可能多的故障。测试向量生成过程中使用了测试码型生成（穷尽、伪随机或算法）和故障仿真技术。测试码型生成（TPG）是生成在初级输入端激励电路所需的全部测试向量的过程，以便将所考虑的故障影响传播到初级输出端。

如果采用穷尽算法或伪随机方法，则TPG中需要采取的基本步骤是：

1. 以适当的格式（通常为vhdl或verilog-hdl）生成被测电路（CUT）的模型；

2. 根据电路网络列表和故障类型，生成已考虑故障的故障列表；

3. 对于故障列表中的所有故障，将重复以下顺序，直到考虑到所有故障或达到目标故障覆盖率为止。

（1）从故障列表中选择故障；

（2）将故障插入电路，应用测试向量并确定是否已用该向量检测到故障，将对所有考虑的测试向量进行；

（3）排除电路故障；

（4）确定故障覆盖率（%）；

（5）从故障列表中删除故障；

（6）从（1）开始重复，直到考虑到所有故障或达到目标故障覆盖率。

组合数字逻辑的自动测试码型生成（ATPG）得到了很好的发展，但是对于时序逻辑电路，与电路的时序性质相关的问题对于自动化工具来说变得更加困难。对于组合逻辑电路，ATPG工具将使用特定的方法（穷尽、伪随机或算法）来开发所需的测试向量集（测试集）。使用的方法有：

详尽的：将应用完整的一组主输入组合。

伪随机：使用一个伪随机模式生成器来创建模式。对其进行评估，以确定其故障检测能力的有效性。

算法：大多数算法TPG都是基于在设计中识别敏感路径。从故障位置到主输出的路径是敏感的，因此可以在主输出处捕获故障的影响（输出处的信号值在无故障和故障状态之间变化）。最著名的算法是simple、d-algorithm、podem和fan。

✧ 简单算法：该算法在设计中选择一个特定节点要考虑的故障，并设置主要输入，以监控故障节点的值，然后确定故障的检测或未检测。这个简单的程序可能会遇到电路扇出和再收敛的问题。

✧ D-算法：对简单算法的改进，它利用五值代数（0，1，x，D，$\bar{D}$）来表示无故障和故障情况下电路节点的值。

✧ PODEM（Path Oriented Decision Making）：与D-算法相比，该算法减少了算法决策所需的时间。

✧ fan：该算法（面向扇出的测试生成算法）减少了与PODEM相比所花费的时

间，并被证明为比PODEM算法快三到五倍。

不是所有的故障都可以找到其测试码，存在电路冗余引起不可检测故障。存在冗余的电路如图3-15所示。

布尔表达式

$$Z=(\overline{A}\cdot\overline{C})+(A\cdot B)$$

真值表

输入			输出
A	B	C	Z
0	0	0	1
0	0	1	0
0	1	0	1
0	1	1	0
1	0	0	0
1	0	1	0
1	1	0	1
1	1	1	1

电路原理图

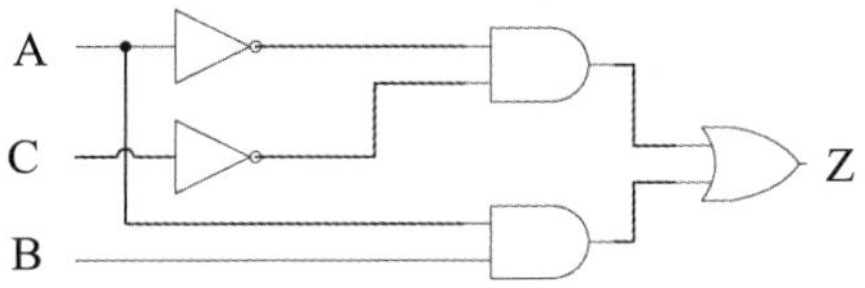

卡诺图

	AB				
		00	01	11	10
C	0	1	1	1	0
	1	0	0	1	0

图3-15　存在冗余的电路

有时电路中存在本地或全局反馈。在组合逻辑电路中，可能需要提供完整设计的输出信号或设计的一部分到逻辑电路本身的反馈。反馈可以被视为本地或全局：本地反馈指应用于较大电路的一小部分，全局反馈指应用于整个电路或电路的主要部分。

另外实际电路中存在多故障和故障屏蔽。当电路中存在多个故障时，如果发生一个故障，则可能检测到任何一个故障，但多个故障的总体影响可能掩盖单个故障影响，因此测试结果将错误地识别无故障电路。

最后由于故障模型的局限性使得不可能所有的故障都能被检测出。故障模型是适用于电路分析（数字或模拟电路分析）的过程缺陷的简化。故障模型可能不一定准确地反映过程缺陷。

下面介绍利用故障矩阵进行故障检测。可以开发故障矩阵以识别应用于组合逻辑电路的最小测试向量集（测试集），以便检测最大数量的故障，故障矩阵仅适用于具有有限数量节点的小型电路。故障矩阵的结构如图3-16所示。

节点：固定0故障（节点/0）和固定1故障（节点/1）

测试向量

	A/0	A/1	B/0	B/1	C/0	C/1	D/0	D/1	E/0	E/1
*t*0										
*t*1										
*t*2										
*t*3										
*t*4										
*t*5										
*t*6										
*t*7										

能检测到该故障测在表格中打勾

图3-16　故障矩阵的结构

当故障矩阵完成时，对其进行分析以确定最小测试集，可以分两个阶段。

✧ 阶段1：

只有一个刻度线的任何列都标识仅由一个测试向量检测到的故障。这是必不可少的测试，必须包含在测试集中。

✧ 阶段2：

在涵盖所有基本测试的情况下，需要确定涵盖所有剩余故障所需的额外测试。如果列包含多个刻度，则可以使用任何一个标识的测试向量，目的是识别和使用检测最大故障数量的测试向量并最小化要使用的向量数量。

例3 下面以一个二输入与非门为例。

解 首先整理出二输入与非门的真值表（表3-1），电路图如图3-17所示。

表3-1 真值表

a	*b*	*z*
0	0	1
0	1	0
1	0	0
1	1	0

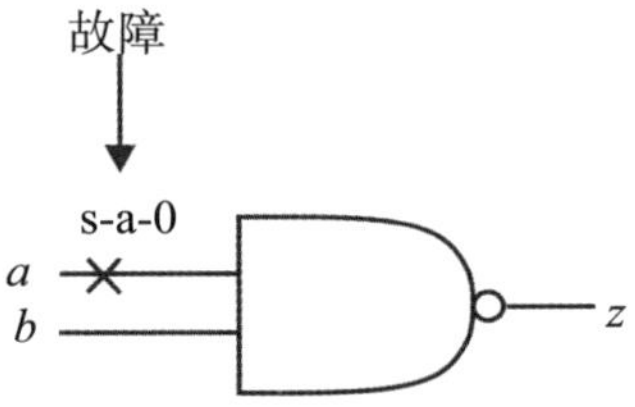

图3-17 二输入与非门电路图

因为每个引脚均存在固定为“0”和固定为“1”的故障，因此故障有*a*/0、*a*/1、*b*/0、*b*/1、*z*/0、*z*/1这6种可能，因此可得到器故障矩阵。

表3-2 二输入与非门故障矩阵

输入	无故障时响应	有故障时响应					
ab		*a*/0	*b*/0	*z*/0	*a*/1	*b*/1	*z*/1
00	1	1	1	0	1	1	1
01	1	1	1	0	0	1	1
10	1	1	1	0	1	0	1
11	0	1	1	0	0	0	1

由故障矩阵可以看到：

（1）*b*/1故障只有输入“10”能够检测出来，因此“10”是必需的测试向量。

（2）剩余的故障没有唯一的输入能够检测，那么先选择能够检测出最多故障的向量：“11”，能够检测*a*/0、*b*/0、*z*/1；“01”，能够检测*a*/1、*z*/0。

可以得到测试向量集为：“01”“10”“11”。

3.2.2 时序逻辑测试

与组合逻辑电路不同，时序逻辑电路输入-输出关系不是简单地用单个布尔表达式描述的。时序逻辑电路由组合逻辑电路元件和存储器（双稳态）元件组成。除了设计的数据（主要）输入外，还有时钟和可能的复位（和设置）控制输入。

时序逻辑电路的基本单元双稳态电路，图3-18为一个D型双稳态电路D触发器的示意图，它的输入包括：

✧ D：数据输入。
✧ Clock（时钟）：在时钟的边沿，D输入上的数据被传输到Q输出。
✧ Reset（复位）：将Q输出重置为“0”。
✧ 输出包括：
✧ Q：D上的数据被传送到Q输出。
✧ $\overline{Q}$：Q的逻辑反相电平。

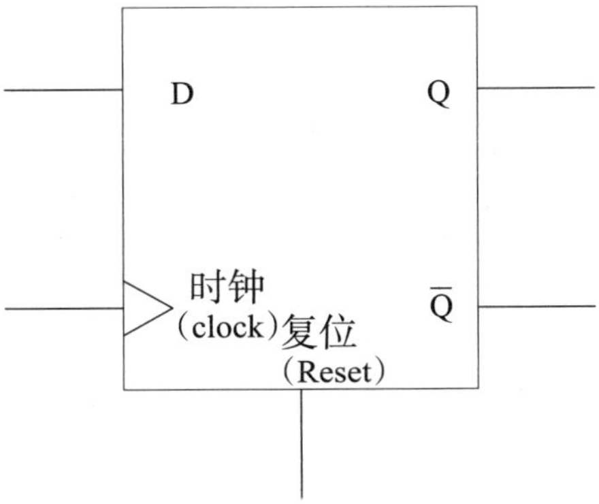

图3-18　D触发器示意图

在时序电路中比较重要的概念是建立时间（Setup time）和保持时间（Hold time），从图3-19中可以看出D触发器要能正常工作，在clock时钟上升沿时刻输入D必须稳定一段时间，这段时间的最小值称为建立时间，clock时钟上升沿时刻之后D也必须保持稳定不变一段时间，这段时间的最小值称为保持时间。D触发器在满足建立时间和保持时间的条件下，输出Q才能保证为输入D。

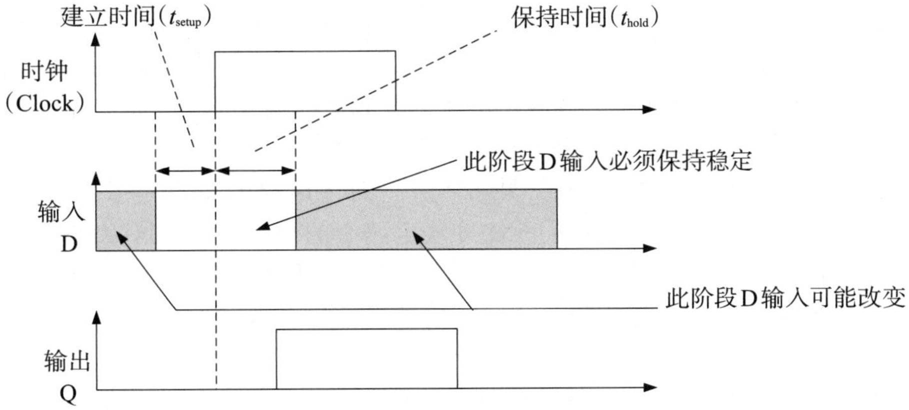

图3-19　D触发器稳定时序图

图3-20是3个D触发器级联而成的移位寄存器。从图中我们看出，从第一级D输入到最后级输出，至少要等待三个clock上升沿。这是时序逻辑和组合逻辑的一大区别，组合逻辑只用考虑信号的传输延迟。另外一个区别在于这个电路第一步进行了复位操作，如果不进行复位操作，输出可能是完全不同的。

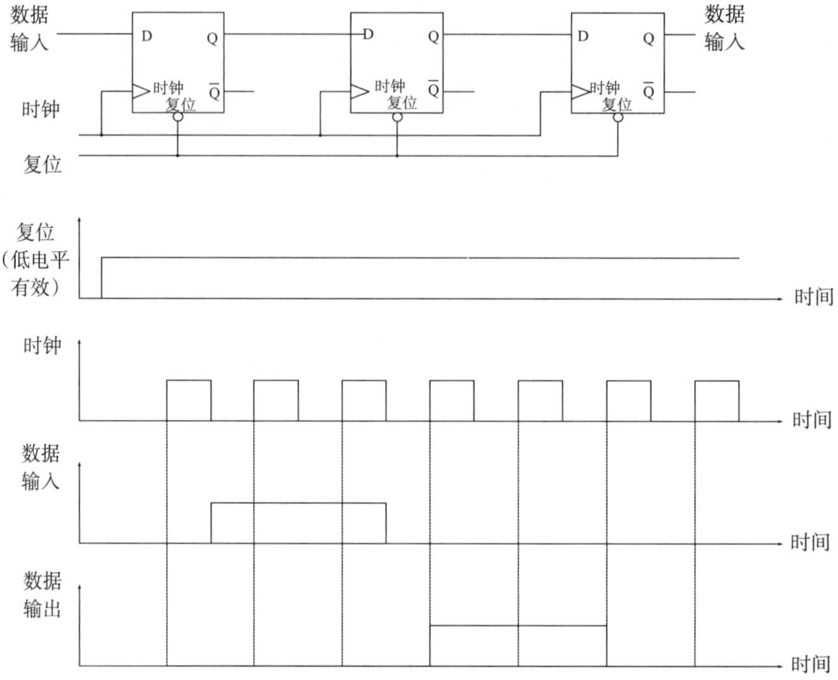

图 3-20　串行输入串行输出移位寄存器

这些特点给我们测试序列逻辑时提出了新的挑战：

（1）对于时序逻辑电路，ATPG更难以进行，因为需要考虑电路状态和控制输入（时钟，复位等）以及任何数据输入。逻辑输入 - 输出关系不是在组合逻辑电路中可以找到的简单布尔表达式。

（2）由于时序电路由多个状态组成，并且电路在时钟脉冲边沿之间的状态之间移动，因此可能需要将电路预设为特定状态以进行测试。当电路嵌入较大的电路时，这可能很难实现，并且可能需要大量的时钟周期和数据输入变化才能实现这一点。

（3）需要测试组合和时序电路元件以确保正确操作。

下面我们用实际门电路举例说明如何进行时序电路的逻辑模拟。前面已经提到，由于时序电路在上电时，我们无法知晓电路中的内部状态，所以在进行逻辑模拟时要用三值逻辑，即除了0和1两个确定值外，还要用一个不确定值Z。同时为了精确地模拟电路中信号的传输和变化，需要考虑信号在电路中传输的时延，通常采用单位时延或多时延。

例4　如图3-21所示的时序电路，假设每个门的时延为单位时延，对输入（x_1，x_2）=（0，0），（0，1），（1，0）和（1，1）用事件驱动方法进行并行逻辑模拟。

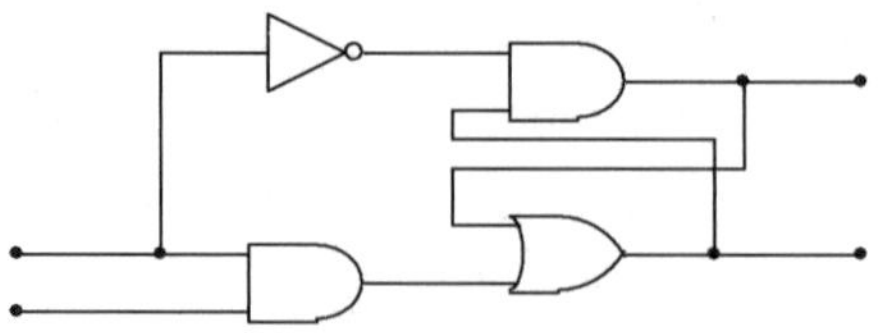

图 3-21　进行逻辑模拟的时序电路

如表3-3～3-7所示：

第1步：置输入。把输入向量（x_1，x_2）＝（0，0），（0，1），（1，0）和（1，1）注入代表输入x_1，x_2的两个字（或字符串）中，其中变量u，v，y，z均置为x。

表3-3

	t_0	t_1	t_2	t_3
x_1	0	0	1	1
x_2	0	1	0	1
u	x	x	x	x
v	x	x	x	x
y	x	x	x	x
z	x	x	x	x

第2步：输出为u和v的门为活动门，进行模拟计算。

表3-4

	t_0	t_1	t_2	t_3
x_1	0	0	1	1
x_2	0	1	0	1
$u = x_1/x_2$	1	0	1	0
$v = x_1x_2$	0	0	0	1
y	x	x	x	x
z	x	x	x	x

第3步：输出为y和z的门为活动门，进行模拟计算。

表3-5

	t_0	t_1	t_2	t_3
x_1	0	0	1	1
x_2	0	1	0	1
u	1	0	1	0
v	0	0	0	1
$y = uz$	x	0	x	0
$z = z+y$	x	x	x	1

第4步：输出为y和z的门为活动门，进行模拟计算。

表3-6

	t_0	t_1	t_2	t_3
x_1	0	0	1	1
x_2	0	1	0	1
u	1	0	1	0
v	0	0	0	1
$y = uz$	x	0	x	0
$z = z+y$	x	0	x	1

第5步：z的值发生了变化，输出为y的门为活动门，继续进行模拟计算。

表3-7

	t_0	t_1	t_2	t_3
x_1	0	0	1	1
x_2	0	1	0	1
u	1	0	1	0
v	0	0	0	1
$y=uz$	x	0	x	0
z	x	0	x	1

已经没有活动门了，逻辑模拟结束。

当假定每个门的时延为单位时延时，只需要两个存放模拟结果的表就够了，即第1，3，5等奇数步的模拟结果可以用同一个表，第2，4等偶数步的模拟结果可以放在另一个表中。从这个例子中看到，当输入为（x_1，x_2）=（0，0）和（1，0）时，输出y和z为不定值x。但在已知电路的初态时，模拟的结果可能发生振荡。

例5　对图3-21电路，设第一次输入为（x_1，x_2）=（1，1），接着输入（x_1，x_2）=（1，0），则模拟结果如下：

首先我们从上例中可以查得输入为（x_1，x_2）=（1，1）时u、v、y、z可在第3步就确定下来为0、1、0、1，根据这个结果再对输入（1，0）进行逻辑模拟（图3-22）。

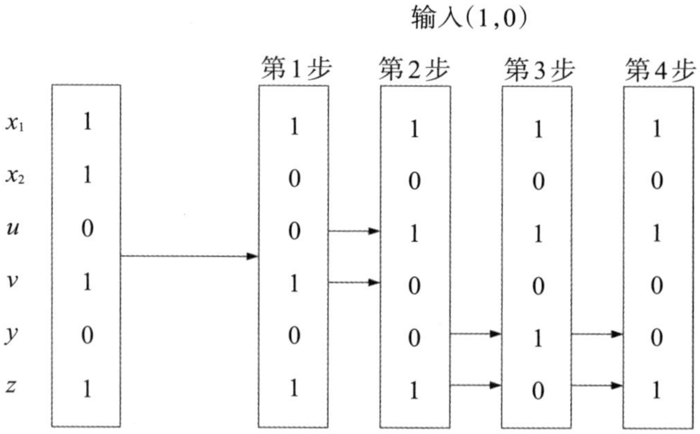

图3-22　逻辑模拟

从逻辑模拟的第2、3、4步可以发现，输出（y，z）发生了振荡，在（0，1）和（1，0）之间循环往复。所以在对时序电路进行逻辑模拟时，应检查是否发生了振荡。如发现振荡，则应停止模拟，把振荡的值置为x。

下面举一个时序电路故障模拟的例子。

例6　用故障并行的方法对图3-23中的电路进行并行故障模拟。

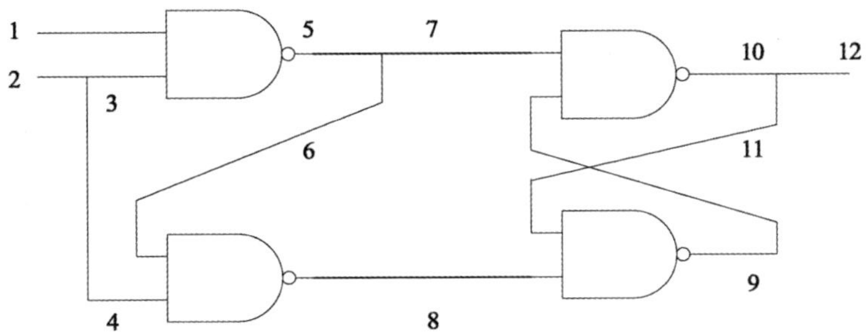

图3-23

如果两个故障的测试向量是完全一样的，则称他们为等效故障，也称不可区分故障。我们对图3-23中的所有故障先进行等效故障分组，可分为以下16组表（3-8）：

表3-8

组别	故障	组别	故障
1	1-0,3-0,5-1	9	6-1
2	1-1	10	7-0,9-0,10-1
3	2-0	11	7-1
4	2-1	12	8-0,11-0,9-1
5	3-1	13	10-0
6	4-0,6-0,8-1	14	11-1
7	4-1	15	12-0
8	5-0	16	12-1

设对输入向量（x_1，x_2）=（0，1）进行并行故障模拟。

第1步：置输入。设所用的计算机的字长为8位，用一位表示无故障电路，其余各位注入不同的故障（表3-9）。8位全为x则忽略不写出。

表3-9　注入的故障

第一步

	正常	1-1	2-0	4-0	5-0	7-0	12-1	
x_1	0	1	0	0	0	0	0	0
x_2	1	1	0	1	1	1	1	1
x_4	1	1	0	1	1	1	1	1
x_2	1	1	0	0	1	1	1	1

第二步

x_5	1	0	1	1	0	1	1	1
x_6	1	0	1	1	0	1	1	1
x_7	1	0	1	1	0	0	1	1
x_8	x	x	1	1	1	x	x	x

第三步

x_9	0	1	1	1	1	0	0	0
x_{10}	x	x	x	x	x	x	x	x
x_{11}	x	1	x	x	1	1	x	x
x_{12}	x	1	x	x	1	1	x	x
x_{13}	x	1	x	x	1	1	x	x

第四步

x_9	1	0	x	x	0	1	1	1

第五步

x_{10}	0	1	x	x	1	1	0	0
x_{11}	0	1	x	x	1	1	0	0
x_{12}	0	1	x	x	1	1	1	0

第六步

x_9	1	0	x	x	0	1	1	1

已经没有新的活动门了，模拟终止。由第5步的x_{12}的值，可知输入向量（x_1，x_2）=（0，1）可测故障1-1，5-0，7-0，9-0，10-1及12-1。

3.3 数字集成电路测试技术发展

通用数字电路包括时钟信号产生电路，波形整形及变换电路，定时与延时电路，计数、分频及倍频电路，键盘、编码及信号输入电路，译码、显示电路，通信及数据传输电路，数据运算电路，微处理器电路，存储器电路，模数转换电路，数模转换电路，接口与驱动电路，控制、测量电路及逻辑探头电路，语音处理电路等。

ASIC（Application Specific Integrated Circuit）是一种为专门目的而设计的集成电路，是指应特定用户要求和特定电子系统的需要而设计、制造的集成电路。ASIC的特点是面向特定用户的需求，ASIC在批量生产时与通用集成电路相比具有体积更小、功耗更低、可靠性提高、性能提高、保密性增强、成本降低等优点。ASIC分为全定制和半定制。全定制设计需要设计者完成所有电路的设计，因此需要大量人力物力，灵活性好但开发效率低下。如果设计较为理想，全定制能够比半定制的ASIC芯片运行速度更快。半定制使用库里的标准逻辑单元（Standard Cell），设计时可以从标准逻辑单元库中选择SSI（门电路）、MSI（如加法器、比较器等）、数据通路（如ALU、存储器、总线等）、存储器甚至系统级模块（如乘法器、微控制器等）和IP核，这些逻辑单元已经布局完毕，而且设计得较为可靠，设计者可以较方便地完成系统设计。

可编程逻辑器件（PLD，Programmable Logic Device）是一种用户编程实现某种逻辑功能的新型逻辑器件，它们主要由可编程的与阵列、或阵列、门阵列等组成，可通过编程实现一定的逻辑功能。可编程逻辑器件是作为一种通用器件生产的数字集成电路，但它区别于通用型数字集成电路的特点是它的逻辑功能由用户通过对器件编程来设定。

3.3.1　可编程逻辑器件测试

1. 可编程逻辑器件的结构

自20世纪80年代以来，PLD的发展十分迅速。从最初的可编程逻辑阵列（PLA，Programmable Logic Array）、可编程阵列逻辑（PAL，Programmable Array Logic）、通用阵列逻辑（GAL，Generic Array Logic）等低密度可编程器件，逐渐发展成为复杂的可编程逻辑器件（CPLD，Complex Programmable Logic Device）、现场可编程逻辑器件（FPGA，Field Programmable Gate Array）和可编程片上系统（SOPC，System On Programmable Chip）等高密度可编程器件。

简单PLD的基本结构框图如图3-24所示，图中与阵列和或阵列是电路的主体，主要用来实现组合逻辑函数。输入由缓冲器组成，它使输入信号具有足够的驱动能力并产生互补输入信号。输出电路可以提供不同的输出方式，如直接输出（组合方式）或通过寄存器输出（时序方式）。此外，输出端口上往往带有三态门，通过三态门控制数据直接输出或反馈到输入端。

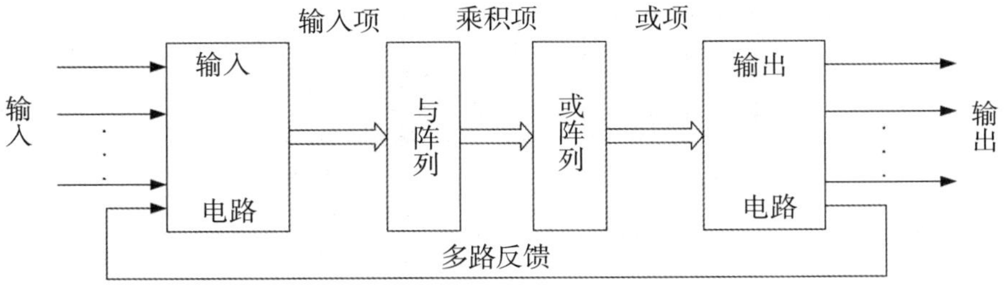

图3-24　简单PLD的基本结构

简单PLD主要包括PROM、PLA、PAL、GAL等，根据与、或阵列电路中只有部分电路可以编程以及组态的方式不同，PROM、PLA、PAL和GAL四种PLD电路的结构特点如表3-10所示。

表3-10 四种简单PLD电路的结构特点

类型	阵列		输出方式
	与	或	
PROM	固定	可编程	TS(三态),OC(可熔极性)
PLA	可编程	可编程	TS,OC
PAL	可编程	固定	TS,I/O,寄存器反馈
GAL	可编程	固定	用户定义

图3-25～3-27分别画出了PROM、PLA和PAL（GAL）的阵列结构图。在这些图中，左边部分为与阵列，右边部分为或阵列，与门采用“线与”的形式；在交叉点上的符号，实点表示固定连接，“*”号表示可编程连接。输入信号通过互补缓冲器输入，通过交叉点上的连接加到函数的与或表达式的乘积项中。与阵列产生的多个乘积项，通过或阵列的交叉点连接，完成函数的或运算。其中PAL和GAL基本门阵列结构相同，均为与阵列可编程，或阵列固定连接，编程容易实现且费用低。一般在PAL和GAL产品中，最多的乘积项数可达8个。

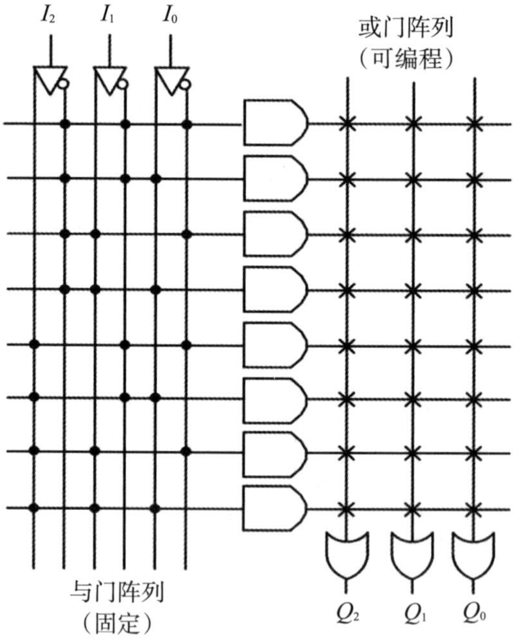

图3-25 PROM阵列结构图

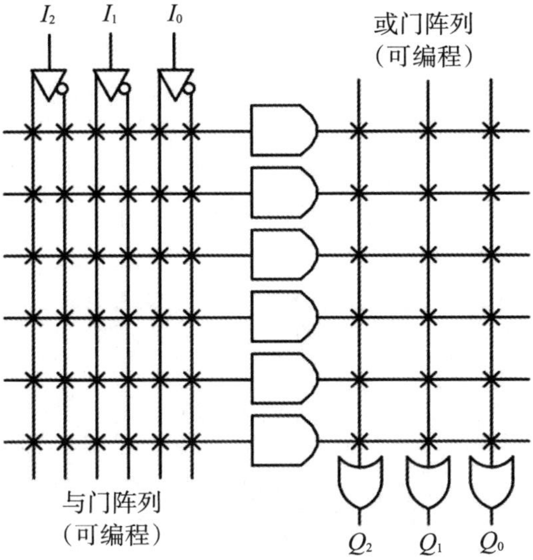

图3-26　　PLA阵列结构图

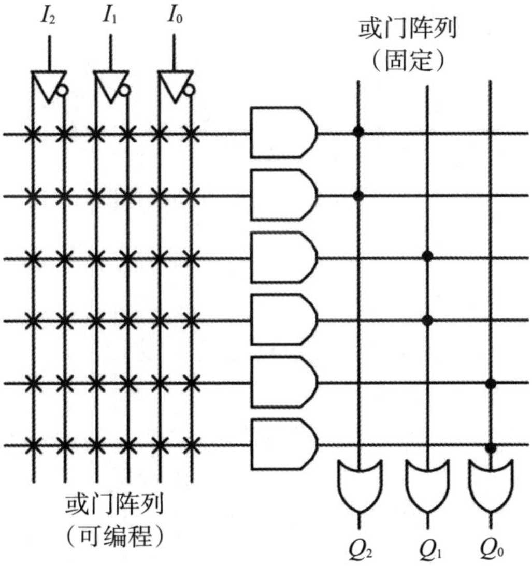

图3-27　PAL（GAL）的阵列结构图

通过比较可以看出，PLA在电路结构上和ROM很相似，都是由一个与逻辑阵列、一个或逻辑阵列和输出缓冲器组成。二者的不同点在于，ROM的与逻辑阵列是固定的，而PLA的与逻辑阵列是可编程的。另外，ROM的与逻辑阵列将输入变量的全部最小项都译出了，而PLA的与逻辑阵列的乘积项很少。这种结构的PLA电路不包含触发器，因此只能用于设计组合逻辑电路。为了增强PLA的功能，在某些PLA芯片的输出缓冲电路中增加了由若干触发器组成的寄存器。这些触发器的输入端均由与-或逻辑阵列的输出控制，同时触发器的状态又反馈到与-或逻辑阵列上，这样就构成了时序逻辑电路。

为了提高集成度，将若干个简单PLD模块和实现互连的开关矩阵集成于一个芯片上，就形成了CPLD。相较于PLD，CPLD拥有更多的输入信号、更多的乘积项和更多的宏单元，宏单元的基本结构与简单的PLD相同，用来实现基本的逻辑功能。CPLD种类和型号繁多，多采用E2CMOS工艺制作。虽然它们的具体结构不尽相同，但基本上都由若干个宏单元、输入/输出模块和一些可编程的内部连线阵列组成。图3-28便是CPLD的基本结构框图。

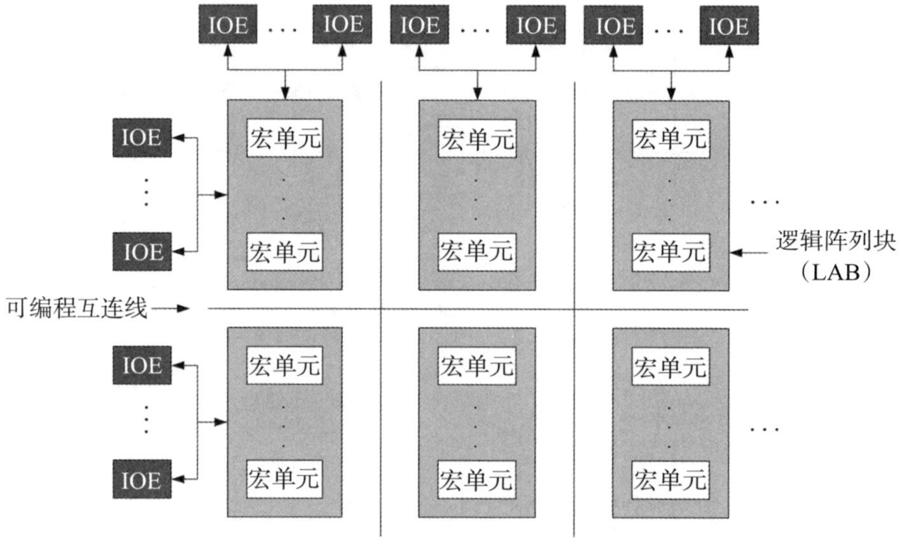

图3-28　CPLD的基本结构框图

CPLD的缺点包括：

✧ 集成度低，内部最大只有512个宏单元；

✧ 触发器资源较少，难以实现复杂的时序逻辑设计；

✧ 功耗很大，成本高。

20世纪80年代早期，ASIC技术已经在飞速发展。但是在很多应用场合，昂贵的ASIC费用不是广大客户所想要的，而且ASIC流片的风险太大，周期太长，在不确定芯片需求量很大的情况下，人们是非常谨慎的。而CPLD技术虽然有飞跃，但是依然不能实现复杂的功能，尤其是无法实现复杂逻辑运算的功能。ASIC与CPLD之间的鸿沟越来越明显。幸运的是，1984年世界上首款FPGA在Xilinx诞生。首款FPGA基于CMOS工艺，并且采用SRAM单元，最小单元由一个三输入查找表（LUT）与寄存器组成。首款FPGA的诞生，预示着一种新型结构的可编程逻辑器件会给逻辑设计带来新的活力。FPGA属于高密度PLD，主要组成部分有：可编程逻辑单元CLB（Configurable Logic Block）、输入输出模块IOB（I/O Block）、可编程连线资源PI（Programable Interconnect）等，用户可以通过编程将这些模块连接成所需要的数字系统。FPGA内部资源集成度可从几万门到几千万门/片以上。图3-29为FPGA的基本结构框图。

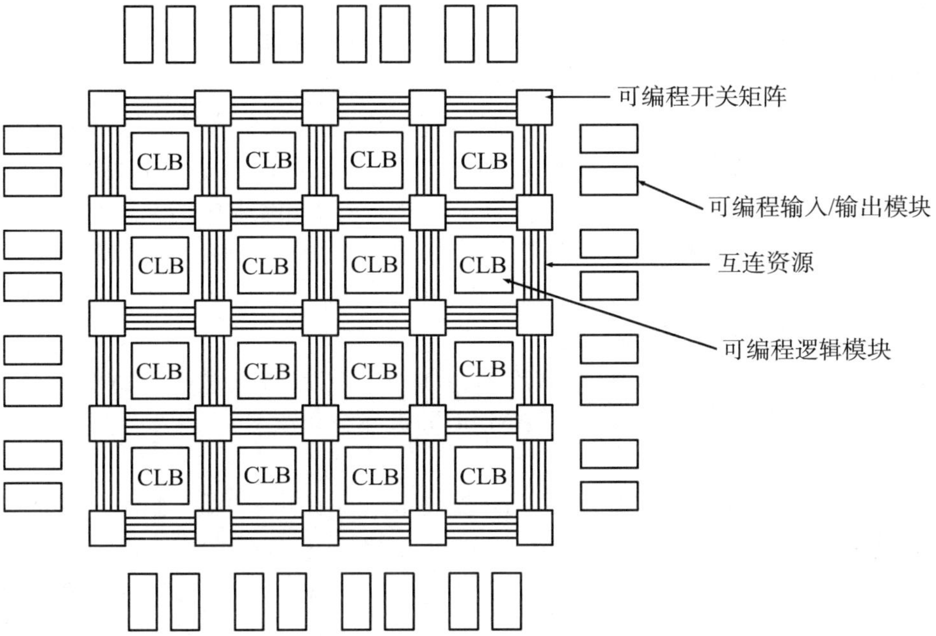

图3-29　FPGA的基本结构框图

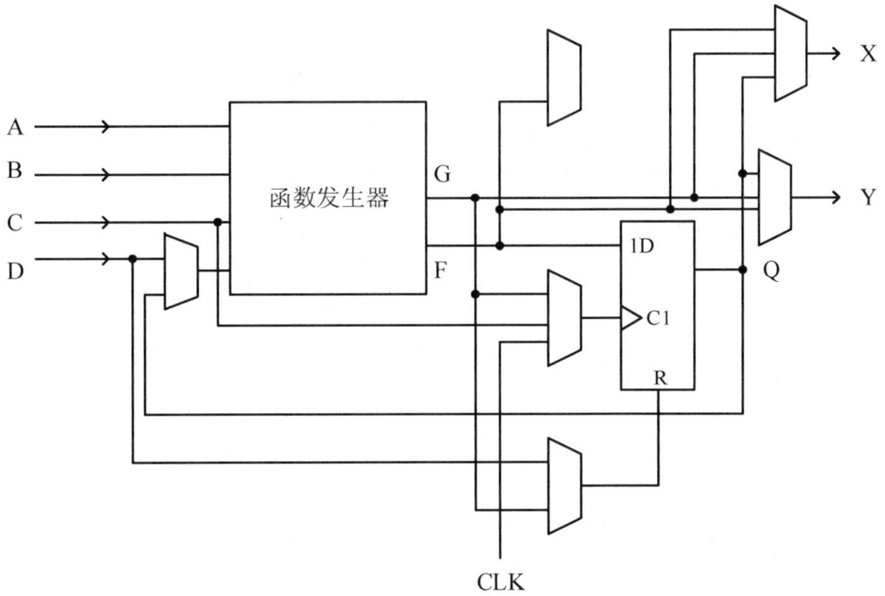

图3-30　CLB电路结构

一般的可配置逻辑模块CLB内部包含函数发生器、D触发器和若干数据选择器。如图3-30所示。函数发生器实际上就是SRAM，用于产生逻辑函数，即实现特定的逻辑功能。其原理与PROM实现逻辑函数的原理相同，只需将期望实现的函数真值表存入SRAM中即可。IOB由输出三态缓冲器、触发器、输入缓冲器和数据选择器组成。

FPGA虽然在处理一些复杂的、特殊的数字系统时更加灵活、方便，但它本身也存在一些缺点。首先，它的信号传输延迟时间不是确定的。在构成复杂的数字系统时一般总要将若干个CLB组合起来才能实现。而由于每个信号的传输途径各不相同，传输时间也就会不一样。这样不仅会给设计工作带来麻烦，而且限制了器件的工作速度。在CPLD中就不存在这个问题。另外，由于FPGA中的编程数据存储器是一个静态随机存储器结构，所以断电后数据会丢失。每次开始工作时都要重新加载编程数据，并需要配备保存编程数据的EPROM。

2. 可编程器件的编程技术

可编程器件编程方法按编程工艺不同而不同，它们主要采用熔丝、反熔丝、EPROM、E2PROM（E2CMOS）、SRAM和Flash等不同技术。

（1）熔丝技术

最早的PLD基本采用的都是熔丝编程技术，即在可编程互连点上接有熔丝开关，如图3-31所示。当该可编程连接点需要连通时，就保留熔丝；反之，则施加较大的编程电流将熔丝熔断。这种编程方式属于一次性编程，并且熔丝开关要占用较大的芯片面积，不利于集成度的提高。因此，熔丝编程技术在当前的可编程器件中几乎不被采用了。现代可编程器件常用的编程技术有反熔丝技术、SRAM、FLASH或E2PROM编程方式。

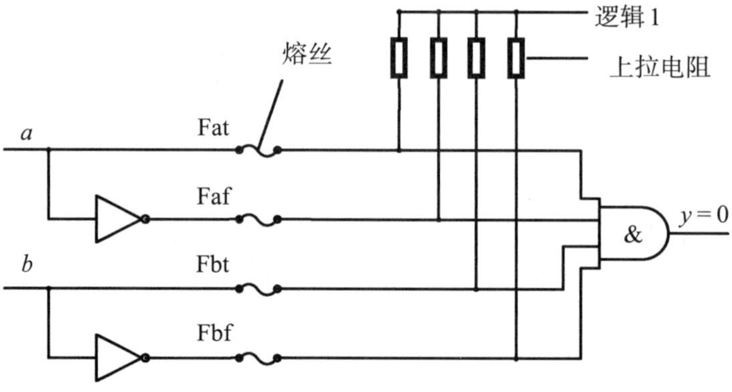

图3-31　熔丝编程方式结构图

（2）反熔丝技术

与熔丝连接技术相反，反熔丝技术是在每个可配置的输入端上都有反熔丝的连接；当处于未编程状态时，反熔丝的电阻非常高，可以认为是开路，如图3-32左图所示，即反熔丝器件未编程之前的状态。我们可以通过对器件编程，而使输入端的反熔丝“变长”，例如，可以加在输入a的非门和输入b的原值所对应的反熔丝上让其“变长”，器件将实现函数y=(!a)&b的功能。编程后的反熔丝结构如图3-32右图所示。反熔丝开始时是连接两个金属连线的微型非晶硅，在处于未编程状态时，非晶硅表现为电阻超过109 Ω的绝缘体。在发生编程行为之后，绝缘体的非晶硅转化成导电的多晶硅而实现了电流的导通。

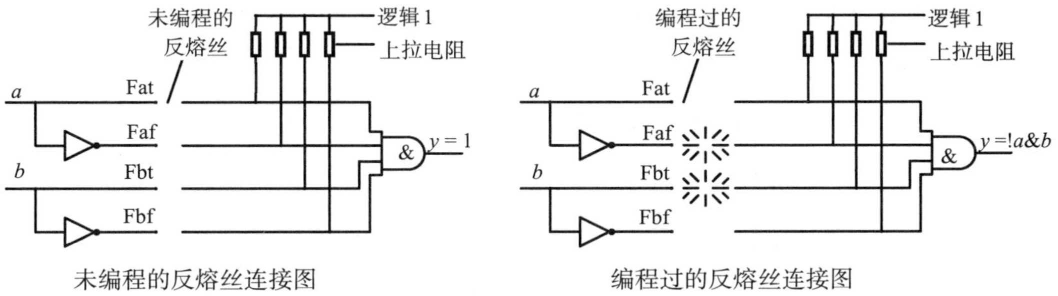

图3-32 反熔丝连接示意图

具有反熔丝结构的器件的特点是速度极快，功耗极低。优点有：基于反熔丝结构的FPGA器件是非易失性的，上电后执行代码速度快，几乎没有延时，而且省去外围的配置存储器，电路设计也相对简单了；反熔丝结构器件更为卓越的优势在于其内部互连结构是天生“防辐射”的，它相对来说不受电磁辐射的影响，这对军事和宇航应用具有特别的吸引力；基于反熔丝结构的器件配置数据与器件是融合在一起的，即使器件被破坏，编程和未编程的器件的反熔丝显示也完全一样。当然反熔丝技术也不是完美的，反熔丝器件相对SRAM器件来说，制造工艺复杂得多，由于这个原因，反熔丝器件总是落后于基于SRAM工艺的器件至少一代。另外，反熔丝工艺还有一个不足之处在于它是OTP器件，一旦编程完毕，其功能就固定了，不能再进行改变，这将导致在开发初期的难度非常高。

（3）SRAM技术

另一种编程技术是基于SRAM的可编程技术。半导体RAM有两种类型，一种为动态RAM（DRAM），另外一种为静态RAM（SRAM）。对于动态RAM，每个单元是由一个“晶体管—电容”组构成的，这也是其称为动态的原因：需要不断给电容充电，才能保持数据。每个单元必须周期性地补充电荷，这种操作习惯上称为“刷新”。DRAM虽然需要复杂的刷新电路才能工作，但是其优点在于可以将存储容量做得非常大。在这里我们讨论的是SRAM编程技术。SRAM即静态RAM，一旦将值写入SRAM单元，只要不放电，除非被刻意修改，其值是不会改变的。以单个基于SRAM技术的可编程单元来举例，如图3-33所示。整个单元包括一个多晶体管SRAM存储元件，此元件的输出驱动着一个额外的控制晶体管，根据存储的内容为逻辑0或者1，晶体管将被置为关（OFF）或者开（ON）状态。

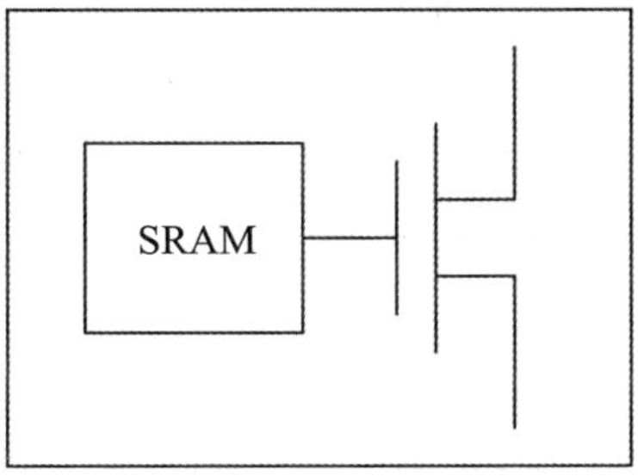

图3-33 SRAM基本可编程单元

现在大部分的FPGA都采用SRAM技术，由4～6个MOS管组成一个SRAM结构的开关，如图3-34所示。

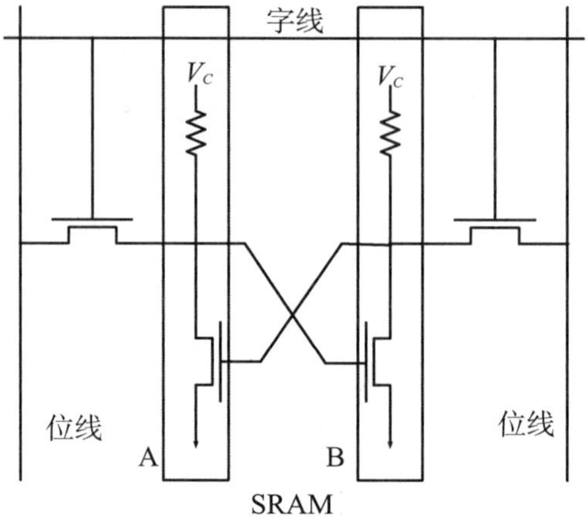

图3-34　SRAM结构开关原理图

基于SRAM结构的FPGA的最大优势在于可以非常快速地利用可编程技术实施和验证新的想法。但其不足之处也是比较多的：每个存储单元消耗大量的硅片面积，因为这些单元是由4个或6个晶体管配置成一个锁存器而形成的；当系统掉电之后，所有配置的数据都会丢失，所以在系统重新上电之后需要重新进行配置，外部需要一个价格昂贵的配置芯片，配置一般需要几百毫秒的时间；基于SRAM的FPGA很难保护知识产权，因为配置文件一般都存储在外部存储器当中，所以很难保证别人不会读出存储器当中的数据。

（4）FLASH或E2PROM技术

Flash技术是E2PROM技术的一种特殊形式，也是由浮栅型场效应管构成的，如图3-35所示。

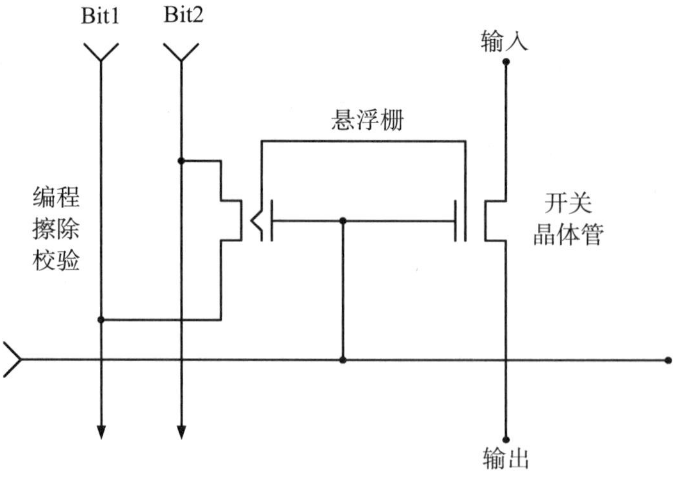

图3-35　Flash技术开关原理图

它与SRAM相比主要优点是掉电后数据不会丢失。

基于FLASH或E2PROM的PLD器件与基于SRAM的器件一样，所有的配置单元都连接在一条长的寄存器链上，这些器件可以离线用编程器进行编程。有些版本也可以使用在系统编程（ISP），但是其编程时间是基于SRAM工艺的3倍左右。但它的优点也很明显：编程之后数据是非易失性的，不需要外加配置芯片，器件上电之后可以立即执行，没有延时，这也是它被广泛应用于航天和军事领域的原因；双晶体管E2PROM和FLASH单元的尺寸大约是单晶体管的2.5倍，但是它仍然比SRAM的个头要小，所以基于FLASH的器件的内部逻辑更加紧密，而且会减少互连延迟。基于FLASH器件的缺点是其制作工艺除了标准的CMOS工艺之外，还需要大约5个额外的处理步骤，这样，将落后于基于SRAM工艺的器件至少一代；同时静态功耗也很大，因为它需要维持大量的内部负载电阻。

3. 可编程器件测试方法

较大的电路规模，复杂的内部结构和较多的管脚数目使得可编程器件中实现高覆盖率的自动化测试是非常困难的。同时还需要大量的时间设计测试方案，也导致了测试成本非常高。目前常见的可编程器件测试系统大致可分为两种：一种是基于自主研制的测试系统，由待测可编程器件、控制电路、上位机软件和通信电缆组成；另一种是基于自动测试设备（ATE）的测试系统，只需ATE和待测可编程器件即可完成测试，ATE通常配备上位机软件和控制电路的功能。由于ATE可以一次完成待测可编程器件的多次配置与测试，所以大大减少了人工操作，测试效率得到显著提升。不论用哪一类测试系统对可编程器件进行测试，都需要经过测试配置和向量实施的过程，并且对内部包含的资源进行结构分析，将其配置成具有特定功能的电路，再对配置之后的电路进行功能与参数测试。图3-36为可编程器件测试流程图。

3.3.2 存储器测试

1. 存储器测试原理

半导体存储器的出现向测试工程师提出了严峻的挑战。存储器的测试以RAM为典型，下面以RAM为例，介绍存储器的测试原理。

依据设计逻辑电路图，RAM是一个组合门双稳态网络，所以采用组合网络测试原理就足以解决RAM的测试问题，并且在测试其动态功能时不需要考虑存储数据与不同信号通路之间的关系。但是作为一个集成电路，其实际电路模型与设计电路有相当大的差别。为了获得电路的实际模型，在宽广的范围内曾开展过大量的研究工作，其中的成果之一是借助于抽象启发式的方法，利用IFA过程，即归纳故障分析过程，对集成RAM电路进行分析，并提出容性双耦合故障模型。根据这个分析，在具有极高密度的存储芯片内部，很多故障都是由漏电、器件缺陷以及相邻存储单元之间寄生反馈和串扰所引起，其结果是RAM的动态特性表现出强烈的对存储图形的敏感性。这表明，RAM动态功能测试远不止是常规意义的功能测试，而是一种图形敏感测试，并且必须采用时序电路的测试理论。目前，已经开发并得到广泛应用的各

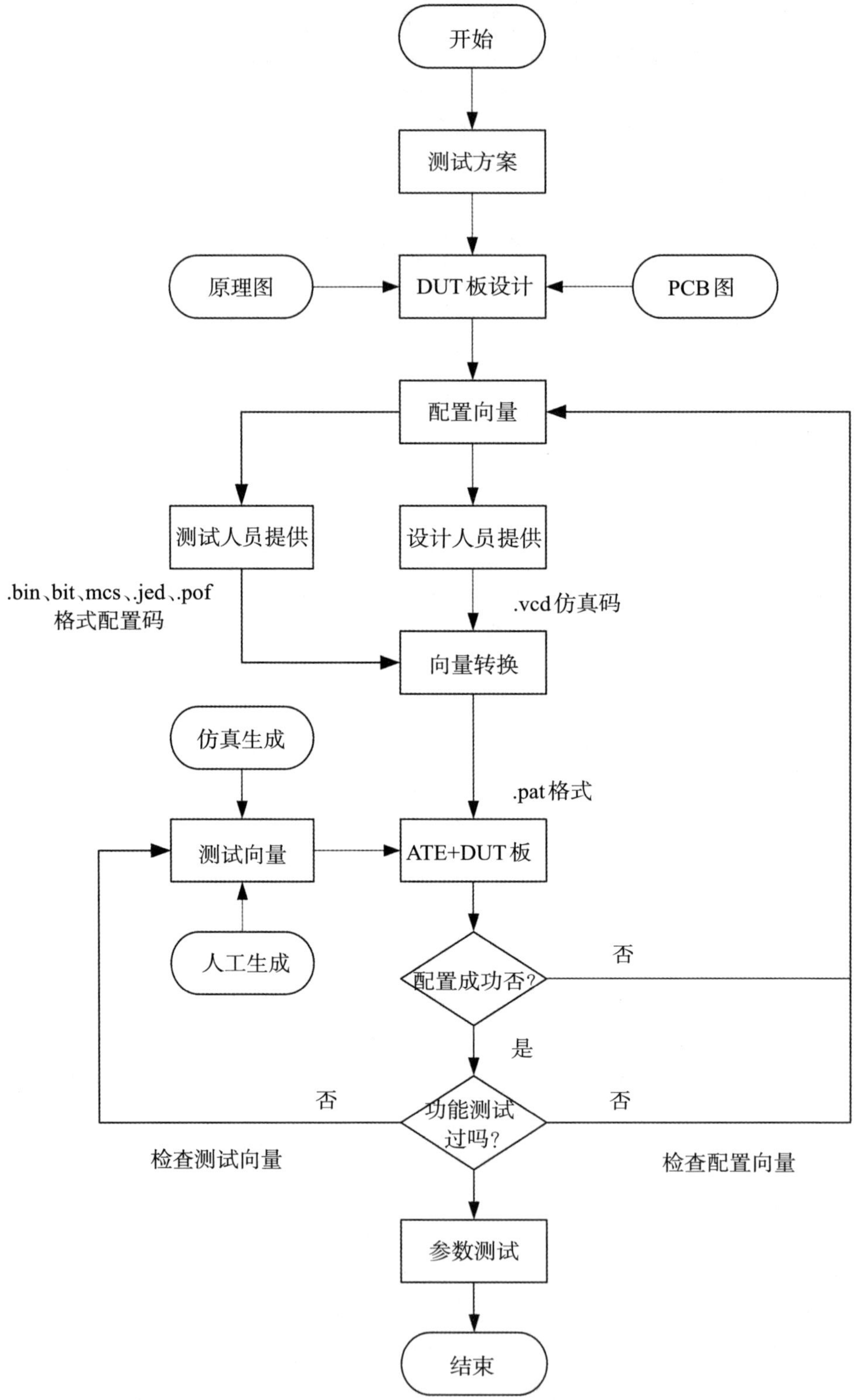

图3-36　为可编程器件测试流程图

种测试算法或测试图形都基于前述时序故障机理。RAM的不同设计，不同生产过程及质量控制环境，其失效模式是各不相同的，所以对于一个特定的RAM产品，能有效地检测出其图形敏感性故障的测试算法或测试图形就不是一成不变的，它紧密地依赖于生产过程及持有的失效机理。

对于RAM芯片测试，最直接的想法就是编制整体测试图形，使它充满整个被测器件，即对每个单元的写入值和测试顺序做一个规定。用这种办法测试存储器，就需要测试仪器内部至少有同样大小的只读存储器空间以存储这些固定图形，而且每个存储器只能存取一个图形，显然这种方法不适用。比较好的办法是根据存储器的特点，采用算法生成测试图形。它的原理是用小量的数据测试源程序，通过算法图形发生器生成大量的数据测试向量。它不仅节约了大量存储空间，而且使得算法的生成和测试工作可以同时进行。可用算法生成的测试向量很多，以致测试序列的长度达到不能实现的天文数字。对于RAM芯片，假设其地址数为n，则可选址的存储单元数为N（N=2n）。因为每个存储单元可以存储数据："1"或"0"两种状态，所以整个存储器可能得到的图案状态就有2N种。即使是存储单元数位N=64的RAM，采用高速测试系统（例如测试速率为100MHz的系统）来检测RAM各种可能的组合状态，并且每种状态只进行一次写入和读出操作，需要测试的时间也是一个天文数字。由此可见，对RAM的全部组合状态都进行测试是不可能的，只能选择一些具有代表性的状态进行检测。此外，由于RAM芯片每次只能对一个存储单元选址，而且选取的地址又是随机的，所以，当测试步数为M时，选址序列组合可能有2NM种之多。即使采用全"0"或全"1"两种图形测试，总的测试图形也将有2NM种，这也是个巨大的数字。为了能够有效地检测RAM芯片，必须分析半导体存储器的结构，确定和选择能够集中有效检测存储器功能的图形，使既能达到检测目的，又能使测试量限定在允许范围之内。但实际应用中，由于每种测试图形都有其局限性，再加上各个生产厂家以及各种型号RAM的特性不完全一致，现在还没有最佳的统一测试方法。

2. 图形算法在存储器测试中的作用

RAM测试归结为，并不是需要开发出一种高效的、适于检测所有图形敏感性故障的算法，而是必须针对不同失效模式开发出不同的测试算法。为此，RAM测试系统，特别是它的图形发生器必须足够灵活，它不仅能够满足已有测试图形生产要求，而且能支持新出现的，甚至探索中的测试图形。测试图形包括：

（1）地址和数据图形，RAM主要有两类引脚：地址和数据。产生地址和数据的硬件是图形发生器，通常是由行地址发生器、列地址发生器和数据发生器组成。由于这些发生器产生地址和数据过程是依据某一编程算法，所以常称为算法图形发生器（ALPG，Algorithmic Pattern Generator）。当前，主流的ALPG是采取行地址、列地址序列分别独立发生的策略，并且数据发生器仅提供与地址有关而与地址序列无关的测试图形数据。这就确保了地址发生器的最大灵活性及复杂地址序列的发生能力，并且杜绝了额外的时间开销。

（2）背景图形和前景图形，背景图形是指测试开始以前写入被测试RAM的图形数据。常用的背景图形有全“1”/全“0”、对角线图形、条码图形（行条码、列条码）检测板（奇偶）图形等，相应图形及算法如图3-37所示。前景图形即为测试图形，通常是在测试开始后即迅速覆盖背景图形，并且在测试过程中独立于背景图形。

列→
行↓

0	0	0	0	1	1	1	1	1	0	0	0
0	0	0	0	1	1	1	1	0	1	0	0
0	0	0	0	1	1	1	1	0	0	1	0
0	0	0	0	1	1	1	1	0	0	0	1

全“0” $D_{ij}=0$　　全“1” $D_{ij}=1$　　对角线 $D_{ij}=(R_i \oplus C_i)\cdot 1$

0	0	0	0	0	1	0	1	0	1	0	1
1	1	1	1	0	1	0	1	1	0	1	0
0	0	0	0	0	1	0	1	0	1	0	1
1	1	1	1	0	1	0	1	1	0	1	0

行条码 $D_{ij}=R_i\cdot 1$　　列条码 $D_{ij}=C_i\cdot 1$　　检验板 $D_{ij}=(R_i\cdot 1)\oplus(C_i\cdot 1)$

其中：D为第i行，第j列的数据，R为第i行地址，C为第j列地址；i、j=0，1…

图3-37　常见的背景图形及算法

（3）主检单元T和干扰单元D图形，依据RAM的容性双耦合故障模型假设，RAM测试应采取图形敏感测试策略。这意味着为了测试某一存储单元（称T单元）功能的正确性，除了正常存取的正确性以外，重要的是检测其抗干扰能力，即在围绕T单元进行多方位、不同图形数据反复读/写干扰的情况下，T单元保持初始图形数据或读/写数据的能力及正确性。

在这个测试中，T即为主检单元，T以外的单元即为D单元。在功能正确性测试的情况下，例如选择大多数N型图形时，由于只是顺序选择，就不区分T单元和D单元。图3-38为RAM测试流程，可以准确地看出T单元和D单元的一般形态。图形敏感测试是基于D单元对T单元的不断干扰，如果D单元在全部地址范围内改变，称为N2测试；如果变化范围只限于相应行、列或对角线方向，则为N3/2型测试。

RAM具有N个存储单元。在进行图形敏感测试时，对任一个T单元，必须选择n个D单元以进行干扰，若T单元有m个，则总的测试图形序列长度（即测试复杂度）为$m\cdot n$。m为T单元个数，一般为$m=N$，若n=N，即D单元将在全部地址范围内改变，则$m\cdot n=N^2$，即为N2型测试。如果$n=N^{\frac{1}{2}}$，即D单元仅在相应行、列、对角线等方向改变，$m\cdot n=N^{\frac{3}{2}}$，即为$N^{\frac{3}{2}}$型测试。

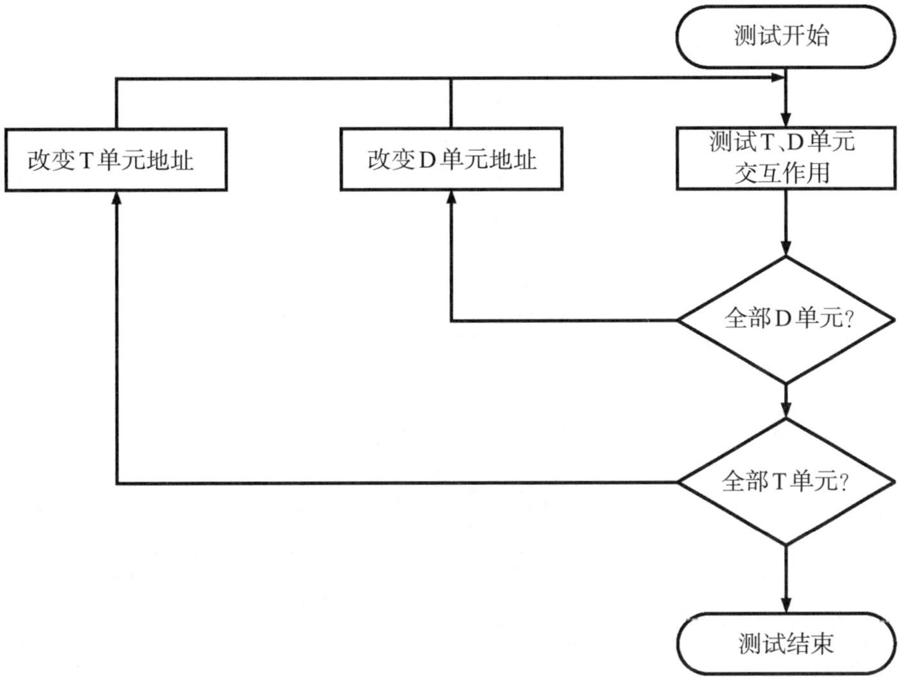

图3-38 RAM测试流程

（4）地址序列图形，RAM地址序列发生能力应不拘于任何测试要求，而必须满足从最简单的背景图形，到复杂的跳步写恢复图形及各种干扰测试的地址序列需求，即必须考虑T单元测试序列要求和在每个T单元、余下D单元之间的相关测试序列要求。常用的一些地址序列包括：

齐步与/或走步，顺序选址序列（N/N2型）；

补码齐步，第一个、最后一个；每两个、最后一个；……地址序列（N型）；

读改写，读/写齐步选址序列（N型）；

乒乓或跳步，全部读/写的变化（N2型）；

跳步写恢复，全部写/读的变化（N2型）；

随机选址（N型）；

走步列（N3/2型）；

跳步列（N3/2型）。

早期开发的图形其复杂度主要是N和N2，随着存储器容量的增大，检测效果好的N2图形过长，占用测试时间太多。在这种情况下，力求简化N2又不致过多降低检测能力，于是出现N3/2图形。在这段时间内人们也曾期望在提高N图形检测能力方面有所突破，欧拉测试图形是一个成功的努力。欧拉测试用于图形敏感性故障检测，特别对“1”/“0”和“1”/“0”过度性故障。图3-39为3个单元的欧拉图。为进一步减少测试时间消耗，地址策略也由原来二地址（X、Y）发展为三地址（X、Y、Z），并在提出三地址分块测试的同时，增加镶边测试以作补充。表3-11以运行时间的形式给出了不同复杂度图形与存储器容量N的计算结果。

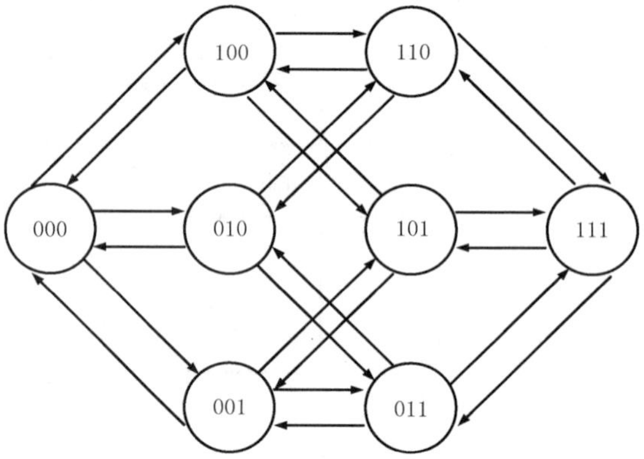

图3-39　利用欧拉方法测试3个存储单元

表3-11　各种测试图形的运行（测试）时间

存储容量图形	1kb	16kb	256kb	1Mb	4Mb	16Mb	64Mb
N图形	0.4ms	6.4ms	102.4ms	0.4s	1.7s	6.6s	26.8s
N3/2图形	10ms	0.625s	40s	5.5min	43min	5.75h	45.5h
N2图形	315ms	1.35min	5.75h	92h	61.5d	2.7a	42.5a

注:计算数据时取测试周期为100ns,相当于每秒钟进行100万次测试

测试工程师对测试图形发生过程进行了更加深入研究。被测存储器是具有规则排列的阵列，测试图形发生过程也是规则地按某一算法进行，在硬件上表现为微程序控制系统实时地产生上述图形测试序列。通过对微程序控制系统（习惯上称为算法图形发生器）的功能及寄存器级的模拟发现，一个设计上有缺陷的图形发生器在测试图形发生过程中产生半图形或空图形。半图形延长有效测试周期，空图形选择一个无效地址。依据测试向量的观点，它们都会降低测试图形软失效的检测能力，这是高速半导体存储器的大敌。随着存储器存取速度的提高，测试图形序列中的半图形、空图形已经不能容忍。因此，重要的问题是发展一种有能力发生任何算法的图形序列，而不产生空周期（Dummy Cycle）或死周期（Dead Cycle）的测试图形发生技术。

随着大容量、高密度RAM的迅猛发展，上述各种测试算法针对性不强、测试时间长和效率低的问题又一次被提出，其中特别是一些熟悉和常用的算法使测试时间增加到无法应用的程度。以运行一个跳步图形（N2）为例，当被测DRAM为64KB时，测试时间为22min；容量为256KB，则需6h；若扩大到1MB，则需92h，这显然是不能接受的。事实上，随着容量和密度增加、速度提高，RAM的故障数增加，继续采用原故障模型也显得缺乏依据，于是又重新提出RAM测试产生算法的问题。1978年，R.NAIR等人建立了一个综合故障模型，证明了RAM功能测试序列所需的充分条件，提出一个O（N）算法；以后又在扩展的模型基础上提出一个具有检测更多功能故障的较复杂算法O（N log2N），这些研究工作为确定型故障功能测试方法奠定了很好的基础。1985年，在上述基础上又提出了一个新算法，其基本概念是：以线性寻址检测简单功能故障，再以非线性寻址方法检测更复杂的功能故障，表示成36N+24Nlog2N。目前，一般认为这是一种较好和较全面的确定型RAM功能检测方法。

早期的N、N2、N3/2算法由于没有准确地定义故障假设，往往疏漏一些“简单”的故障。上述算法具有准确定义的故障假设，但实际应用中仍存在一些问题，主要是：当故障模型比较复杂时，给出的算法可能要求非线性的时间复杂性，对于大容量RAM测试，不仅效率低，有时甚至是不现实的。另外当被测RAM具有多故障假设时，给出相应测试算法很困难，或者不可能的。

由于确定型故障的功能测试方法在目前发展中的局限，随机测试仍不失为一个可供选择的路子。随机测试方法是把一个随机测试图形序列同时输入被测RAM和基准RAM。所谓基准RAM是作为参考基准用的，可以是硬件的，也可以是软件的。然后按测试节拍（一般是测试周期）逐拍比较两者输出。在这里，随机测试图形序列的产生是独立于故障集的，所以对任何故障而言，某一特定故障检测的概率是序列长度的函数。随长度增大，概率将增大，甚至可能趋近于1。

目前，RAM功能测试领域的各项工作还继续在广阔的范围内进行，各种测试方法都有进展。这期间也提出一些新的想法。发展较快的是针对兆位RAM而推出的RAM新阵列结构的理论和实践，它已获得广泛一致的认可。这个方法从测试设计的角度看，是一种可测性设计技术；而从测试方法看，目前得到应用的方法称为内并行测试法。

存储器的测试在长期实践中逐渐形成了一些针对性的测试方法，分别用于检测诸如相邻行和列之间的短路、译码器故障、读出放大器慢恢复、单元故障、单元干扰故障及动态RAM保持时间故障等。并由此而逐步开发出一批“标准化”的测试图形。表3-12列出了典型的图形选择。这些图形正是近20年来RAM测试技术发展的主要基础，至今仍是测试的基本选择。

表3-12 RAM典型测试图形

图形名		复杂度	图形名		复杂度
Scan	扫描	N	Walking Diagonal	走步对角线	$N^{3/2}$
Marching	齐步	N	Orthogonal Walking	正交走步	$N^{3/2}$
Masest	多重选址	N	Butterfly	蝴蝶	$N^{3/2}$
Complement Marching	补码齐步	N	Sliding Diagonal	移动对角线	$N^{3/2}$
Waltzing	华尔兹	N	Galloping	跳步	N^2
Eulerian	欧拉	N	Walking	走步	N^2
Galloping Row Column	跳步行、列	$N^{3/2}$	Galloping Write Recovery	跳步写恢复	N^2
Galloping Diagonal	跳步对角线	$N^{3/2}$	Ping Pong	乒乓	N^2
Walking Row Column	走步行、列	$N^{3/2}$			

（5）N型测试图形

N型算法功能测试的特点是测试总数M与存储单元数N成正比关系。这种方法测试时间短，但故障覆盖率也较低。这类算法的功能测试虽然不能全面评价RAM的性能，但可以作为生产过程中的中间检测，有些N型算法已经纳入了生产厂家的产品测试序列并作为用户对产品的验收测试。

①全“0”/全“1”图形：全“0”/全“1”也称Scan图形，如图3-37所示，表达式为$D_{ij}=0$，$D_{ij}=1$。将全部存储单元按顺序写0、读0、写1、读1，测试图形序列长度为$4N$。可用于检测存储器数据寄存器或读/写逻辑方面的固定性故障，常用作存储器芯片初始化、读改写序列及测试最坏情况下的功耗。

②奇偶图形检验板图形：奇偶图形检验板图形也称棋盘图形，如图3-37所示。在奇偶型图形检验法中，向存储单元矩阵写入的数据图形是根据存储单元选址地址码的奇偶性而定的。如果存储单元的行地址码和列地址码中有偶数个1，其奇偶性为0，则在该存储单元中写入“0”（或“1”）；如果有奇数个1，其奇偶性为1，则在该存储器中写入“1”（或“0”）；存储单元矩阵存入的信号数据将是行地址码和列地址码之间的异或关系。

奇偶性图形功能检测的流程是：首先根据算法写入背景图形，然后逐位读出并检验结果的正确性，再以反码图形重复上述测试过程。其总的测试部数为$M=4N$。由于奇偶性图形是不对称的，任何一位的地址译码器失效都会引起本应写入互为反码数据的两个存储单元之一重复选址，并且第二次选址改变了第一次选址时写入的内容，而另一个存储器单元未被访问。因此地址奇偶性图形可以很好地检验出地址译码器的故障。同时由于任何一个存储单元的四个邻位都被其补码所包围，也可用于检测相邻位短路故障。

③行条码图形：行条码测试图形序列长度为$4N$（含两种互补的条码），可用于检测相邻行之间的短路故障。

④列条码图形：同行条码图形，图形序列长度也是$4N$，用于检测相邻列之间的短路故障。

⑤对角线图形：在行、列地址相等的单元写入与背景图形（“0”或“1”）相反的图形数据，在对角线移动之后，所有的单元都将被读取，重复这一过程，直到每个单元所有的序列都完成之后，再写入相反的数据。

用于检测地址译码器故障。

不是所有的地址译码器故障都能被侦测到，因此在同一个对角线上的单元的失效会掩盖其他单元的失效。

所有的固定故障和瞬时故障都将被发现并定位，因为每个单元在被读操作变成与对角线相邻的部分时，都将被写入。跳变↑↓会与翻转的数据同时发生。

不是所有的耦合故障都能被发现，因为所有的对角线单元都是被连续写入的。

⑥齐步“1”/“0”图形：齐步法是对存储器的每个单元依次进行检验的一种方法，从第一个存储单元开始，逐个对每个单元进行取反和检验，直到最后一个单元检测结束才完成一遍扫描。整个过程就像所有单元一起向前走一步，因此称为“齐步法”。

齐步走的流程是：背景图像写全“0”，从低地址开始沿增址方向顺序读“0”、写“1”（R0W1），一直到最高地址。完成全部R0W1后，从最高地址开始沿减址方向顺序读“1”写“0”（R0W1），如此即完成了在全“0”背景下齐步“1”的过程。测试图形序列长度为10N（含齐步“1”和齐步“0”）。图3-38为齐步“1”图形，为了说明的方便，图中只表示了4个存储单元的情况。这4个单元沿纵坐标排列，分别标以1、2、3、4。图形发生序列按有向线段进行。

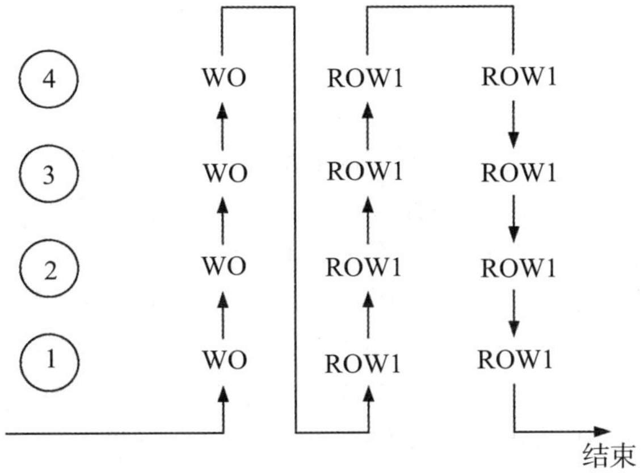

图3-38 齐步“1”

齐步图形常作为RAM的最小功能测试项目和单元交互干扰的最小检测图形，可检测地址故障、写干扰等。

用这种测试算法检测存储芯片，可使每个存储单元都被询问，既能保证每个存储单元都能存储“1”和“0”数据，又能保证每个存储单元都受到周围其他单元的读“1”、读“0”和写“1”、写“0”的干扰，所以这种方法被用来检验多重地址选择与译码器的故障，并且可以检测写入时噪声对存储芯片特性的影响。它能保证正确的地址译码和每个存储单元存储“1”和“0”信息的能力。

（6）N型测试图形

半导体随机存储器N2型算法功能测试的数据选用在“0”场中浮动一个“1”信息，在“1”场中浮动一个“0”信息的图形。用一个计数器寄存主检测存储单元的地址，用另外一个计数器寄存从检测存储单元的地址，每个计数器应具有加1、减1、保持和置入功能。两个寄存器按照一定规律转换使用，结合不同的读出、写入命令操作，可以产生各种不同的测试图形，这里只选用在应用中最有效的几种方法。

①走步“1”/“0”图形：走步图形可验证每个存储单元读/写“1”和“0”的正确性、每个单元读/写“1”“0”会不会引起其他单元状态变化；可检测地址译码器的正确性和读出放大器慢恢复性故障。

②乒乓“1”/“0”图形：乒乓“1”/“0”图形一般作为其他测试的辅助测试图形或子测试图形，用于图形敏感检测和存储单元对之间的交互干扰，测试图形序列长度为$4N^2+2N$。

③跳步“1”/“0”图形：跳步法是一种图形灵敏度测试方法，用这种方法可以

检查从一个地址存储单元到其他地址存储单元在最坏情况下的读干扰以及取数的测试时间；还能对各个存储单元的写入过程对信息在存储矩阵中保持性的影响进行有效检查。这种方法适于检查动态译码器和读操作的影响等问题。跳步法是在齐步法的基础上增加了一种循环，即用两个寄存器寄存检测地址，一个是主检测地址，另一个是从检测地址。先将一个存储单元设为主检测单元，然后把其他各个单元依次设为从检测单元，并检测主检测单元变化对从检测单元的影响以及从检测单元读操作对主检测单元的影响。随着从检测单元的逐次变化，被测试的单元将在主检测和从检测单元间跳动，因此这种方法叫作跳步法。

跳步“1”图形，基本走向同走步图形，只是增加了读书干扰次数。跳步“1”图形在干扰单元读“0”后增加了主检单元读“1”和该干扰单元再读“0”的操作，其目的是利用读数时全部可能的选址变化测试全部可能的地址变化。测试图形序列长度为$3N^2$。跳步图形是用户选用较多的，因此跳步方法也有些变异。如有的跳步“1”图形取消了前述干扰单元再读“0”的操作，其图形序列长度则变为$2N^2+4$；还有的跳步“1”图形在上述主检单元读“1”后不是立即跳回该干扰单元，而是从低干扰单元开始顺次读“0”，一直持续到该干扰单元的下一个单元，该单元读“0”后返回主检单元读“1”，以后再重复从低到高的干扰单元读“0”操作。为了表示其跳步的特点，通常标以GALPATⅠ、Ⅱ、Ⅲ等。GALPAT为跳步图形的英文缩写。

跳步法是RAM检测中最常用的测试方法，它在检测RAM失效模式方面是最为有效的，但缺点是测试时间较长，如果存储器芯片容量较大，则不能采用这种方法。

④跳步写恢复“1”/“0”图形：跳步写恢复“1”图形，基本走向同跳步图形，只是在跳步读干扰外增加了跳步写干扰，目的是利用读/写时全部可能的选址变化测试全部可能的地址变化。测试图形序列长度为$12N^2-10N$。

跳步写恢复法是在跳步法测试的基础上增加了从检测存储单元对主检测存储单元的写干扰。这种测试方法的特点是在存储矩阵中任意两个存储单元都进行两次组合，把相反和相同的数据信息写入一个存储单元里，研究它们对另一个存储单元产生的影响。它与跳步法的区别在于跳步法是检查读出的影响，而跳步写恢复法是检查从检测存储单元写操作的影响。所以这种测试方法是N2型功能测试中最有效的算法。这种方法能够检查存储单元矩阵的功能、译码器的动作、矩阵对不同变换的灵敏度，以及在最不利条件下写—读变化时的读出时间。但付出的代价是这种方法的测试时间特别长。另外，在测试中读出的信号都是同一个极性的，由于读出放大器干扰的影响，会造成某一极性信息的容量范围较大。

（7）N3/2型图形

N2算法测试图形可以对RAM进行较为有效的测试，但所需的测试时间也很长。对于存储容量比较大的被测器件来讲，如果消耗时间过长，就会削弱这种测试的意义。走步法、跳步法等N2算法测试图形都是对全场存储单元进行干扰。但实际上对干扰起主导作用的是正交的存储单元，也就是主检测存储单元所在的行和列上的存储单元。因此就产生了行列走步法和行列跳步法等算法测试图形，它们在保持N2型算法测试图形检测优点的同时，又大幅度缩短了检测时间。这类算法的步长与存储器容量N成3/2次方的关系，在工程实践中被广泛应用。

①正交走步图形“1”/“0”：正交走步图形“1”/“0”是一种特殊的走步图形，它规定主检单元按走步选址序列顺序选址，干扰单元只选择该主检单元所在行和列。测试图形序列长度为$4N^{\frac{3}{2}}+8N$。

②移动对角线“1”和“0”法：动态RAM是矩阵结构，在一列存储单元有一个读出放大器与它们相连。读出放大器在接收了相同的数据，比如读出一串“0”数据时，就有倾向“0”状态，如果接着读出“1”，存储器就可能出现读出错误。基于这种思想，我们使用了移动对角线法。对于一个矩阵方阵，我们首先将“1”写到主对角线上，将“0”写到其他单元作为背景存储单元，然后逐列依次由高位到低位读出，并验证读出结果。第一列是读出一个“1”信息后读出一串“0”，而最后一列则是读出“0”信息、后读出一串“1”。接着对存储器重新写入信息，将对角线上所有“1”向右平移一位，原来最右边的则移到本位的最左边。接着从第一列开始依次读出并验证。这次测试是在第一列上读出一串“0”后紧接着读出一个“1”，重复该操作，每次都会有一列是先读出一串“0”后紧接着读出一个“1”。如果存储单元总数为N，则共需要重复操作$N^{\frac{1}{2}}$次，此时第一行上的“1”移动到本行最右边。最后再以“1”为背景用同样的方法移动“0”对角线。这种算法的测试步长为$4N^{\frac{3}{2}}$。移动对角线算法的功能测试能够对存储矩阵的功能和译码电路的工作进行良好的检查，因此常常被使用。这种算法和大多数N3/2测试算法不同，它不是由N2型测试算法演化而来的，而是利用了对角上包含测试矩阵主要信息的思想。

3. RAM测试图形选择

选择RAM测试图形本身就是一个相当复杂的研究题目，它的重要性还在于这种选择反过来将影响或引导大型存储器测试系统研制及若干年工程研制和巨大投资。表3-13和表3-14分别给出了两个结果。表中列出了大多数常见的故障、测试图形数据类型和为了检测所需的地址序列。这是个一般性的结果，实际上生产厂家和用户都开发了一些特殊图形以更有效地检测他们所发现的特殊故障条件。

表3-13　RAM测试图形及其检测特性

特性图形	功能特性	选址	多重选择	直流图像	存取	写恢复	测试时间	备注
全“1”/“0”	无	无	无	无	无	无	$4N$	比未经测试好
齐步图形	有	好	不好	不好	不好	不好	$10N$	有限测试，能迅速检测故障
走步图形	有	好	不好	有	不好	不好	$2N^2$	最多，普遍用于测试
跳步图形	有	最好	最好	有	不好	不好	$8N^2$	包括所有可能的读、写变换
跳步写恢复	有	最好	最好	有	最好	最好	$12N^2$	包括所有可能的读、写变换
多重地址选择	不好	不好	好	不好	良好	无	$5N$	快速测试
检验板	不好	不好	不好	不好	不好	不好	$4N$	标准磁芯存储器测试

表3-14 RAM故障及测试图形

故障	测试图形	故障	测试图形
存储单元短路和开路	1. 全“1”/全“0” 2. 检验板 3. 行/列条码单元存储时间	地址译码器短路和开路	1. 走步“1” • 全部单元 • 仅选择行和列 2. 写单元地址到 • 全部单元 • 仅相应的选择行和列 3. 大于字长 4. 将同一地址写入全部单元 5. 对角线和走步对角线 6. 蝴蝶
响应时间失效	1. 交替地读—写“1”和“0” 2. 交替地写—写“1”和“0” 3. 跳步“1”(葛莱码地址序列) 4. 跳步写恢复 5. 补码增加地址序列	例行测试	1. 伪随码(数据发生和地址发生) 2. 移位图形 3. 行条和补码行条 4. 列条和补码列条
干扰敏感性	1. 齐步和补码齐步 2. 干扰走步“1” • 交叉干扰 • 环绕干扰 3. 走步“1”/“0” 5. 奇偶齐步	再生测试（动态猝发）	1.读干扰 2.行干扰 3.写修改行干扰 4.环绕干扰 5.行跳

测试图形算法的生成：为了进一步减少测试成本，很多测试仪提供“存储器测试功能”，能够生成存储器测试。这需要序列发生器提供寻址和数据信息，而不是储存在图形存储器中的测试仪图形。

因为大部分算法测试不能演练所有可能的失效模式和故障类型，因此需要进行多个算法测试。很多测试仪支持绝大部分标准算法测试，例如：乒乓（ping pong）、走步（Walking）、跳步（Galloping）、跳步对角线（Galloping Diagonal）、棋盘（Checkerboard）、地址唯一（Address uniqueness）、干扰（Surround Disturb）、刷新和不同数据背景下（例如，0-F，3-C，5-A）的交替齐步（Alternate March）测试。

3.3.3 内建自测试

1. 可测性设计（DFT）

随着技术的快速发展和市场竞争的加剧，产品市场寿命相对于开发周期变得越来越短，测试对产品的上市时间和开发周期将会有越来越大的影响。测试已成为制约超大规模集成电路特别是SOC设计和应用的一个关键因素，随着集成电路规模的增大、复杂程度的提高，芯片的引脚相对门数减少，使得电路的可控性和可观测性系数降低，电路测试变得十分复杂和困难，测试生成的费用也呈指数增长，传统的测试方法已难以全面而有效地验证复杂集成电路设计与制造的正确性，从而导致了可测性设计的方法的出现。

随着电子电路集成度的提高，电路愈加复杂，要完成一个电路的测试所需要的人力和时间也变得非常巨大。为了节省测试时间，除了采用先进的测试方法外，另外一个方法就是提高设计本身的可测性。其中，可测性包括两个方面：一个是可控制性，即为了能够检测出目的故障或缺陷，可否方便地施加测试向量；另外一个是可观测性，指的是对电路系统的测试结果是否容易被观测到。

可测性设计方法的核心思想是在设计一开始就要考虑测试问题，通过适当增加一些专门用于测试的电路，提高电路的可控制性和可观察性，从而降低电路的测试难度和复杂性，提高电路的测试效率，降低测试成本。

可测性设计的基本原理是通过转变测试思想，将输入信号的枚举与排列的测试方法（即完全测试），转变为对电路内各个节点的测试，即直接对电路硬件组成单元进行测试，降低测试的复杂性。具体实现方法包括将复杂的逻辑电路分块；采用附加逻辑和电路使测试生成容易，并能覆盖全部的硬件节点；添加自检测模块，使测试具有智能化和自动化。当前可测性设计已经成为一个现代数字系统设计中必不可少的成分，然而，由于它对设计本身增加了硬件开销，也会在不同程度上影响系统的性能，因此必须慎重考虑。另外，可测性设计的测试生成通常是针对门级器件的外节点，而不是直接针对晶体管级。虽然直接针对晶体管级生成测试具有更高的定位精度，但测试的难度与工作量也大大增加。

在集成电路进入超大规模集成电路时代，可测性设计是电路和芯片设计的重要环节，它通过在芯片原始设计中插入各种用于提高芯片可测性（包括可控制性和可观测性）的硬件逻辑，从而使芯片变得容易测试，大幅度节省芯片测试的成本。

集成电路规模越来越大，测试变得十分困难，可测性设计可以提高电路的可控制性和可观察性，从而降低电路的测试难度和复杂度，提高测试效率。可测试设计在提高测试效率的同时也面临面积增大的问题，所以一个好的可测性设计技术需要解决以下几个关键问题：

（1）取得较高的可测性：即要求可测性设计能够尽可能地提高可控制性和可观测性，这就要求设计中必须尽可能多地给每个部分增加控制电路和观测电路。

（2）取得较低的额外性能和面积消耗：由于可测试电路对最终的芯片的实际工作是无益的，因此，必须尽可能地减少这些逻辑，使之带来的额外的面积、功耗以及性能消耗最小。

在实际的设计中，必须平衡并且最优化上面两个目标，这就要求我们必须设计一种好的逻辑结构或者算法用来输入测试向量以及输出观测结果，并且额外增加的面积和功耗要尽可能小。扫描链（Scan Chain）很好地满足了上述特性，因此，无论是在学术界还是工业界的可测性研究中，扫描链都是一种必选的可测性设计基础结构。

2. 几种可测性设计

经过多年发展，基于对可测性技术的研究，学术界和工业界提出了几种比较成熟的可测性设计技术，主要有扫描设计、边界扫描设计、内建自测试等可测性设计技术。

（1）扫描设计

常见时序电路可以模型化为一个组合电路网络和带触发器（FF，Flip-Flop）的时序电路网络的反馈，结构如图3-41所示。

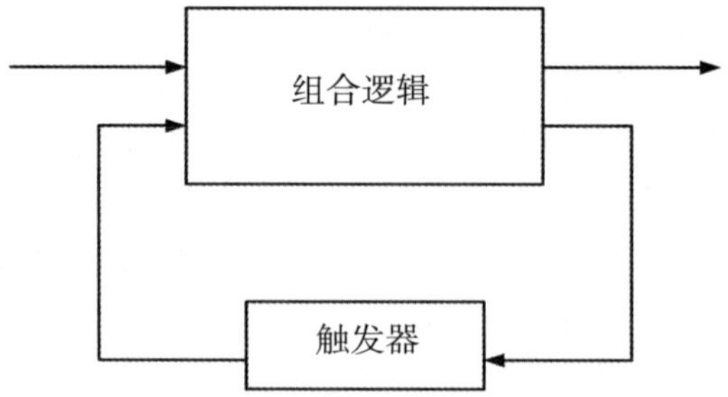

图3-41　时序电路一般模型

时序电路测试设计的困难主要在于不能随意控制和观测状态输入和状态输出，事实上，对于许多时序电路来说，测试设计的成本之高和实际上达到的故障覆盖率之低都让人无法接受。可测性设计的扫描方法能够减少测试设计的成本并且能够获得较高的故障覆盖率。为了控制和观测这些触发器的取值，在扫描设计中，会将这些触发器修改为扫描触发器，并且连接成扫描链（相当于可以移位的寄存器），扫描链的输入可以通过少量的芯片管脚进行输入，观测输出也可以通过少量的芯片管脚进行输出。为了减少输入输出所占用的额外管脚，设计成可以通过扫描输入口把需要的数据通过串行移位的方式输入扫描链对应的单元；同样，也可以通过扫描输出口串行的观测测试输出（这些扫描寄存器既可以看作输入，也可以看作输出，因此称之为伪输入、伪输出）。

扫描触发器相对于普通触发器，在输入端增加一个多路选择器，根据扫描使能信号的值可以工作在正常模式和测试模式（也称为扫描模式）。普通触发器和扫描触发器结构如图3-42所示。

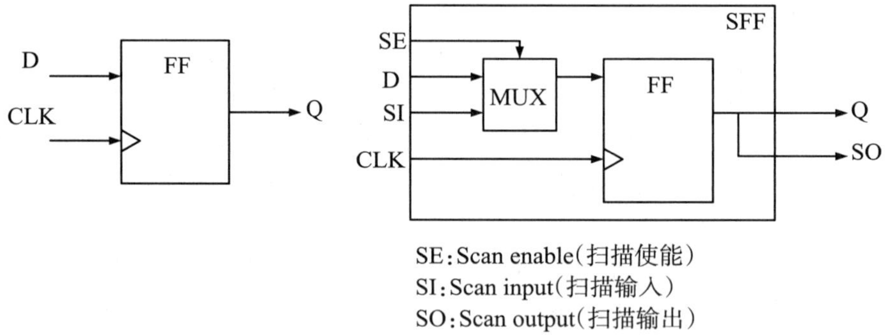

图3-42　普通触发器和扫描触发器结构图

图3-43为一个插入可测性逻辑前的时序电路图。

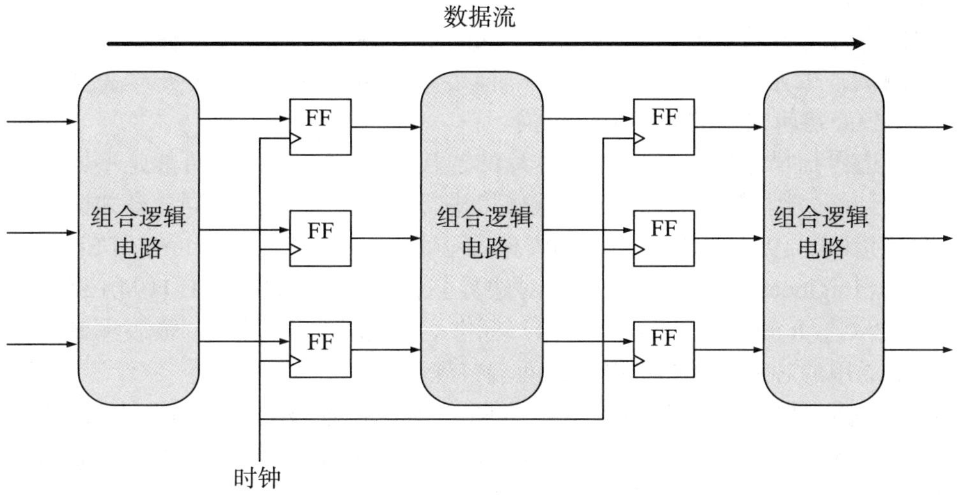

图 3-43　插入可测性逻辑前的时序电路

针对图 3-41 的时序逻辑电路，将图中的所有触发器替换成扫描触发器，将所有的扫描触发器串在一起，并且通过 SE（Scan enable，扫描使能信号）信号进行统一控制，选择是输出扫描向量，还是输出观测结果，这样就完成了扫描测试。插入可测性逻辑后的时序电路如图 3-44 所示。

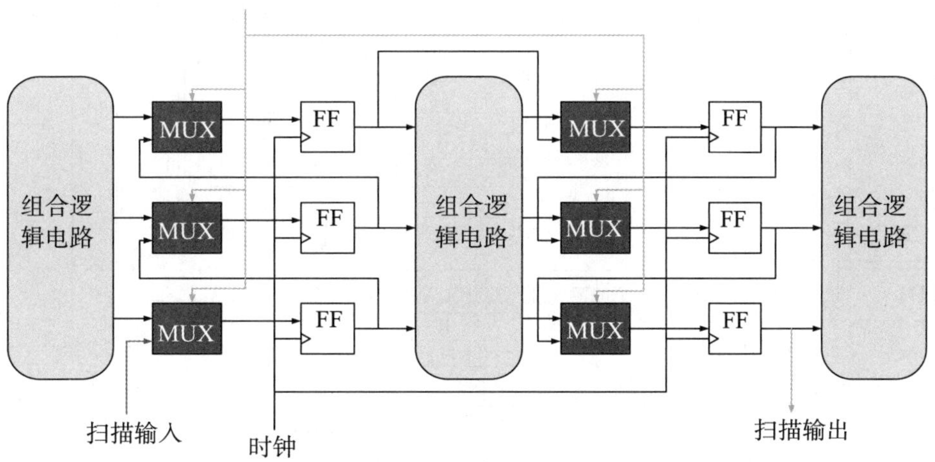

图 3-44　插入可测性逻辑后的时序电路

由于考虑到扫描设计本身的硬件代价，实际电路和芯片设计中并不会把所有的触发器替换成扫描触发器（全部替换的称之为“全扫描”），此时的设计称之为“部分扫描”设计。对于部分扫描设计，需要解决两个问题：一是决定扫描哪些触发器，使芯片的可测性（也即可控制性和可观测性）达到最高；二是当电路进行扫描时，非扫描触发器的状态该如何变化，由于要保证电路的执行结果和不测试时一样，因此非扫描触发器必须设计成状态保持不变。

（2）边界扫描设计

扫描设计是针对芯片内部的故障或缺陷进行测试，为了对电路板级的逻辑和连接进行测试，工业界和学术界提出了一种边界扫描的设计，边界扫描主要是指对芯片管脚与核心逻辑之间的连接进行扫描。

由于边界扫描测试涉及不同的芯片的连接，而这些芯片很可能是不同设计者甚至厂家设计的，因此必须对这些测试接口进行标准化，以便不同厂商之间能够用统一的测试接口。1994年，美国电气电子工程师协会（IEEE，Institute of Electrical and Electronics Engineers）制定了一个针对边界扫描测试的标准IEEE 1194.1标准，该标准又称JTAG（Joint Test Action Group）标准。该标准是为了支持板级测试而定义一种国际上通用的芯片边界扫描以及访问端口规范。

图3-45是JTAG边界扫描基本结构图，边界扫描设计主要包括测试访问端口（TAP，Test Access Port）控制器、指令寄存器、旁路寄存器以及边界扫描链（由边界扫描单元构成）。JTAG定义了以下测试访问接口：

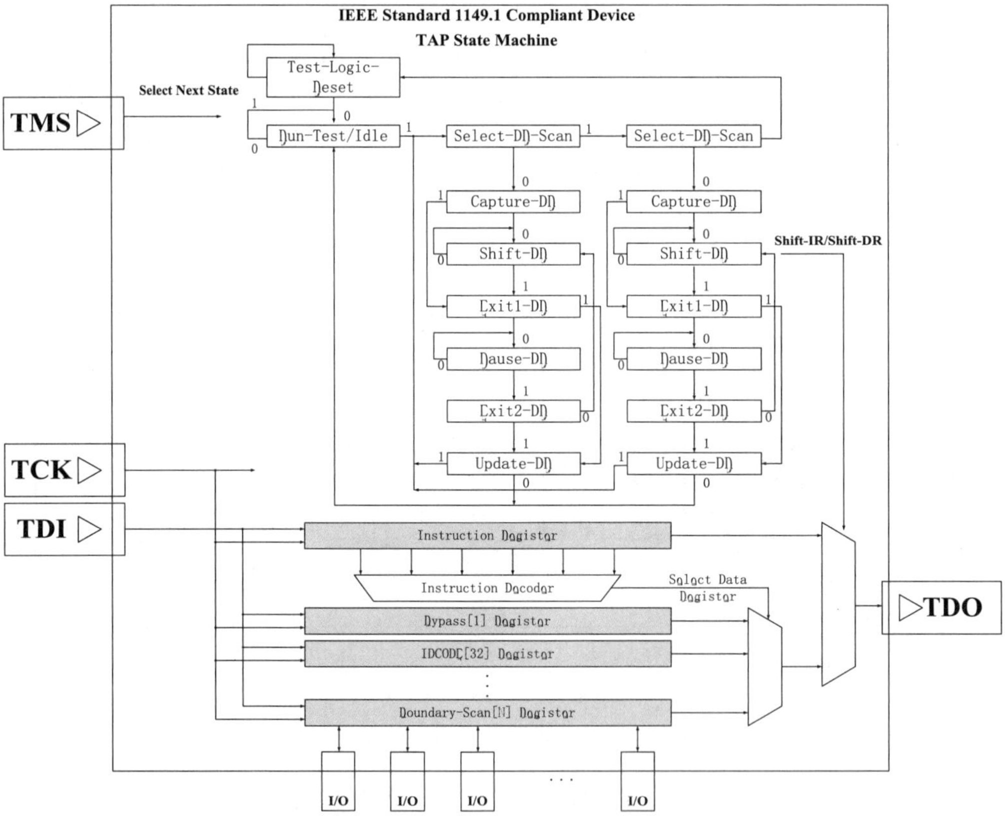

图3-45　JTAG边界扫描设计的基本结构

①TCK（Test Clock）：测试时钟输入；

②TDI（Test Data In）：测试数据输入，数据通过TDI输入JTAG口；

③TDO（Test Data Out）：测试数据输出，数据通过TDO从JTAG口输出；

④TMS（Test-Mode Select）：测试模式选择，TMS用来设置JTAG口处于某种特定的测试模式。

⑤TRST（Test Reset）：可选引脚，用于测试复位，为输入引脚，低电平有效。

JTAG内部有一个状态机，称为TAP控制器，如图3-46所示。TAP控制器的状态机通过图上的TCK和TMS进行状态的改变，实现数据和指令的输入。

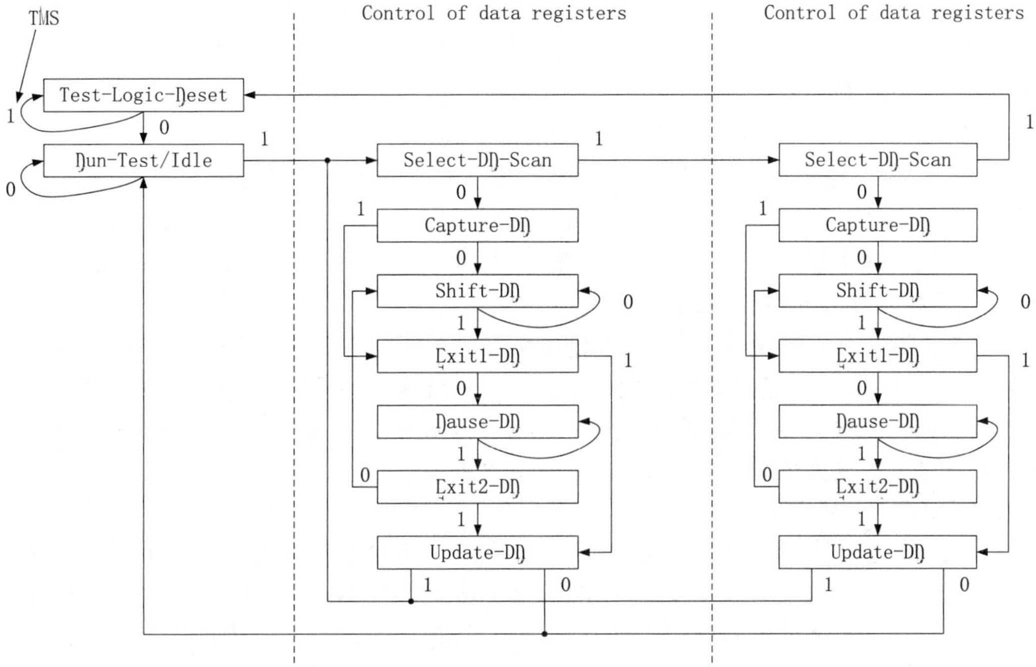

图3-46　JTAG TAP控制器

（3）内建自测试设计

内建自测试（BIST）设计技术通过在芯片的设计中加入一些额外的自测试电路，测试时只需要从外部施加必要的控制信号，通过运行内建的自测试硬件和软件，检查被测电路的缺陷或故障。和扫描设计不同的是，内建自测试的测试向量一般是内部生成的，而不是外部输入的。内建自测试可以简化测试步骤，而且无需昂贵的测试仪器和设备（如ATE设备），但它增加了芯片设计的复杂性。

图3-47是一个典型的内建自测试结构，它主要包括四个部分，测试控制部分（BIST Controller），测试向量生成器（TPG，Test Pattern Generator），被测电路（CUT，Circuit Under Test）以及测试响应分析器（ORA，Output Response Analyzer）。

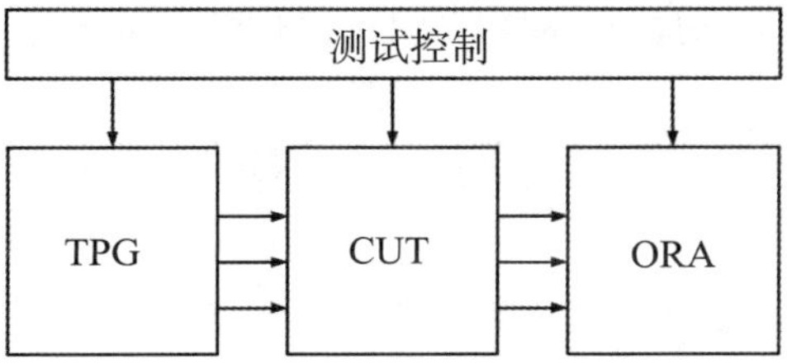

图3-47　典型的内建自测试结构

这四部分中，最重要的一个部分就是测试向量生成器TPG，因为这个生成器能够产生的测试向量的数目与质量直接决定着这个测试系统的覆盖率和测试质量；TPG一般是一个有限自动状态机，它除了时钟没有其他的输入。典型的TPG是一个线性反馈移位寄存器（LFSR，Line Feedback Shift Register）或者一个细胞自动机（CA，Cellular Automata）。

BIST的测试响应分析器ORA是对测试结果进行比较分析，但它通常不会直接对测试响应进行比较，而是先进行压缩，因为对这些测试响应一位一位地进行比较分析会消耗大量额外的片内存储单元。但压缩也会导致混叠（Aliasing）现象，因为对同一个输入，两个不同的电路输出压缩后可能是一样的。

由于BIST做到了芯片的内部，为了减少测试逻辑在整个芯片面积所占的比例，以及减少测试电路（尤其是在线测试电路）带来的额外的性能以及功耗消耗，设计一个好的BIST系统是一个很复杂的系统工程。因此，BIST加大了芯片设计的复杂度。

3. 可测性设计总结和展望

随着各种可测性设计结构的提出以及实现的成熟，各种EDA工具对可测性设计的支持也越来越好，这加快了可测性设计本身的设计周期以及最终的芯片或系统的测试周期。但是，随着以多核（Multicore）以及片上系统（SOC，System On Chip）为代表的芯片复杂度持续提高，迫切需要改进或提出一种新的可测性设计方法。该方法需要符合以下特性：

①通用性：由于现在芯片的设计更加复杂，设计周期也更加长，因此，为每个电路专门设计一个测试电路已经不太实际。因此需要有一个针对更复杂电路（如多核和SOC）可测性设计的通用结构，其中，IEEE 1500标准是这方面的有益尝试。

②可复用性：芯片设计中，除了需要考虑可测性设计DFT以外，还需考虑（硅后）可调试性设计（DFD，Design For Debug）。由于DFT和DFD有很多的共同点，因此，可以考虑将DFT和DFD部分单元进行复用。

③可重构性：通过可重构的设计方法，可以通过不同的配置，实现不同的测试功能，测试芯片的不同部分或功能。

参 考 文 献

[1] Gordon Roberts，Friedrich Taenzler，Mark Burns. An Introduction to Mixed-Signal IC Test and Measurement[J]. Physics Today，2011.

[2] 高成，张栋，王香芬. 最新集成电路测试技术[M]. 北京：国防工业出版社，2009.

[3] 时万春. 现代集成电路测试技术[M]. 北京：化学工业出版社，2006.

习 题

3.1 数字集成电路按照门电路数量分类分为哪些种类？按照电路结构分为哪些种类？

3.2 数字集成电路测试流程一般分为哪些步骤?

3.3 举例描述3种交流参数，并说明其定义。

3.4 数字集成电路的测试故障模型主要有哪几种?

3.5 组合逻辑电路测试主要的方法有哪些?

3.6 利用故障矩阵完成一个二输入或门测试码型的生成。

3.7 描述可编程逻辑器件的几种编程方法。

3.8 简单描述可编程器件的测试流程。

3.9 简单描述2种存储器测试图形的测试原理、步骤和其适用场景。

3.10 故障覆盖率是指?

3.11 数字逻辑电路图如下，假设图中引线处有固定0（s-a-0）的固定故障，请设计出能检测出该故障的测试码（$X_1X_2X_3$）。

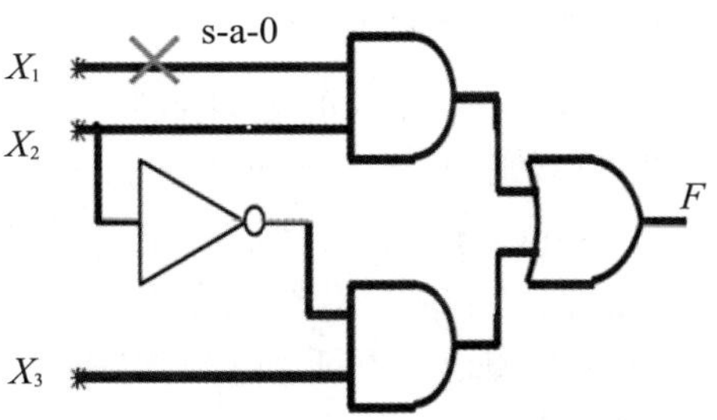

3.12 对于串行数据“1011”，请分别画出其在数据格式为“RZ”“RO”“SBC”和“NR”情况下的波形图。

第四章 混合信号集成电路测试

4.1 概　　述

4.1.1 混合信号集成电路测试技术

混合信号集成电路可以被定义需要同时处理数字信号和模拟信号的集成电路，比如我们经常用到的比较器、模数转换器（ADC，Analog to Digital Converter），数模转换器（DAC，Digital to Analog Converter）都属于混合信号集成电路。随着集成电路复杂程度的增加，许多混合信号集成电路内部包括了放大器、滤波器、开关、ADC、DAC以及数字信号处理等模块。几乎所有的终端应用，如手机、硬盘驱动电路、调制解调器、发动机控制器、多媒体视频音频产品等，都包含了复杂的混合信号电路。图4-1为数模混合集成电路结构。可以预见在不远的将来，一个完整的电子系统就集成在一个由大量模拟电路和数字电路组成的芯片内。

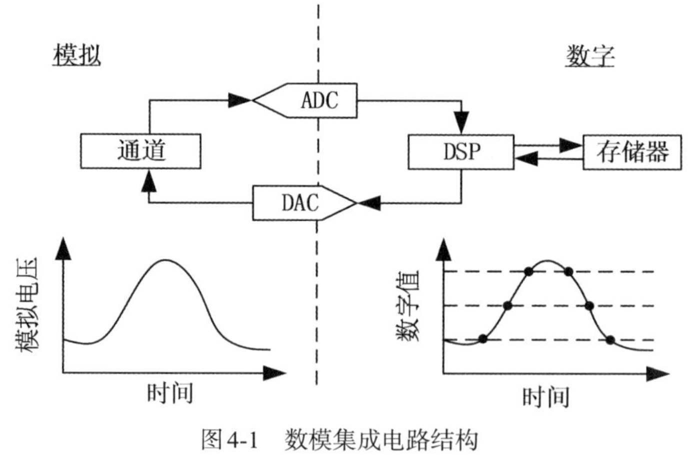

图4-1　数模集成电路结构

在一个混合信号电路中，模拟晶体管和元件个数比数字晶体管少得多，模拟电路部分往往仅包含不到100个元件，而数字部分会达到几百万个器件。但是模拟部分是数字部分和真实世界的接口，且由于混合信号电路中模拟信号的可观测性随着电路集成度升高而降低，模拟测试已经成为混合信号电路测试的主要部分。目前，模拟测试的测试成本超过电路制造成本的30%，甚至还在继续升高。混合信号自动测试设备（ATE）也比数字电路ATE成本高得多。

首先，由于大多数数模混合信号电路都包含了与数字电路没有任何关系的模拟电路，因此，深入学习混合信号测试时，必须要了解诸如运放电路、开关、比较器、电平基准电路等纯模拟电路的测试。由于线性模拟电路比非线性模拟电路更容易设计和测试，所以目前几乎所有的模拟电路测试都是采用DSP自动测试设备施加基于DSP功能向量进行测试的。

其次，如何在混合信号测试中选择出其中的模拟电路进行测试。最简单的办法是通过数字和模拟电路的接口，但是并不是内部所有模拟电路都可以通过接口电路访问到，这就需要依靠可测性设计。模拟和数字电路均有结构ATPG方法，数字电路的标准是IEEE边界扫描测试IEEE 1149.1，用于模拟混合电路的是IEEE模拟测试总线标准IEEE 1149.4。

最后，混合信号测试中激励的生成问题。这就涉及模拟电路故障模型化问题。模拟电路故障模型化比数字电路更困难，不像数字电路那样存在公认的数字固定故障和路径研制故障模型，模拟电路不存在可广泛接受的模拟故障模型；模拟故障模拟过程中，无法估算模型的精度是否足够来精确地预测测试集的故障覆盖率。

由以上三个方面，分别发展出了基于DSP的测试、基于结构的测试和基于模拟故障模型的测试三种混合电路测试方法。由于缺乏好的可接受的模拟故障模型和缺乏结构模拟故障与模拟规格之间的映射，基于模拟故障模型的测试没有得到广泛的应用；基于结构的测试中，存在模拟信号传输到输出管脚可能改变模拟信号和电路的功能性，且测试过程中，重新配置模拟电路会不可避免地改变模拟电路的功能；而基于DSP测试实际上是一种功能测试，没有采用模拟故障模型。所以，在现今模拟测试中，基于DSP的测试技术是最常用、最易实现的测试技术，结构测试方法也得到不断改进，可作为基于DSP测试方法的补充。

一般混合信号测试系统结构包括系统计算机、DC源、DC仪表、继电器控制线、继电器矩阵线、时间测量硬件、任意波形发生器、波形数字化仪、时钟和同步源、用来生成和评估数字图形和信号的数字子系统。

不同厂商的混合信号测试仪有不同的特点，不同厂商手中的混合信号测试仪没有采用通用的软件平台。目前市场占有率最高的混合信号测试系统是日本Advantest公司的V93000。图4-2为V93000超大规模混合信号ATE，表4-1为V93000设备技术指标。

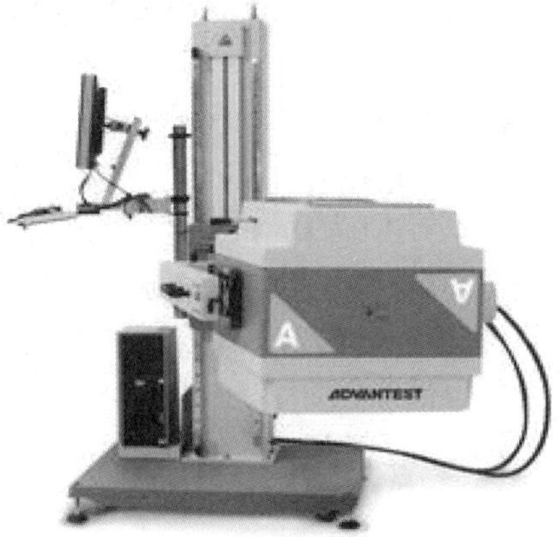

图4-2　V93000超大规模混合信号ATE

表4-1　V93000设备技术指标

测试设备名称	测试板卡名称	资源数及主要指标
V93000	低速数字Pin Scale1600	1.6Gbps
	高速数字Pin Scale 9G	16对接收/驱动、9Gbps
	高速数字Pin Scale SL	8对接收/驱动、16Gbps
	小功率电源MS DPS	16路(2块) -8～8V/4A
	大功率电源DC Scale UHC4	4路(1块) 0～4V/40A
	混合信号测试MBAV8+	4路模拟信号发生通道/4路采集通道
	其他模块	128个继电器控制位
	其他指标	向量深度:512M

4.1.2　转换器测试基础

本章主要讲述基本的两种混合信号集成电路DAC和ADC的测试，其测试原理和方法可以应用在更复杂的混合信号集成电路测试中。

DAC的测试涉及的许多概念在ADC测试中同样适用。它们都具有两大类衡量自身性能指标的参数，一是反应转换器通道性能的增益、信噪比、总谐波失真等传输特性参数。它们所反映的是模拟或采样通道对传输信号质量的影响，如DAC通道的信噪比主要是由低通重构滤波器、输出缓冲放大器和DAC本身的品质决定的。但传输参数同时又要受激励信号性质的影响，如信号失真测试中使用的正弦波的幅度和频率通常会影响测量结果。与之相对的内部参数指绝对误差、微分非线性（DNL，Differential nonlinearity）、积分非线性（INL，Integral nonlinearity）等参数由集成电路本身决定，不受外部激励的影响。

测试DAC或ADC时，我们通常同时测量内部参数和传输参数以进行表征。通常不需要在生产中执行全部的传输测试和内部测试，它通常取决于DAC或ADC的最终用途。例如要将DAC用作可编程的DC电压基准，那么我们可能不在乎它在1 kHz时的信号失真比，我们更关心其最坏情况下的绝对电压误差。而如果在语音频带编解码器中使用相同的DAC来重建语音信号，我们不在乎DAC的绝对误差，仅仅关心传输参数。

不管是ADC还是DAC，模拟端电压在一个范围内变换，该范围称为满量程电压VFSR，如果最大电压为VFS^+，最小电压为VFS^-，则$VFSR = VFS^+ - VFS^-$。

数字端普通编码情况下，最小值为0，最大值为2^N-1，其中N为转换器的位数。理想转换器模拟信号和数字信号线性对应，数字信号变换1个最小单位，代表模拟电压变化VLSB。一个最小单位也常称为1LSB，LSB指最低有效位（least significant bit），指的是一个二进制数字中的第0位。对于理想器件显然有：

$$V_{LSB} = \frac{V_{FSR}}{2^N - 1} \tag{4-1}$$

MSB称为最高有效位（most significant bit），指的是二进制数字的最高位。如果是普通编码单极性转换器，数字0对应模拟0V，数字全1对应模拟最大电压。如果是普通编码双极性转换器，负向最大值（负向满幅值VFS⁻）用全0（00…000）表示，正向最大值（正向满幅值VFS+）用全1（11…111）表示。零幅由一个1（MSB）后边跟全0（10…000）表示。

两种转换器的最大区别是：DAC代表了一种“点对点”的映射，而ADC代表的是一种“线对点”的映射，它们的区别如图4-3（a）和（b）所示，对每一个输入代码，DAC仅产生单一输出电压，而ADC每一个输出码可以对应一段线，即多个不同的电压。

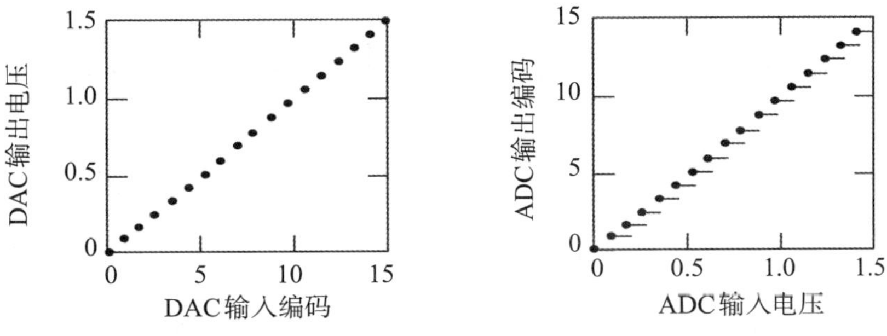

（a）DAC编码—电压转换曲线　　（b）ADC电压—编码转换曲线

图4-3

由于ADC电路本身产生的噪声以及输入信号包含的噪声，ADC的决策电平（decision levels）刻画了相邻编码之间可能的转变位置，将在后面讨论ADC的决策电平的不确定性以及它对ADC测试的影响。虽然DAC电路也会产生随机噪声，但是通过平均，对于每一个编码，DAC都能产生单一的明确的电压值。因此，就DAC转换而言，编码与电压值之间是一一对应的。

DAC和ADC转换特征的不同，导致DAC测试通常通过对每一个编码测量其对应的电压值来完成。而进行ADC测试时，则需要输入连续的模拟信号如斜坡信号，然后比较实际的输出编码输出与理想编码输出的差别。

4.2 时域和频域测量技术

在测量模拟集成电路和混合信号集成电路的时候，我们对器件引入的噪声等指标非常关注，因为噪声会影响模拟信号的质量并进而影响相对应的数字量。在进行噪声相关的指标测试时，往往是对被测集成电路施加单一频率的正弦信号激励（称为基波），测量其产生的其他频率分量，然后用信噪比、信纳比、总谐波失真等参数衡量被测集成电路的性能。

传统的测量频率的模拟测试机结构如图4-4所示。传统的模拟测试技术方法存在以下几个问题：第一，在多频率测试下，传统模拟AC参数的测量是相当慢的。第二，传统的模拟仪器不能在存在基频的情况下测量失真，因此测试失真时必须采用陷波滤波器将基频分量滤除，这将大大增加测试硬件的复杂度。第三，传统的模拟测试方法在测量噪声均方根值与信号均方根值时，结果是不可重复的，除非采用平均算法或带通滤波器。

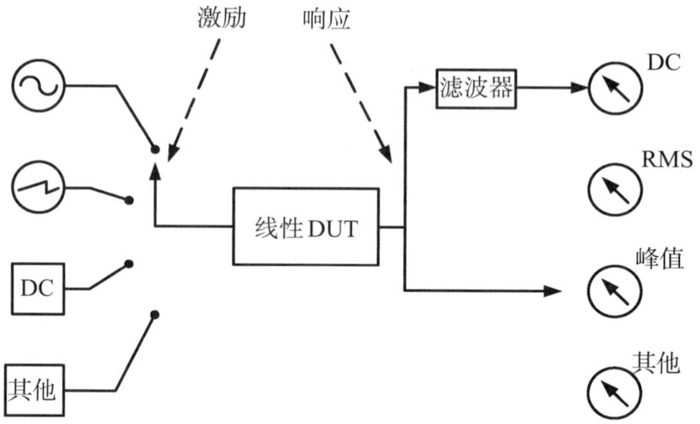

图4-4　传统模拟测试系统

20世纪80年代初期，ATE工业广泛地采用了一种新的模拟参数的测试方法，这种新的测试方法称为基于数字信号处理（DSP，Digital Signal Process）的测试方法。它的主要结构如图4-5所示。与RMS伏特计测量AC参数的传统方法相比，数字信号处理方法精度更高，速度更快，操作更容易，模型化更方便，能得到更多的测量信息，测量结果可重复，且使得ATE测试机体积小、便宜、功耗小。

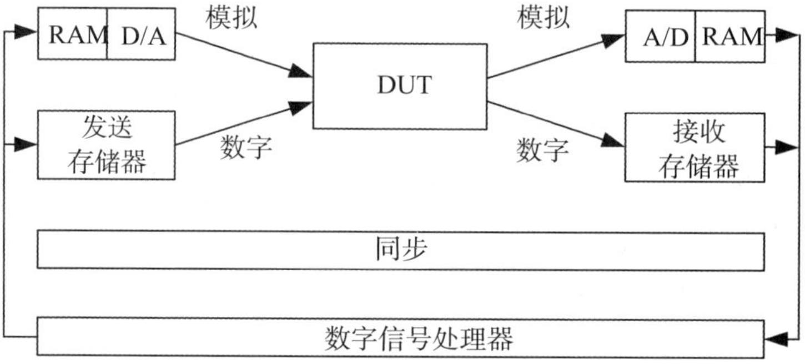

图4-5　基于DSP的模拟测试系统

然而，使用DSP ATE开发测试程序需要测试工程师有很深厚的数字信号处理的理论基础，了解每种测试的物理和数学基本原理、测试误差来源和DUT误差来源，否则不能胜任。

4.2.1　数字信号处理基础

基于DSP测试方法的最大特点是同时测量许多不同频率成分的能力，最小化测试时间。比如测试一个滤波器，可以给滤波器一个多音信号，然后采用数字化仪收集滤波器输出的采样，可以得到滤波器输出的混频信号中不同频率成分的振幅，这就要用到傅立叶分析。

傅立叶分析是一种数学方法，可以从混频信号中分离出单个频率成分。它是可在时域或频域描述任何信号的基础。傅立叶分析可将时域信号的信息转换为以频率函数来描述的信号。傅立叶分析能将信号从时域转换为频域，也能将信号从频域转换为时域，而不会带来任何信息的丢失。这种强大处理能力是混合信号测试的核心。图4-6为傅立叶分析过程。

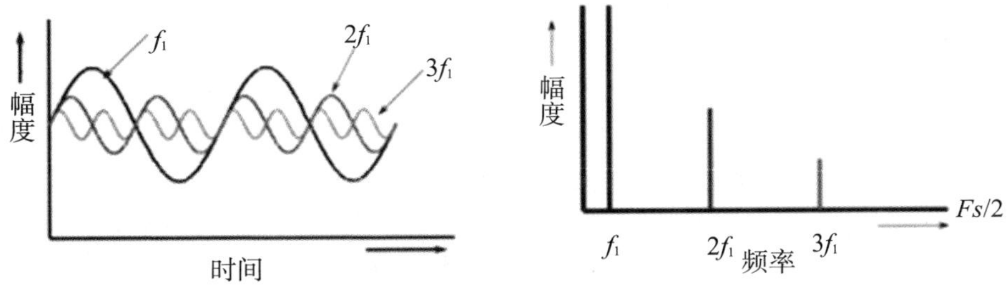

图4-6　傅立叶分析原理图

傅立叶分析通过将一个周期信号表示为一系列正弦、余弦函数的和，这就是傅立叶级数：

$$f(t)=a_0+A\sum_{n=1}^{\infty}(a_n\cos n\omega_1 t+b_n\sin n\omega_1 t) \tag{4-2}$$

其中：

a_0代表直流分量；

A代表所有谐波分量归一化后的比例因子；

ω_1代表谐波1的频率，也即基频频率；

n代表n次谐波，频率是基频的整数倍。

由三角函数公式可将其简化为如下公式：

$$f(t)=\sum_{n=1}^{\infty}(C_n\cos n\omega_1 t) \tag{4-3}$$

其中

$$C_n=\sqrt{a_n^2+b_n^2} \tag{4-4}$$

4.2.2　采样原理

采样是将连续（即模拟）信号转变为离散（即数字）信号序列的处理过程。反之，重构是将离散信号转变为连续信号的处理过程。图4-7为采样与重构过程。

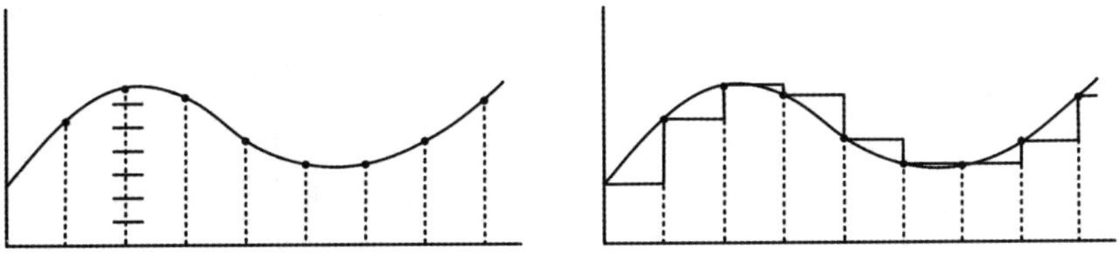

（a）ADC采样和量化波形　　（b）DAC重建波形

图4-7　采样与重构

1. 采样理论

连续时间信号取样所得的离散时间信号能否代表并恢复成原连续时间信号？如

何恢复？应具备哪些条件？这些问题关系到能否用数字的方法处理连续时间信号。采样定理就是说明这个问题的。

一个连续时间信号经过理想采样后频谱发生了两个变化：一是乘以 $\frac{1}{\tau}$ 因子，另一个是出现了无穷多个分别以采样频率 f_s 整数倍为中心和被采样信号形状完全一样的频谱，即频谱产生了周期延拓或频谱复制。由此可以得到一个重要结论：在时域的采样，形成频域的周期函数，其周期等于采样频率 f_s。

采样时若信号的最高频率分量 f_{max} 超过 $f_s/2$，各次调制频谱就会互相重叠起来，有些频率分量的幅值就与原始信号情况不同，因而不能分开和恢复这些部分。这时，采样就造成了信息的损失，由此，得出了香农采样定理。

香农采样定理指出采样频率必须大于原始模拟信号频谱中最高频率分量的两倍，则原始模拟信号可以由它的采样数据完全恢复和完全描述。最高频率分量 f_{max} 的两倍2 f_{max} 被称为奈奎斯特（Nyquist）频率，它的倒数被称为奈奎斯特间隔。图4-8显示了采样幅度与频率的关系。

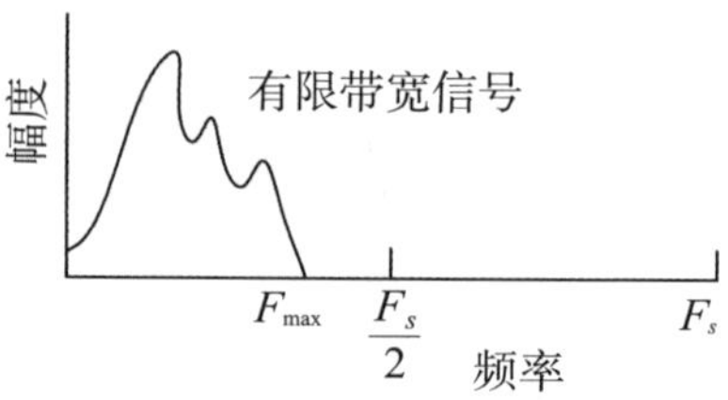

图4-8　采样幅度与频率的关系

2. 重构理论

采样的逆过程称为重构。重构是通过诸如DAC和抗镜像滤波器电路将离散的采样波形（脉冲形式）转换成时域上的连续波形的过程。实际上，重构是将采样点之间丢失的波形填补的过程。大多数DAC利用方波特征脉冲来重构波形，它在实际中很容易实现。重构的方波脉冲之和将形成“阶梯”连续波形。通过增加每个周期的台阶数，重构波形可以获得较好的近似。然而，重构过程中无法按理想非零脉冲采样信号实现重构，只能按非零脉宽采样信号重构，而按非零脉宽采样所导出的各周期延拓的频谱，其幅度是按 sin(*x*)/*x* 的变化规律随频率而逐渐下降的，由此重构过程中会引入幅值误差，如图4-9所示。为了消除此误差，一般会在DAC输出加一个低通滤波器进行补偿或在DAC数字输入部分修改输入的数据进行补偿，如图4-10所示。

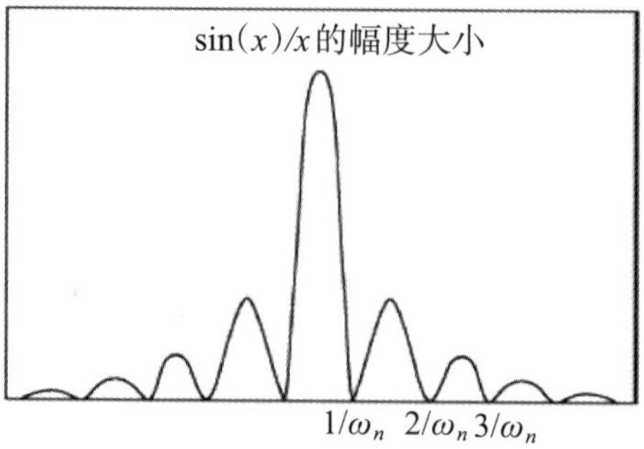

图4-9　含幅值误差的重构

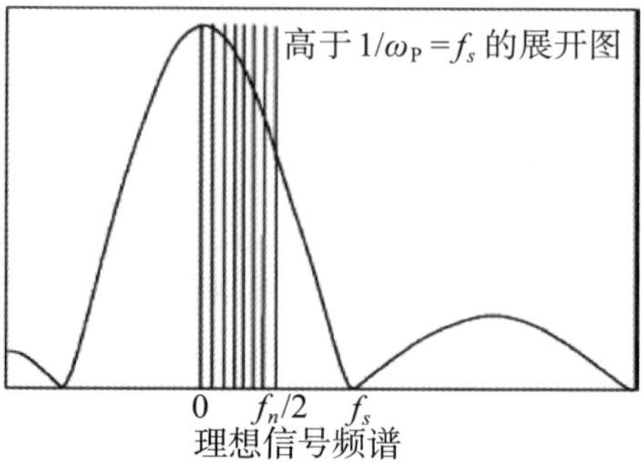

图4-10　补偿过后的信号重构

最后，ATE数字化仪利用了采样定理的数据描述特性对DAC的输出信号进行采集供DAC测试使用，而ATE的波形发生器则利用了采样定理的数据完全恢复特性生成模拟波形供ADC测试使用。

3. 混叠现象

在讨论采样定理时，我们提到在时域的采样，形成频域的周期函数，其周期等于采样频率 f_s，即出现了无穷多个分别以采样频率 f_s 整数倍位中心和被采样信号形状完全一样的频谱，这就是频谱复制现象。

采样时若信号的最高频率分量 f_{max} 超过 $f_s/2$，各次调制频谱就会互相重叠起来，由此重构的信号与输入信号有相同的振幅，但是具有较低的频率。被采样信号频率7MHz，采样频率6MHz，按采样点重构出来的信号幅度与原信号相同，但是频率减小到1MHz。较高的正弦波通过采样后获得较低频率的现象称为混叠现象，如图4-11所示。

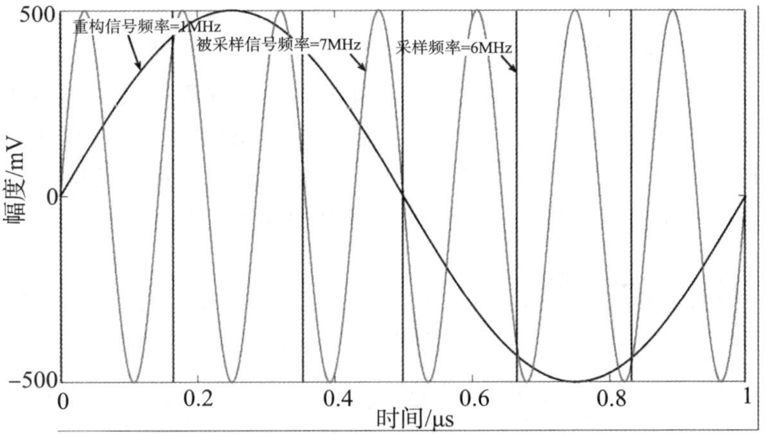

图4-11 混叠现象

混叠现象导致在采样的频谱中混入了非谐波分量的且不能从关注的信号中取出和分离的频率分量，从而在恢复原信号时造成了信息的损失。在实践中，为了避免混叠现象，限制输入数字化仪的信号带宽小于1/2奈奎斯特频率是避免混叠现象的唯一方法。在数字化仪之前放置一个低通抗混叠滤波器，削弱信号中的高频分量，以便使它们的混叠变成可忽略的。

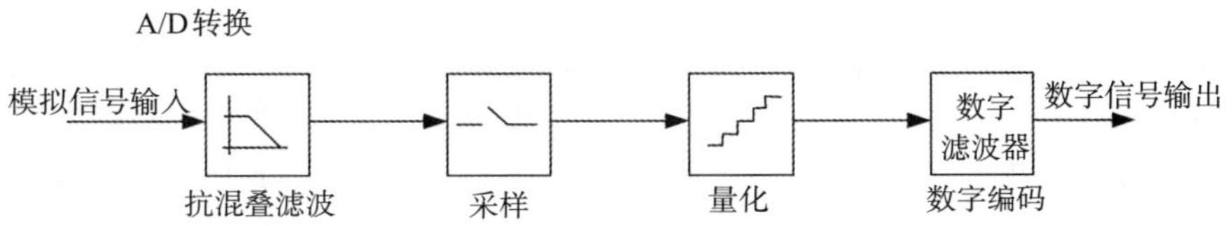

图4-12 ADC采样前置抗混叠滤波器

4.2.3 DFT和FFT

傅立叶级数告诉我们一个复杂的波形可以被看作一组不同频率和幅度的正弦波

的组合来分析和研究。这一节我们将讨论一段由离散采样点组成的离散波形也可通过傅立叶变换成原始连续波形的各个频率分量来进行分析，这就是离散傅立叶变换（DFT，Discrete Fourier transform）。

（1）DFT：离散傅立叶变换是傅立叶级数的离散化表达形式。离散傅立叶变换可以看作连续傅立叶变换的近似，采样（离散化）连续信号的一个周期，相当于将一个离散时间信号截断，再按截断的信号进行周期延拓，构造一个以截断信号为单个周期的离散时间周期信号。对于离散时间周期信号，我们可以求取它的离散傅立叶级数，这些傅立叶级数的系数就是DFT在频域上的系数，并且是周期的。这样对连续函数的处理就可代之以离散取样的处理，DFT在频域和时域上都是离散，并且都只取有效长数据，从而能够使用计算机进行处理，这就是为什么要采用离散傅立叶变换的原因。离散傅立叶变换公式如下：

$$X(k)=\sum_{n=0}^{N-1}x(n)[\cos(\frac{2\pi nb}{N})-j\sin(\frac{2\pi nb}{N})] \tag{4-5}$$

N代表采样点个数，k代表以 f_s/N 为频谱间距的各个频率值。

（2）FFT：由离散傅立叶变换公式可以看出，由于计算每个频率值的能量时，需要用到所有N个采样点来计算，所以总计算量为N^2次复数乘法和加法，计算量巨大，计算时间非常长。为了最小化测试时间，希望DFT计算时间尽可能小，需要更有效的算法来完成DFT的乘法，这种方法就是快速傅立叶变换（FFT，Fast Fourier transform）

FFT可分解DFT的每一个乘法和加法，这样分解出许多冗余的运算。通过将一个大点数的DFT分解为若干小点数DFT的组合，可以达到减少运算工作量的效果。这种操作形成一个所谓的蝶形网络，因而又叫作蝶形运算。由于FFT算法已经嵌入大多数混合信号测试仪的操作系统软件中，所以测试工程师对FFT算法的细节不需要太过关注。

虽然FFT与等效的DFT产生相同的输出，但是通常FFT只能处理采样数为2^n大小，其中n为整数，所以混合信号测试工程师在采样时都必须记住需要的采样点数目为2^n个。

4.2.4 相干采样技术

1. 频谱泄漏

在DFT/FFT介绍中，我们假设连续信号是无限且周期重复的，采样后应该为无限长序列，而运算只能对有限长序列进行，需要截取其中一部分（截断）周期的信号。假设截取采样的是正好一个或整数个信号周期的序列，称为相干采样。这个有限长序列就可以代表原无限长序列，如果分析的方法得当的话，分析结果应该与实际信号一致。截取分析的有限长序列，傅里叶变换仍然将信号当成无限长序列，这里采用了一种被称为周期延拓的技术，所谓周期延拓，就是把截取的有限长序列当成是无限长序列的一个周期，然后不断复制，得到一个新的无限长序列。

非整周期采样即非相干采样意味着不是整周期采样，非整周期采样将会使信号波形两端产生畸变，所截取的一段信号周期性延拓成无限信号时与原信号的有很大不同。对这个被截断的时域信号进行谱分析时，本来集中的线谱将分散在该线谱邻近的频带内，产生原信号中不存在的新的频率成分，在频谱分析技术上称这种效应为频谱泄漏，泄漏实际上是一种失真。

频谱泄漏是不能和混叠完全分开的，因为泄漏将导致频谱的扩展，从而使频谱的最高频率超过1/2奈奎斯特频率，造成混叠。图4-13为非整周期采样波形，图4-14为非整周期采样频谱图。

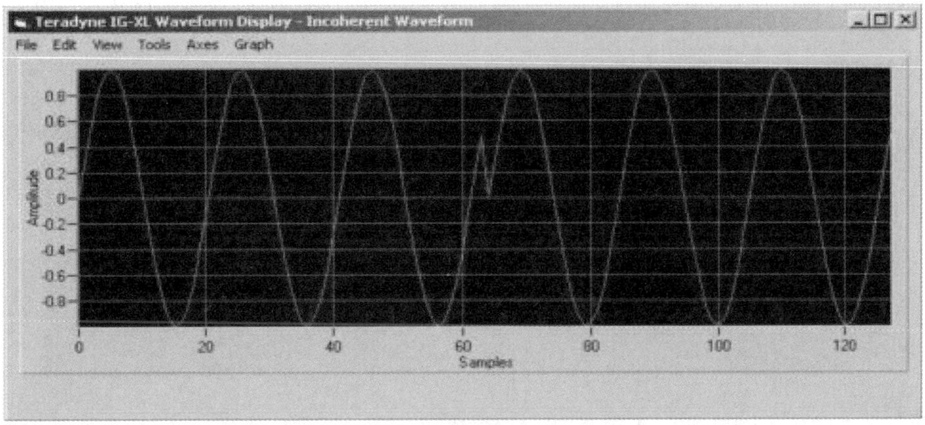

图4-13 非整周期采样波形

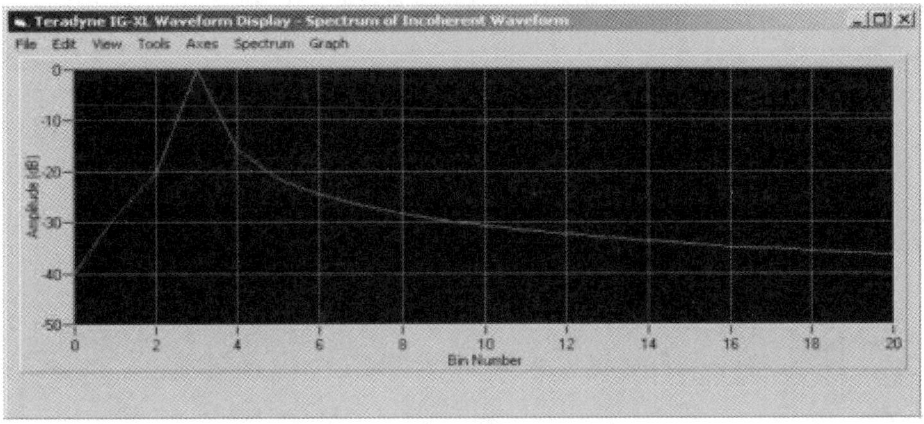

图4-14 非整周期采样频谱图

2. 相干采样技术

相干采样技术也叫整周期采样技术。顾名思义，整周期采样技术即指在采样过程中，整周期采样不会使信号波形两端产生畸变，所截取的一段信号周期性延拓成无限信号时与原信号相同，对这个被截断的时域信号进行谱分析时，本来集中的线谱将不会分散在该线谱临近的频带内，不会产生原信号中不存在的新的频率成分。图4-15为整周期采样波形，图4-16整周期采样频谱图。

由于在ATE测试中，模拟信号频率、采样频率完全受我们控制，相干采样技术在ATE测试中非常容易实现，而不用苦恼于非相干采样技术中经常会碰到的频谱泄漏和加窗处理等问题。

为了得到整周期采样，需要正确选择测试信号频率，使时域样本正好包含整数个周期的信号。式（4-6）是相干采样需要满足的条件：

$$\frac{F_{IN}}{F_S}=\frac{M}{N} \tag{4-6}$$

式中 F_{IN} 是信号频率，F_S 是A/D转换器采样频率，M是采样的整周期数，N是采样点数。同时还要求M与N互质，且为了进行快速FFT运算，要求N为2的幂。

由于ATE的时钟和模拟信号的时基来自同一个时钟分频，所以ATE能够很好满足以上条件。

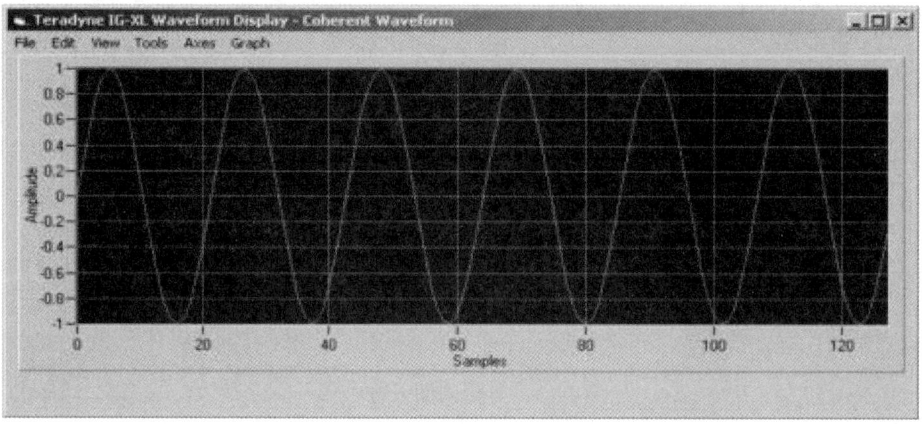

图4-15　整周期采样波形

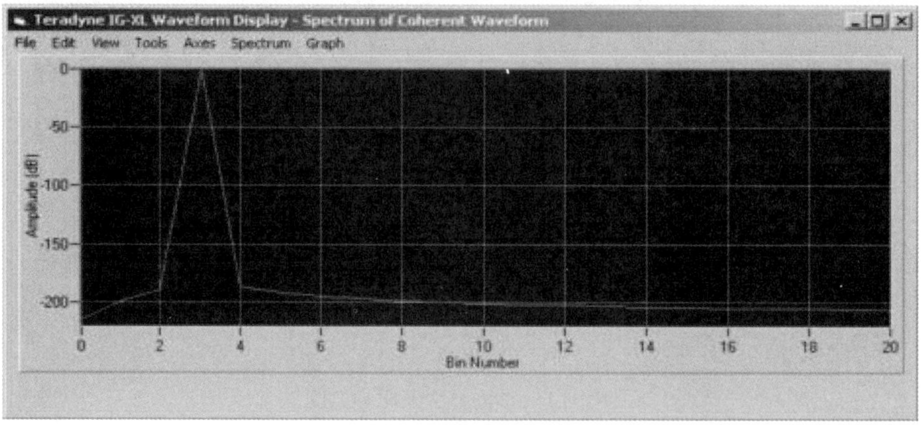

图4-16　整周期采样频谱图

一般而言，以采样频率 F_S 收集N个采样点进行周期延拓的频率 F_f，其关系为：

$$F_f=\frac{F_S}{N} \tag{4-7}$$

其对应的周期被称为单位测试周期（UTP，unit test period）。

$$UTP=\frac{1}{F_f} \tag{4-8}$$

在采样频率 F_S 下，收集N个采样点所需要的时间正好等于1个UTP，所以叫单位测试周期。

频率 F_f 通常又称为频率分辨率，是在进行DFT时，在频率轴上的所能得到的最小频率间隔。

4.3　DAC测试原理和方法

传统的半导体数字器件的测试只包括基本参数测试和功能测试，混合信号器件测试与之相比还需要增加两种测试，即时域下的静态指标测试和频域下的动态指标。混合信号集成电路的静态参数又称内部参数，这些参数是电路本身固有的，它们不取决于外界的激励。而动态参数则受激励信号的性质影响，如信号失真测试中使用的正弦波的幅度和频率通常会影响测量结果。

4.3.1　DAC静态参数及其测试方法

DAC的静态参数需要测量各数字码对应的模拟电压后根据公式计算求得。

理想的DAC的转换特性曲线应该是相邻输出电压之间的间隔等于最低有效位的大小。并且，转换曲线的偏移误差应该等于0。当然，实际的DAC不可能有如此理想的转换特征，因此我们必须定义转换曲线的品质因素。

一个最简单的最明确的品质因素是DAC最大和最小绝对误差。DAC实际输出曲线减去DAC理想的输出曲线就得到绝对误差，将绝对误差除以理想的LSB电压值（V_{LSB}）得到绝对LSB。从绝对电压到绝对LSB的转换过程称为规格化。

数学上，我们确定 i 个输入码对应的理想和实际输出电压分别为 $V_{IDEAL}(i)$ 和 $V(i)$，这时得到转换曲线的规格化绝对误差 $\Delta V(i)$：

$$\Delta V(i) = \frac{V_{IDEAL}(i) - V(i)}{V_{LSB}} \tag{4-9}$$

1. 失调误差和增益误差

失调误差（Offset error）V_{OS} 为数字输入为全“0”码时，D/A转换器实际模拟输出和理想值之间的偏差。

DAC增益指的是模拟输出跨距与数字最大量之比，跨距指输入设置为全1时与输入设置为全0时的输出之差，显然对于理想DAC有

$$G_{IDEAL} = \frac{V_{FSR}}{2^N - 1} \tag{4-10}$$

式中 N 为DAC位数，我们可以看出增益即为1LSB对应模拟电压 $V_{LSB\,(IDEAL)}$。

增益误差（Gain error）为D/A转换器实际增益和理想增益之间的差别。增益误差为实际输出跨距与理想输出跨距 V_{FS} 的差别，增益误差通常表示为LSB或满幅范围的百分比（%FSR）。

对单级输出D/A转换器，增益误差和失调误差的直观理解如图4-17所示，图中虚线为DAC的理想转换线，实线为实际DAC的转换线。V_{000} 和 V_{111} 表示实际DAC在全“0”码和全“1”码时的输出值，0和 V_{FS} 表示理想DAC在全“0”码和全“1”码时的输出值。

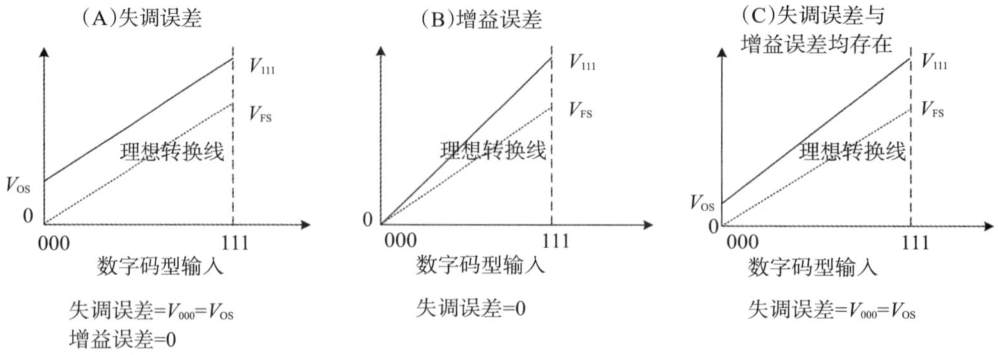

图4-17 单极性DAC增益误差和失调误差

当既有失调误差又有增益误差时，首先由测试机给D/A转换器输入全“0”数字码后测量模拟输出电压得到失调误差 V_{OS} ，然后给D/A转换器输入全“1”数字码后测量模拟输出电压得到 V_{111} ，最后由以下公式可得到增益误差：

$$Gain\ error(\%)=100\%\times\frac{V_{111}-V_{OS}-V_{FS}}{V_{FS}} \tag{4-11}$$

如果表示为LSB的方式，则增益误差由以下公式计算得到，单位为LSB。

$$Gain\ error=\frac{V_{111}-V_{OS}-V_{FS}}{V_{LSB}} \tag{4-12}$$

对双极性D/A转换器，增益误差和失调误差的直观理解如图4-18所示。图中 V_{FS+} 和 V_{FS-} 表示理想DAC在全“0”码和全“1”码时的输出值。图4-18（A）和（C）中，均存在失调误差，从图中显然可知失调误差为 $V_{000}-V_{FS-}$。图（B）为不存在失调误差只存在增益误差的情况，绝对增益误差为 $V_{111}-V_{FS+}$。

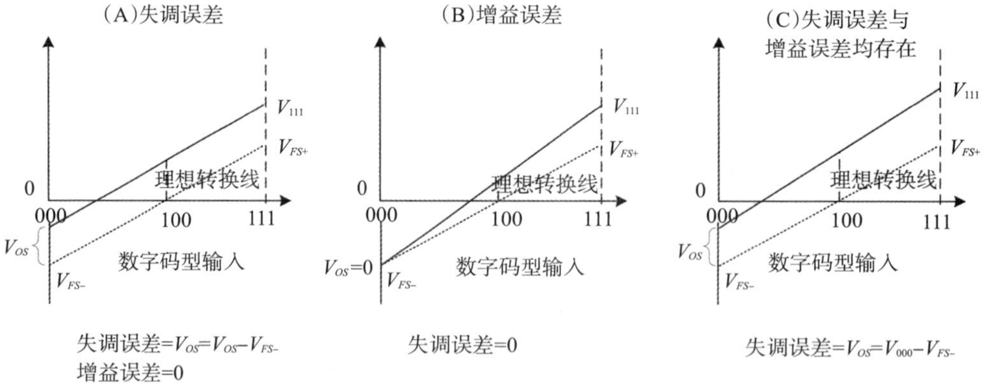

图4-18 双极性DAC增益误差和失调误差

当既有失调误差又有增益误差时，首先由测试机给D/A转换器输入全“0”数字码后测量模拟输出电压减去此时理想的输出电压 V_{FS-} 得到失调误差 V_{OS}，然后给D/A转换器输入全“1”数字码后测量模拟输出电压得到 V_{111}，从图中可看出实际跨距为 $V_{111}-$

（$V_{FS-}+V_{OS}$），理想跨距为$V_{FS+}-V_{FS-}$。绝对增益误差为实际与理想跨距之差，并规格化单位为LSB。

$$Gain\ error=\frac{V_{111}-V_{OS}-V_{FS+}}{V_{LSB}} \tag{4-13}$$

也可以由以下公式可得到增益误差。

$$Gain\ error(\%)=100\%\times\frac{V_{111}-V_{OS}-V_{FS+}}{V_{FS+}-V_{FS-}} \tag{4-14}$$

在上面计算增益时，我们采用了满量程除以数字码步数，适用于理想DAC的情况，增益等于转换线的斜率。由于DAC实际输出一般不满足线性关系，如图4-19所示，如果将实际DAC输出最大最小电压（转换线端点电压）差值作为满量程来计算增益，相当于以两端点连线作为DAC实际转换线，如果两端点因为偶然因素造成较大偏离，则不能很好地反映整个转换线的性质，计算实际增益和增益误差的时候会出现较大的误差。

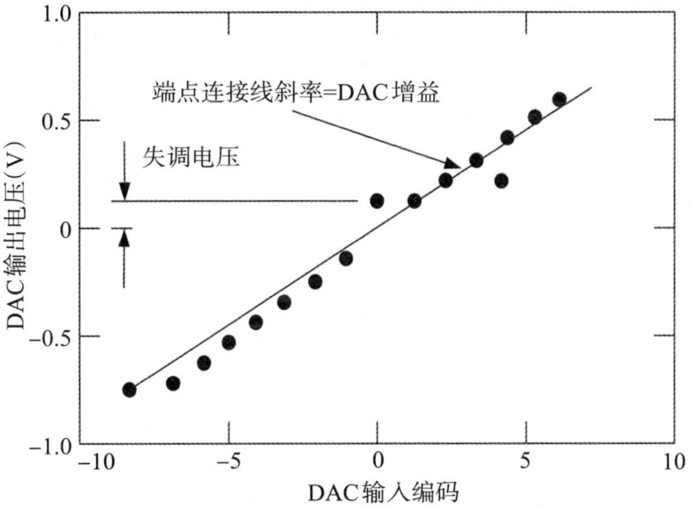

图4-19　连接两端点电压作为DAC转换线

另外，计算偏移误差的时候，我们将数字为全“0”的电压值同DAC理想转换线相比较，这时候如果全“0”输出的电压测量值因为某个偶然因素出现较大的偏移，如图4-20所示，这种情况下的偏移误差也不能真实反映DAC的总体性能。

所以工程上往往是用最小二乘法进行最佳转换线拟合，最小二乘法的思想是取各输出电压点离拟合线的方差最小，能反映输出电压的总体分布。如果输出实际电压集为$V(i)$，$I=\{0,1,2,\cdots,2^N-1\}$，N为DAC位数，我们用最小二乘法先求得*gain*和*offset*，就可以得到最佳拟合直线，它是一标准的线性方程：

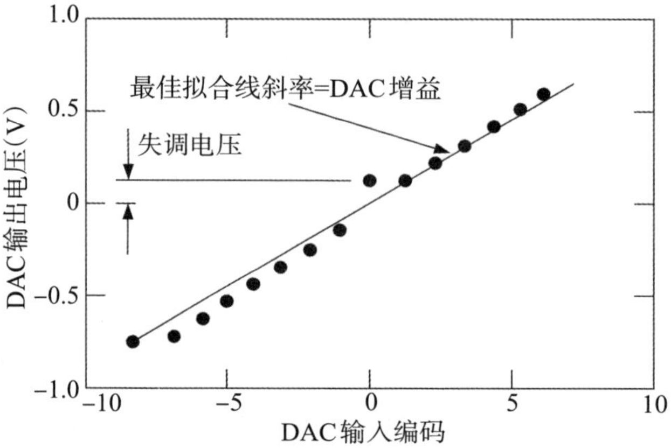

图4-20　最佳拟合直线作为DAC转换线

最佳拟合转换线：

$$V(i)=gain\times i+offset,\ i=\{0,1,\cdots,2^N-1\} \tag{4-15}$$

根据最佳拟合直线方程求得在编码 i 处的输出电压作为该编码对应的理想输出电压。其中为最佳拟合线的斜率 *gain*，代表拟合后的DAC增益。*offset* 对应的是拟合后的 V_{FS-}，如果对于普通二进制编制DAC来说 *offset* 即为拟合后的偏移误差 V_{OS}。图4-20为带符号二进制编码DAC，V_{OS} 为第 2^{N-1} 个编码经拟合线方程计算出来的电压值，很显然根据拟合曲线方程计算得到的电压值相比较原始测量值更能表征DAC的总体特性。

gain 和 *offset* 可以用不同方法获得，一种方法是使实际输出采样集与最佳拟合采样集时间的方差关于增益和零点偏移的偏微分最小，另一种就是基于线性回归，计算公式如下：

$$gain=\frac{N\times K_4-K_1K_2}{NK_3-K_1^2} \tag{4-16}$$

$$V_{OS}=\frac{K_2}{N}-gain\frac{K_1}{N} \tag{4-17}$$

其中

$$K_1=\sum_{i=0}^{N-1}i,K_2=\sum_{i=0}^{N-1}V(i),K_3=\sum_{i=0}^{N-1}i^2,K_4=\sum_{i=0}^{N-1}i\times V(i)$$

LSB步长 V_{LSB} 也即DAC增益，按照理想DAC计算应该也是满量程除以编码间隔数。通过以上分析，可看出更精确的方法应该是采用最佳拟合曲线斜率 *gain* 作为DAC的LSB步长。

2. 微分非线性和积分非线性测量方法

工程上，我们更经常用微分非线性（DNL）和积分非线性来衡量DAC转换特性。理想DAC输出的每1LSB步长，即两个相邻编码对应的模拟电压幅度差应该严格等于 V_{LSB}，实际DAC的步长是不等的，微分非线性（DNL）从微观角度表达了D/A转换器相邻码输出之间的误差，即实际步长与理想步长之差，并常用归格化表示，计算DNL公式如下，单位为LSB。

$$DNL(i)=\frac{V(i+1)-V(i)-V_{LSB}}{V_{LSB}} \tag{4-18}$$

积分非线性（INL）直观地表达了每个码所对应输出的理想值和实际之间除去增益和失调外的偏差。积分非线性也是微分非线性的累加。

$$INL(i)=\sum_{t=0}^{i}DNL(t) \tag{4-19}$$

微分非线性和积分非线性的直观理解如图4-21所示。

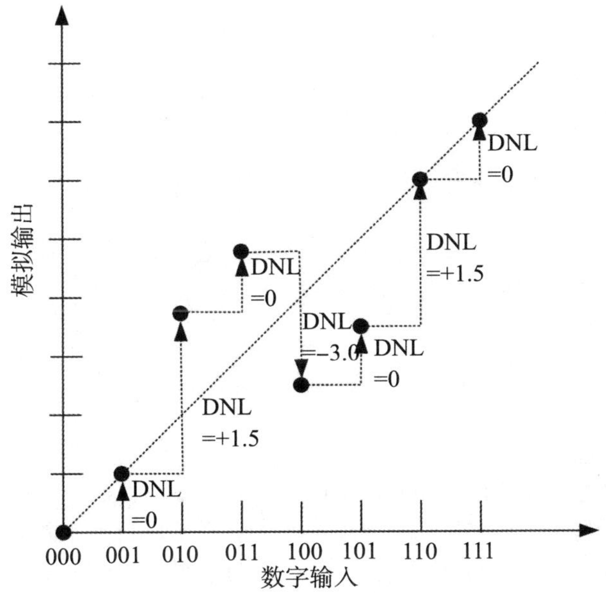

图4-21　微分非线性和积分非线性

测试微分非线性和积分非线性时，首先由测试机发出所有数字码给D/A转换器，分别测量每一数字码对应的模拟电压，然后计算每个相邻数字码所对应的模拟输出电压之间的差为 DNL_i ，取其绝对值最大的为 $DNL_{\max}$ ，再分别将每个数字码之前的 DNL 值累加得到 INL_i ，取其绝对值最大的为 $INL_{\max}$ 。

4.3.2　DAC动态参数及其测试方法

动态参数反映了D/A转换器输出信号的频域性能，包括信噪比（SNR，Signal Noise Ratio）、无杂散动态范围（SFDR，Spurious Free Dynamic Range）、总谐波失真（THD，Total Harmonic Distortion）等参数。

测试动态参数时，首先由测试机发出合适的数字码，使得D/A转换器输出一定频率的正弦模拟波，然后将其接入测试机数字化仪或外挂频谱仪后经过FFT计算得到各频谱分量，即可以得到SNR、SFDR、THD的测试结果。其SNR、SFDR、THD指标定义与ADC电路动态参数相同。

（1）信噪比（SNR，Signal-to-Noise Ratio）指的是输入信号和噪声（不包括任何谐波以及直流）的功率比，一般用分贝表示法，是一种用于定义器件内部噪声大小的基本参数。

$$SNR = 10\log_{10}\left(\frac{P_{signal}}{P_{noise}}\right) \tag{4-20}$$

另外需要注意的是，使用频谱仪测试时，不易得到规定频带内噪声能量，因此往往采用信号/底噪-过程增益的方法，如图4-22所示。

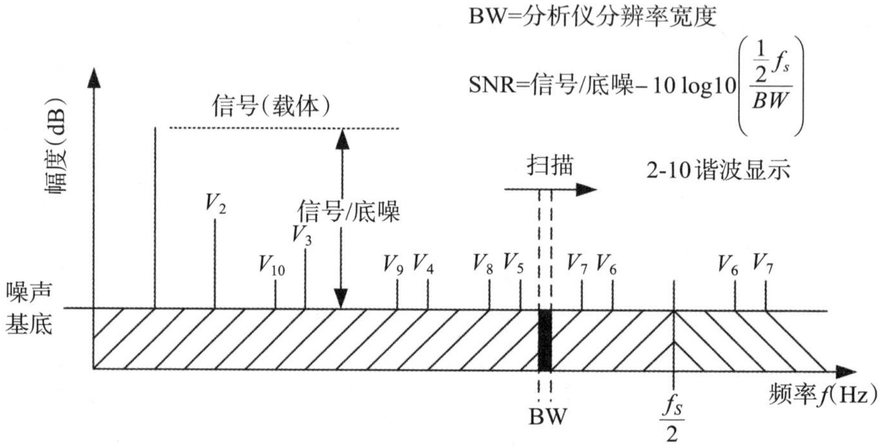

图4-22　D/A转换器SNR频谱测试

（2）无杂散动态范围SFDR

无杂散动态范围（SFDR，Spurious-free Dynamic Range）指的是信号与最差杂散信号（无论它位于频谱中何处）的功率比。最差杂散可能是原始信号的谐波，也可能不是。在通信系统中，SFDR是一项重要指标，因为它代表了可以与大干扰信号（阻塞信号）相区别的最小信号值。SFDR可以相对于满量程（dBFS）或实际信号幅度（dBc）来规定。图4-23以图形化方式说明了SFDR的定义。

$$SFDR = 10\log_{10}\left[\frac{P_{signal}}{\max(P_{distortion})}\right] \quad (\text{dBc}) \tag{4-21}$$

$$SFDR = 10\log_{10}\left[\frac{P_{FS}}{\max(P_{distortion})}\right] \quad (\text{dBFS}) \tag{4-22}$$

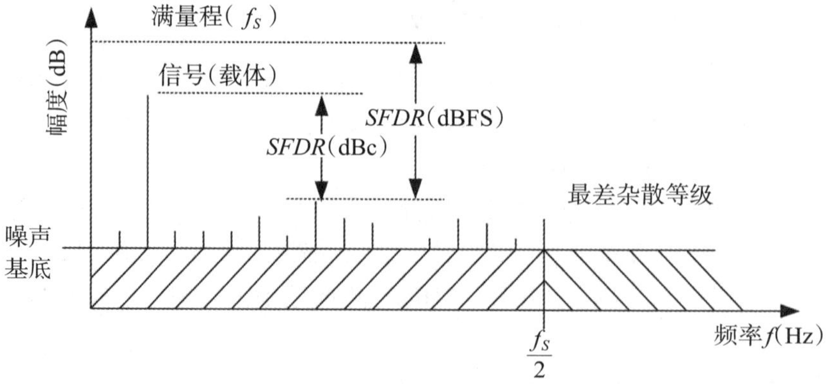

图4-23　不同单位SFDR测试频谱

（3）总谐波失真THD

总谐波失真（THD，Total Harmonic Distortion）的定义是指输入信号与系统所有谐波的总功率比。总谐波失真用以表达其对信号的谐波含量的作用或者影响，它提供了系统对称和非对称非线性产生的总失真大小。

$$THD = 10\log_{10}\left(\frac{P_{signal}}{\sum P_{distortion}}\right) \tag{4-23}$$

4.4 ADC测试原理和方法

4.4.1 ADC静态参数及其测试方法

静态指标描述的是器件的内在特性，和器件内部电路的误差相关。对A/D转换器来说，这些内部误差包括器件的增益、偏移、积分非线性（INL）和微分非线性（DNL）误差，主要关注具体电平与相应数字代码之间的关系，说明静止的模拟信号转换成数字信号的直流精确度。

（1）线性斜坡直方图测试方法

线性斜坡直方图测试方法中有两种方法用于测试*INL*和*DNL*参数，它们是边沿代码测试（code transition）和中心代码测试（code center），如图4-24，4-25所示。

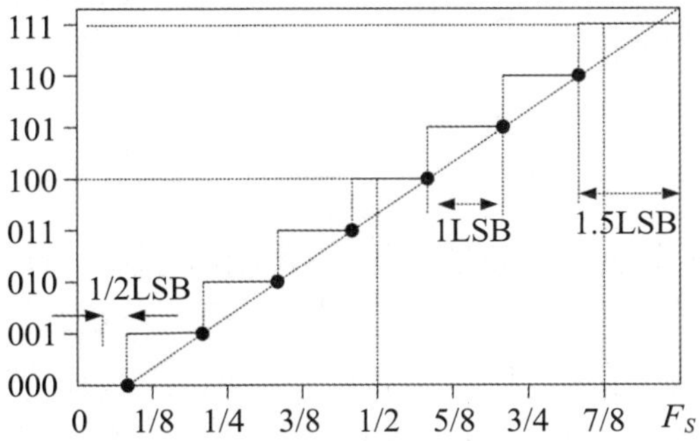

图4-24 边沿代码测试

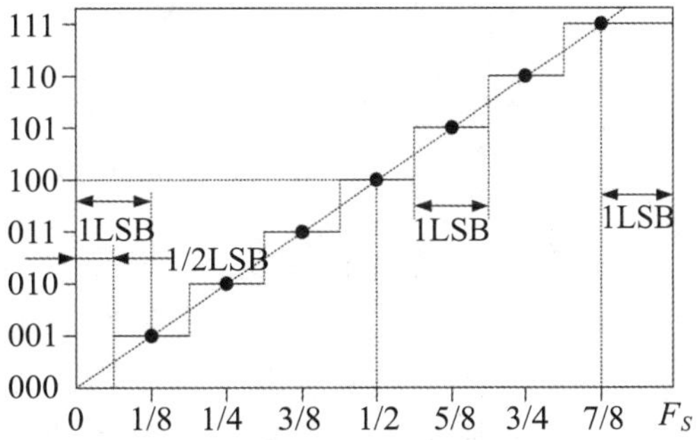

图4-25 中心代码测试

图4-24与图4-25表明了边沿代码测试和中心代码测试的不同。在图4-24中的黑点即代表代码转换边沿，图4-25的黑点表示代码中心。从图中可以看出，代码转换边沿可以直接测量得到，而由于量化不确定性代码中心不能直接测得，而是通过两个代码边缘的中点得到。

图4-26强调了中心代码测试的问题。图中ADC的转移函数显示量化台阶宽窄交错，但是连接台阶中形成的一条直线与理想直线重合，表明电路有接近完美的INL性能。而另一方面，通过连接边沿形成的一条直线与理想直线比较，表明电路的INL实际值为0.5LSB。

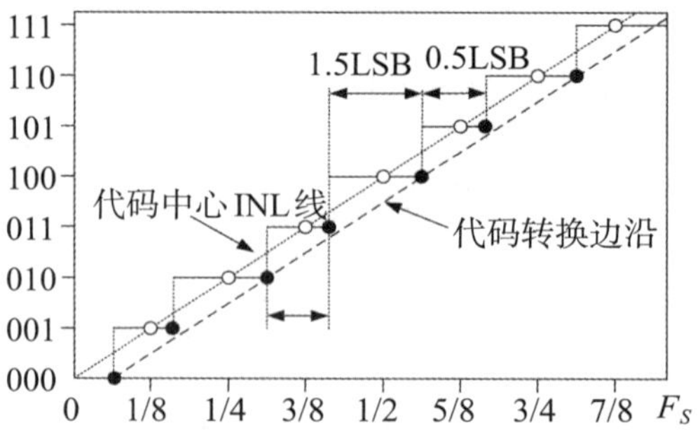

图4-26 中心代码测试与边沿代码测试INL对比

实际生产测试中，为了提高测试效率，不会分别寻找各个转换边沿，而是采用线性斜坡直方图的方法测试INL、DNL参数。在ADC模拟输入端输入一个超出FSR上升或下降的ramp波（线性斜坡），并用ADC采用固定的采样率采集，由于每个码都有相同的出现概率，理想情况下每个码发生的次数应该一样多（两端除外）。每个码发生的次数被画成一个直方图，代码出现次数多，说明其量化台阶宽，否则就窄。

让我们用MT表示采集到的总次数（两端次数除外），用$h(n)$表示每个码发生的次数，$n=1,2,\cdots,2^N-2$。理想电路情况下每个码发生的次数$h(n)_{THEORETICAL}=MT/(2^N-2)$。如果用$h(n)_{ACTUAL}$表示每个码实际发生的次数，则$DNL$可用下面的公式计算得到：

$$DNL(n)=\frac{h(n)_{ACTUAL}}{h(n)_{THEORETICAL}-1} \tag{4-24}$$

INL通过累加DNL得到；

$$INL(n)=\sum_{i=0}^{N}DNL(n) \tag{4-25}$$

大多数ADC结构在设计中包含一个或多个模拟比较器。因为模拟比较器受滞后作用的影响，我们会发现在上升斜坡测试和下降斜坡测试中存在一个不太一致的结果。如果采用上升斜坡和下降斜坡各测试一次取其最坏结果，会产生两倍的测试时间。一个折中的方法是使模拟输入信号斜坡上升为正常斜率的两倍，然后再使斜坡下降，即采用三角波测试上升和下降边沿的位置，然后平均它们的结果。

（2）正弦直方图测试方法

随着ADC电路采样频率的提高，传统斜坡波直方图测试方法越来越不适用了。主要原因是随着频率升高，斜坡波发生器产生的非线性度也提高了，而在测试时一般要求输入模拟波形的精度要高于被测ADC精度3位以上，所以不适合用来测试高速、高精度AD电路。

为了测试高速ADC电路的INL、DNL特性，我们采用正弦波直方图测试方法。它的主要优点是高频正弦波比高频斜坡要容易产生得多，而且能更好地描述ADC的动态特性，同时可以和动态参数测试在同一个测试项中测试得到，减少测试时间。

正弦波测试INL、DNL方法也有两个缺点，一是由于正弦是一个不均匀的电压分布，在接近上下峰值时花大量的时间，而在中间段花较少的时间，使得输出代码不能均匀分布，上下代码宽度远大于中间的代码宽度，因此一个理想的ADC的正弦直方图成一个浴盆曲线。为了解决这个问题，需要采集巨大的样本数以及复杂的算法规格化正弦直方图以消除正弦波电压分布的不均匀性，而且速率越高、精度越大，这种算法的误差也大。二是使用正弦波测试INL、DNL时无法像斜坡波那样同时可以测量offset error、gain error，必须通过搜索的方式再进行一次测试。

（3）偏移和增益误差测试方法

计算偏移和增益误差，可以采用多种测量方式，最常用的两种是代码平均法和电压抖动法。

代码平均测量就是不断增大器件的输入电压，然后检测转换输出结果。每次增大输入电压都会得到一些转换代码，用这些代码的和算出一个平均值，测量产生这些平均转换代码的输入电压，计算出器件偏移和增益。

电压抖动法和代码平均法类似，不同的是它采用了一个动态反馈回路控制器件输入电压，根据转换代码和预期代码的差对输入电压进行增减调整，直到两代码之间的差值为零，当预期转换代码接近输入电压或在转换点附近变化时，测量所施加的“抖动”电压平均值，计算偏移和增益。

4.4.2　ADC动态参数及其测试方法

A/D转换器的动态指标主要通过快速FFT变换的方式获取，这种测试技术可以同时对多个测试频率进行采样，所需的测试点数相对较少，测试所需时间短，效率和重复性非常高，并能够较全面地反映A/D转换器的动态特性，是业界通用的动态测试方法。

它是将接近满量程正弦信号送到被测A/D转换器中，将转换后的数字码输出到处理机，对输出数据实施FFT运算，经加工计算可得到SNR、THD、SINAD、ENOB、SFDR这些动态参数。

1. 信噪比SNR

信噪比（SNR，Signal-to-Noise Ratio）指的是输入信号和噪声（不包括任何谐波以及直流）的功率比，一般用分贝表示法，是一种用于定义器件内部噪声大小的基本参数。

对于分辨率一定的模数转换器，假设它是完全理想的没有任何噪声和干扰，由于ADC本身的“多对一”的特性，一切模拟信号一旦经过ADC离散化（量化）后，其幅值必然会失真，衡量这个失真的指标称为量化误差，如图4-27所示，虚线为输入的模拟信号，其斜率代表ADC增益，虚线和阶梯状转换曲线的交点即台阶中间处。模拟电压转换为数字量不会产生失真，其他部分量化后幅值必然会以1LSB步长台阶为周期产生误差，如图4-28所示，取原点周围一个周期计算误差均方根值V_{qn}，

$$V_{qn}=\sqrt{\frac{1}{Q}\int_{-Q/2}^{+Q/2}x^2\mathrm{d}x}=\sqrt{\frac{1}{Q}\left(\frac{x^3}{3}\right)_{-Q/2}^{+Q/2}}=\sqrt{\frac{Q^2}{2^3\times 3}+\frac{Q^2}{2^3\times 3}}=\frac{Q}{\sqrt{12}} \tag{4-26}$$

其中Q为1LSB步长，从原点往左右半个周期误差分别从0线性变化为$-\frac{Q}{2}$和$+\frac{Q}{2}$。量化误差一般以输入满量程正弦信号时的信噪比表示，信号幅度为满量程V_{FS}

的一半，其均方根值为幅度的 $\frac{\sqrt{2}}{2}$ 倍，而 $V_{FS}=(2^N-1)Q$，这里 N 代表ADC位数。

所以量化误差表示为

$$SNR=20\log_{10}\left(\frac{\frac{\sqrt{2}}{2}\times\frac{2^N-1}{2}Q}{\frac{Q}{\sqrt{12}}}\right)\approx 6.02N+1.76 \tag{4-27}$$

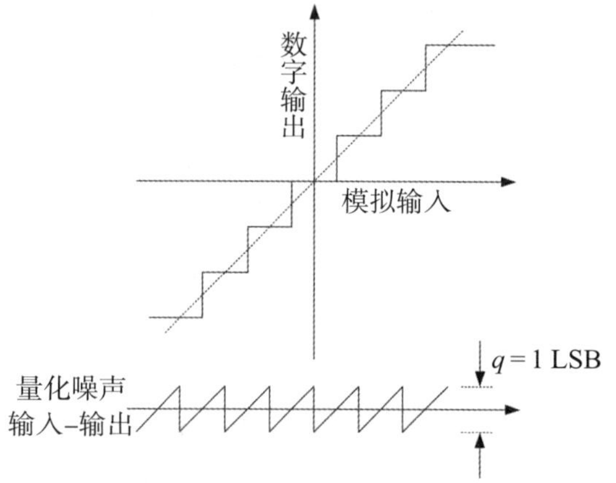

图4-27　模拟信号的量化失真

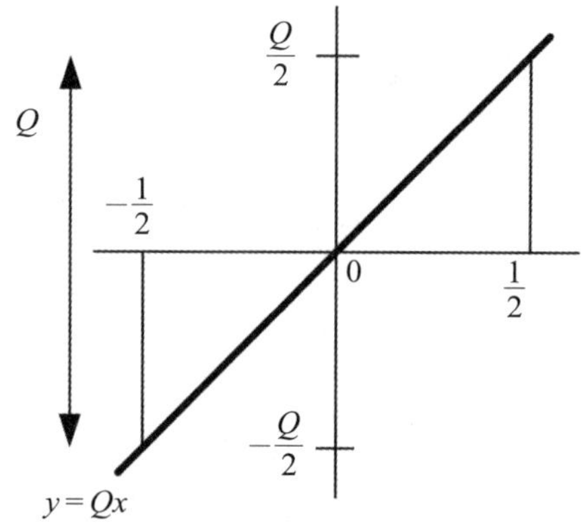

图4-28　原点周围一个周期的量化失真

系统内部噪声实际得到的SNR小于上述量化噪声的理论值，可能造成误差的原因主要有：器件的内部噪声和量化误差以及驱动/采样源产生的应用噪声等几方面。

在整个实际测试过程中，业界通常通过对ADC 输出的数字量进行FFT计算，由频谱图来进行测量SNR的值，公式如下：

$$SNR=10\log_{10}\left(\frac{P_{signal}}{P_{noise}}\right) \tag{4-28}$$

2. 信纳比SINAD

信纳比指信号与噪声失真比（SINAD，Signal to Noise And Distortion），是指输入信号和所有输出信号失真功率（包括谐波成分，不包括直流）比。这个指标测量的是一个积累结果，其中包含输出信号内全部的器件内部噪声和非线性误差的累积。

理想状态下，ADC 器件的信号与噪声失真比和信噪比应该是吻合的。因为前者表征的是ADC器件工作过程中实际动态性能指标，而后者表征是ADC 器件工作过程中的理想动态性能指标，所以通常希望SINAD 值越趋近SNR 值越好。

$$SINAD=10\log_{10}\left[\frac{P_{signal}}{(P_{noise}+\sum P_{distortion})}\right] \tag{4-29}$$

3. 有效位数ENOB

有效位数（ENOB，Effective Number of Bits）是在ADC器件信纳比基础上计算出来的，它将传输信号质量转换为等效比特分辨率。系统噪声和谐波使输出信号失真，失真大小就反映在信纳比上。理想ADC的比特分辨率可以用来计算给定器件的理论信噪比，反过来也成立，所以器件的信纳比测量值也可用来计算器件有效比特分辨率。所有噪声源、器件不精确性和量化误差合在一起，可以转化为器件的有限位数（有效分辨率）。

$$ENOB = (SINAD - 1.76)/6.02 \tag{4-30}$$

ADC的总谐波失真、无杂散动态范围等测量和计算方法与DAC类似，不再赘述。

参 考 文 献

[1] Gordon Roberts，Friedrich Taenzler，Mark Burns. An Introduction to Mixed-Signal IC Test and Measurement[J]. Physics Today，2011.
[2] 高成，张栋，王香芬. 最新集成电路测试技术[M]. 北京：国防工业出版社，2009.
[3] 时万春. 现代集成电路测试技术[M]. 北京：化学工业出版社，2006.

习 题

4.1 分辨率3位的理想DAC最大电压为V_{FS+}和最小电压为V_{FS}固定，试画出编码格式分别为无符合二进制格式、补码格式和带符号二进制情况下的转换特性曲线示意图。并标出输入码为000时的电压，以及最大电压、最小电压和中间电压对应的数字码。这三种情况下1LSB步长是相同的吗？

4.2 一个4位无符号二进制DAC产生以下一组电压电平，从代码0开始，一直到代码15：0.0091、0.2030、0.3363、0.5617、0.6925、0.9453、1.0871、1.3206、1.4522、1.6529、1.8491、1.9965、2.1453、2.3357、2.4834、2.6218。

在代码0处理想的DAC输出是0V，理想增益等于200mV/bit。分别采用：

（1）终端法；

（2）最佳拟合法。

计算失调误差、增益、增益误差。

4.3 一个4位无符号二进制DAC产生以下一组电压电平，从代码0开始，一直到代码15：

0.0465、0.3255、0.7166、1.0422、1.5298、1.8236、2.1693、2.5637、2.8727、3.3416、4.0480、4.3929、4.7059、5.0968、5.5050。

在代码0处理想的DAC输出是0V，理想增益等于400mV/bit。假设最佳拟合线的增益为365.44mV/bit，偏移为1.775mV。

（1）该DAC的实际1LSB步长和增益误差是多少？

（2）计算该DAC各转换值和理想值的绝对误差，将结果规范化为LSB单位。

（3）计算DAC的DNL曲线，并判断该DAC的DNL是否满足$\pm\frac{1}{2}$LSB的要求？

（4）计算该DAC的INL。

4.4 一补码输出的4-bit ADC进行线性直方图测试，得到了以下代码点数的分布，从代码−8开始：

20，15，14，12，13，14，13，14，15，14，15，16，16，14，15，23。采用终端法计算DNL曲线和INL曲线。

4.5 对一个无符号二进制4位ADC进行了正弦直方图测试，得到了以下代码点数的分布，从代码0开始：137、81、60、52、47、44、43、42、42、42、44、46、50、57、72、166。对代码0和1之间的第一次过渡进行了二进制搜索，发现代码边沿为14mV。执行了第二次二进制搜索，发现代码14和15之间的代码沿是0.95 V。这个4位ADC的平均LSB大小是多少？确定每个代码的宽度（以伏特为单位）。确定边沿的位置。绘制此ADC的转换曲线示意图。

4.6 ADC的有效位数ENOB和满量程SINAD之间的关系是什么？

4.7 请简述ADC动态参数SINAD、ENOB、SNR、THD、THD+N和SFDR的含义。

4.8 假设ADC输入被测信号频率为f_{IN}，对其转换后的数字输出进行FFT分析，得到

频谱	电压(均方根值)
f_{IN}	0.805V
$2f_{IN}$	15mV
$3f_{IN}$	2mV
$4f_{IN}$	0.2mV
$5f_{IN}$	0.02mV
噪声	160mV

试求信号与二次谐波失真比、SNR、SINAD。

4.9 被测ADC采样频率设置为80MHz，任意波形发生器输出标准正弦波作为模拟信号输入，频率设为f_{IN}=1MHz，请选择进行FFT运算的数字输出点数以实现较小的频谱泄漏，并说明理由。

第五章 ATE系统和DIB设计

5.1 测试系统概述

集成电路的测试环节作为检验电路版图设计是否合理、每一步生产工艺是否符合标准、产品是否可靠的重要环节，是提高集成芯片生产制造水平的关键。集成电路测试的基础是设备的制造，而高端精密设备是完成晶圆制造、封装测试和实现集成电路技术进步的重要一环。据统计，设备的投资占集成电路生产线总投资的80%左右。

集成电路的测试设备主要有测试机、分选机、探针台等，如图5-1所示。其中，测试机是专门用来检测芯片功能和性能的。可以使用分选机和探针台来配合测试机，实现芯片的引脚与测试机的功能模块的连接，从而达到芯片批量自动化测试的目的。为了保证集成电路较高的可靠性、稳定性和一致性，对生产测试设备的要求自然也逐渐提高。

图5-1 集成电路的测试设备示意图

测试机是三大测试设备的核心，而测试机的核心则是集成电路测试系统。用于测试集成电路直流参数、交流参数和功能的测试设备都可以被称为集成电路测试系统。经过多年发展，集成电路测试系统已经集计算机技术、自动化技术、通信技术、精密电子测试技术和微电子技术于一身，集成电路自动测试设备（ATE，Automatic Test Equipment）产业应运而生。

现代集成电路测试系统具有高速、高精度、多参数、多功能的特点，其主要功能是模拟被测电路的工作环境，对被测电路的各项性能参数、功能进行快速、连续的自动测试，判断被测电路是否符合电路设计的要求。同时，测试系统可以向设计和生产部门提供各种数据用以分析电路的失效原因。随着集成电路测试系统的飞速发展，集成电路设计和制造技术也在不断地进步。

按照不同的生产环节进行分类，可以将集成电路测试分为晶圆级制造环节和封装后的成品测试环节。在晶圆级制造环节，利用自动探针台辅助进行晶圆级的中间测试；在封装后的成品测试环节，配合使用自动分选机进行成品测试。按照不同的测试目的进行分类，可以将集成电路测试分为质量控制测试、可靠性测试、入厂检测测试、特性分析测试以及用于设计验证目的的各种测试。按照不同的测试参数进行分类，可分为直流参数测试、交流参数测试和功能测试等。按照不同的测试方法进行分类，可以分为在线测试与离线测试。本书则是按照不同的测试对象，对集成电路测试系统进行了分类介绍，主要可以分为数字集成电路测试系统、模拟集成电路测试系统和数模混合信号集成电路测试系统三大类。

数字集成电路测试系统是专门针对数字集成电路进行测试的设备系统。根据测试性能的差异，数字集成电路测试系统可以分为三种类型：简易型、专用型和通用型。简易型测试系统一般成本比较低、手动或固定/半固定编程的方式，只能进行简单的合格/失效的判断，或有限数据的处理；专用型测试系统一般为了适应一种类型电路的测试需求，例如半导体存储器测试系统等；通用型测试系统配置灵活，能满足任何电路的测试要求，一般有性能优异的软硬件和配套的测试程序与之配合，配套的功能模块有计算机或服务器、激励和响应单元、DUT接口等。

模拟集成电路测试系统包括系统控制处理模块、系统电源、测试功能模块、器件供电板以及系统主板组成。其中系统控制处理模块、系统电源、器件供电板与数字集成电路测试系统的功能类似，测试功能模块则主要有任意波形发生器（AWG）、数字化仪（DIG）、PMU单元等。

近年由于集成电路的高速发展，使集成电路测试系统的模块化得到进一步发展。大部分测量仪器被集成在一个板卡内，例如复杂的数字功能测试通道也被集成在板卡内，目前每板可以集成8～128引脚的数字测试模块，从而实现了数字测试的全面模块化。混合信号测试系统可以基于自定义总线的数字信号测试系统，添加混合信号测试所需的测试模块，从而实现具有自定义总线结构的混合集成电路测试系统。

数模混合集成电路测试系统基于集成电路测试设备的基本框架，其以计算机作为核心的控制器，结合各种功能单元构成，图5-2是混合信号集成电路测试系统的典型结构图。如果测试系统只配置数字相关的PerPin源、图形发生器、PerPin测量和比较器单元，则其只能驱动和测试全数字引脚的集成电路；如果测试系统只配置模拟相关的PerPin源、波形发生器、PerPin测量和数字化仪单元，则其只能驱动和测试全模拟引脚的集成电路；如果测试系统配置了如图5-3中所示的全部模块，则该系统可以驱动和测试数字和模拟引脚，即其可以对数模混合信号集成电路进行测试，因此构成了一套数模混合集成电路测试系统。

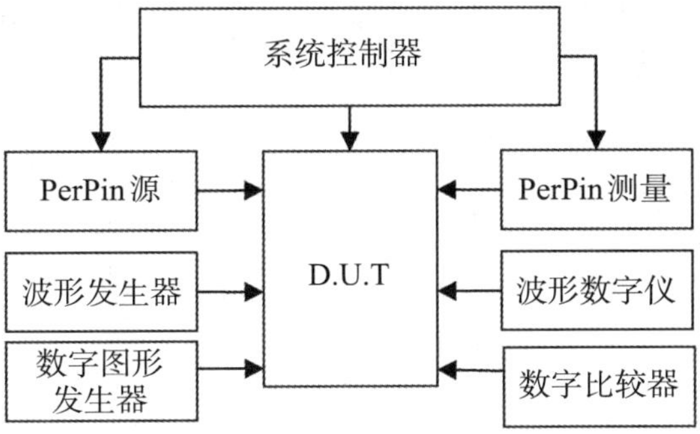

图5-2 集成电路自动测试系统一般性结构框图

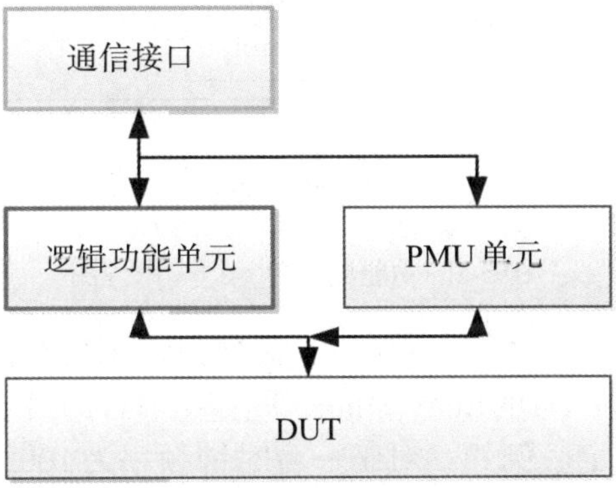

图5-3 典型的数字测试模块功能框图

5.2 测试子系统

5.2.1 数字测试模块

数字测试模块一般主要由通信接口、逻辑功能单元、输出通道以及PMU单元组成。

1. 逻辑功能单元

逻辑功能测试单元主要包含向量存储器、图形控制器、时序格式化生成电路(TG)、电平转换驱动、时序窗口比较器及程控器件电压源等部分。图形控制器由LM（Local Memory，本地存储器）和TPU（Test Processor Unit，测试处理器单元）组成。LM用于存储微控制指令，而TPU实现图形时序功能，同时将系统执行过程中的状态实时反馈给PC。

逻辑功能测试单元生成测试向量的同时，存储在向量存储器中的逻辑功能测试向量在图形控制器的控制下，按顺序读入TG中，转换成IC逻辑功能测试时所需的各种驱动波形，再经过电平转换驱动电路转换为与被测芯片电平兼容的实际测量波形，并输入DUT通道；而在接收测试向量时，DUT产生的响应向量被读入窗口比较器，并与按照时序格式预先设定的参考向量进行比较，从而判断测试结果。

程控器件电压源分别为DUT电源通道、电平转换驱动电路和窗口比较电路提供可程控的电源电压及逻辑电平。系统结构如图5-4所示。

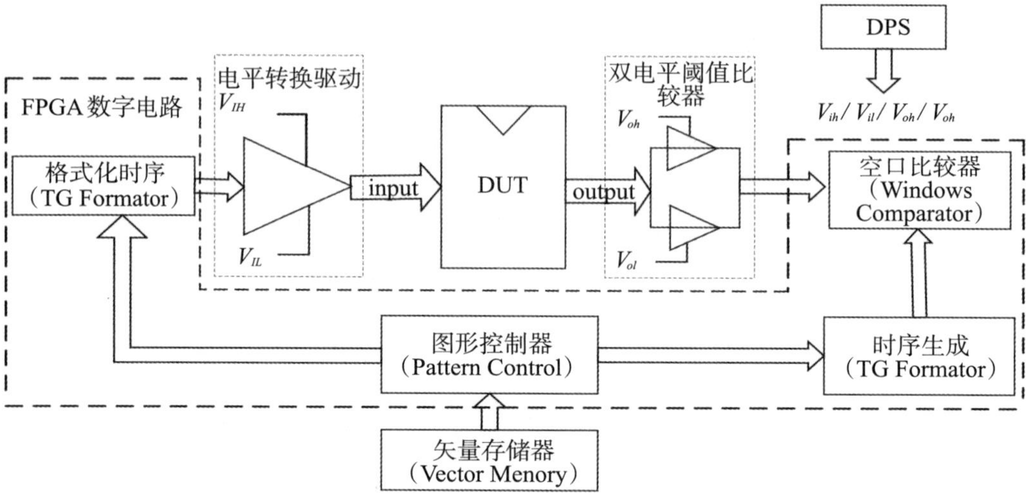

图5-4　功能测试单元结构原理图

一个实际的测量图形，如图5-5所示，需要设定图形格式、测试周期（TP，Test Period）值、V_{IH}、V_{IL}以及TG的Start、Stop等信息。TG的最小时间设定单位由自动测试机的系统时钟频率决定。例如：对于一台时钟频率为100MHz的自动测试机，Test Period的最小时间设定单位为20ns。自动测试机常用以下四种图形格式：NR（None-Return），RTZ（Return to Zero），RTO（Return to One），SBC（Surround By Complement）。

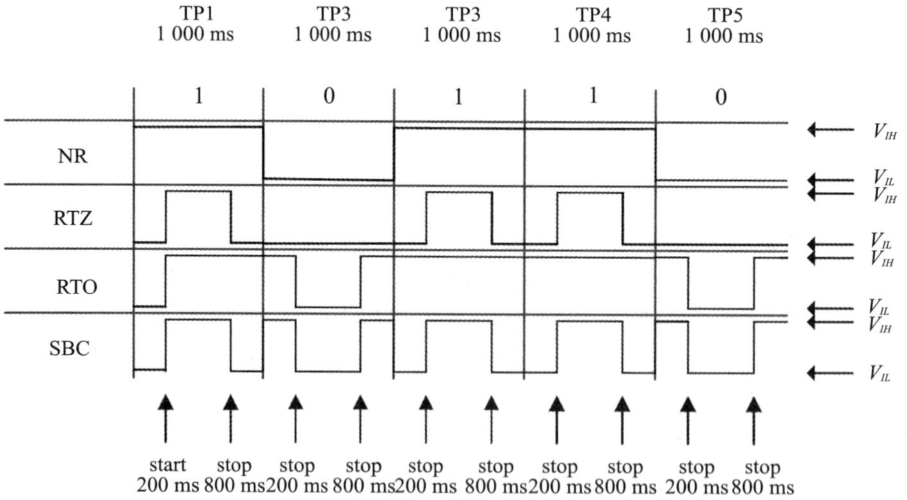

图5-5　图形格式

2. 直流参数测试单元

直流参数测试是评估芯片性能的关键测试之一，测试结果一般为数据列表的形式。在IC自动测试机中，芯片的直流参数通过PMU模块进行测试。直流参数测试要求PMU测量精度较高，一般电压在毫伏级以下，电流在微安级以下。在一些模拟IC测试中，甚至要求电压达到纳伏级、电流达到皮安级。

PMU系统由CPU（数据管理及控制）、DA（数字电源）、AD（采样测量）和DRIVER（驱动）组成。硬件电路主要以FPGA芯片为控制及数据处理的核心，由程控电源、量程选择电路、FVMI/FIMV模式控制电路、参数测量电路和开尔文反馈回路组成。

参数测量电路的电流测量范围一般分为±20uA、±200uA、±20mA、±200mA等量程，量程的选择由量程选择电路自动切换。PMU模块的两种基本测试方法是加压测流（FVMI）和加流测压（FIMV），它们由FVMI/FIMV模式控制电路进行控制。此外，它还支持单独的FV（Force Voltage）、FI（Force Current）工作模式。为了保证施加和测量参数的准确度，PMU和测试头之间的通道采用了开尔文反馈回路的连接方式。PMU系统的原理框图如图5-6所示。

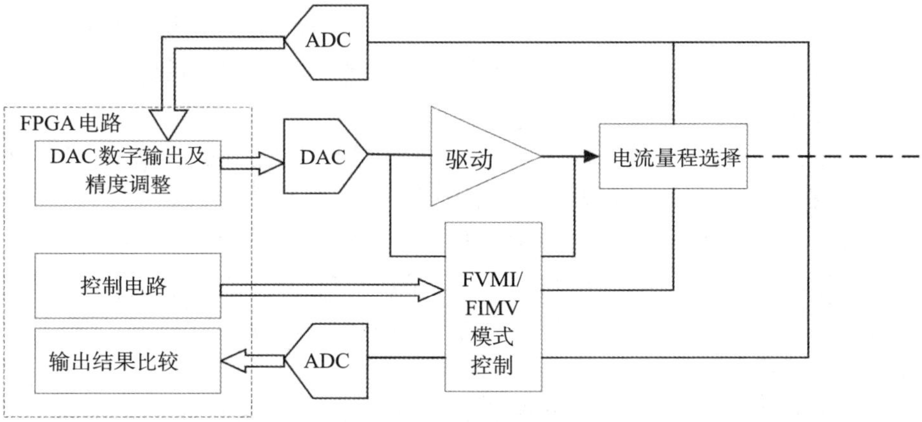

图5-6　PMU原理框图

3. 引脚电子部件

引脚电子部件是测试模块中的重要组成部件，它是连接DUT与测试系统的唯一接口。典型的引脚电子如图5-7所示。

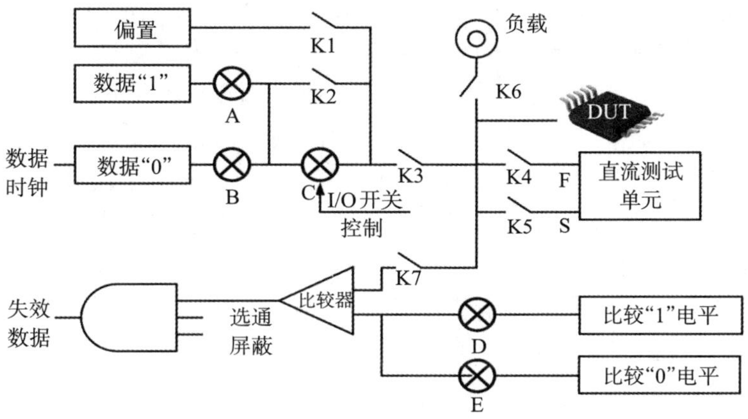

图5-7　典型引脚电子

数字测试模块的技术规范一般止于引脚电子接口处，即DUT引脚不受到测试系统的规范限制，它是作为用户的应用接口。DUT引脚功能可以分为输入引脚、输出引脚、输入/输出引脚、电源引脚、地引脚几种。在使用过程中，DUT引脚的功能可能是其中的任意一种或多种，可能需要时钟或施加负载配合，也可能用于比较或测量。为了适应DUT引脚功能的多样性，引脚电子需要被设计成通用型的，可以允许引脚选择进行任意测试。

如图5-7所示，K1～K7开关为继电器开关，开关A～E为场效应晶体管(FET)。当DUT引脚用作电源引脚或接地引脚时，K1和K3接通，引脚连接到偏置电源供电。当DUT引脚用作输入引脚、输出引脚或输入/输出引脚时，K3始终接通。如果是输入引脚，开关C提供驱动高低电平的低阻通道，高低电平的选择由开关A和B控制；如果是输出脚，开关C为高阻，K7接通，该引脚接电压比较器，开关D和E分别接通，DUT的输出电平与对应的高低比较电平进行比较。在实际应用中，一般比较器会同时使用高电平比较器和低电平比较器。需要注意，比较器由屏蔽信号控制，只有当DUT引脚是关注引脚时，屏蔽信号断开，DUT引脚的输出数据才能在选通时间内进行比较。

FET开关A、B、C、D和E是由功能测试数据1和0控制的。例如，如果测试向量是输入数据1，则开关A接通；如果测试向量周期的期望数据为0，则开关E接通；如果DUT引脚为时钟引脚，K2将接通，开关C短路，确保输入时钟信号具有低阻抗和快速的波形边沿。对于高速I/O模式下的DUT测试，FET开关C还需具备高速切换能力。DUT引脚还可以通过K6与外部负载相连。下面介绍利用引脚电子部件进行集成电路测试的方法：

（1）直流参数测试：直流参数测量单元通过图5-7中K4、K5与引脚电子相连，从而进行电流/电压的施加和测量。连接线分别称为施加（F）线和读出（S）线。

（2）交流参数测试：交流参数测试一般不需要额外的仪器，而是通过设定比较器的选通（屏蔽）时间来进行事件判断和参数测量。举例而言，如果要测试从低电平到高电平的延时时间，可以以测试周期起点（T0）为测试的时间基准，假设DUT从低电平转换到高电平的延时时间为t_1，则设定比较器的选通时间为t_1，则可以通过比较器的输出结果确认在时间t_1内DUT是否已经转换为高电平，即从低电平到高电平的延时时间是否为t_1。更进一步，可以通过逐次逼近法测量DUT实际转换到该状态的准确时间值。由此得出，交流参数测量的准确度由比较器选通的定时分辨力、测试系统定时准确度以及引脚电子阻抗等因素决定。一般选通的定时分辨力为100ps左右，对应时间准确度为1～2ns。若交流参数测试需要达到亚纳秒级别，则需要配置专门的仪器。

（3）功能测试：功能测试的方法主要有两种：窗口比较选通和边沿比较选通。如图5-8所示，选通时间为A～B之间，此时DUT输出为低电平信号，将逻辑比较阈值设定为S。对于窗口比较选通法，脉冲信号在区间A～B内有一个高于阈值S的尖峰，判断测试结果失败；对于边沿比较选通法，在时间点A处，脉冲信号低于阈值

S，即可判断测试结果合格，无须担心噪声的干扰。边沿比较选通还可以采用双选通模式，在时间点A和B都进行阈值比较，从而确保测试结果的准确性。

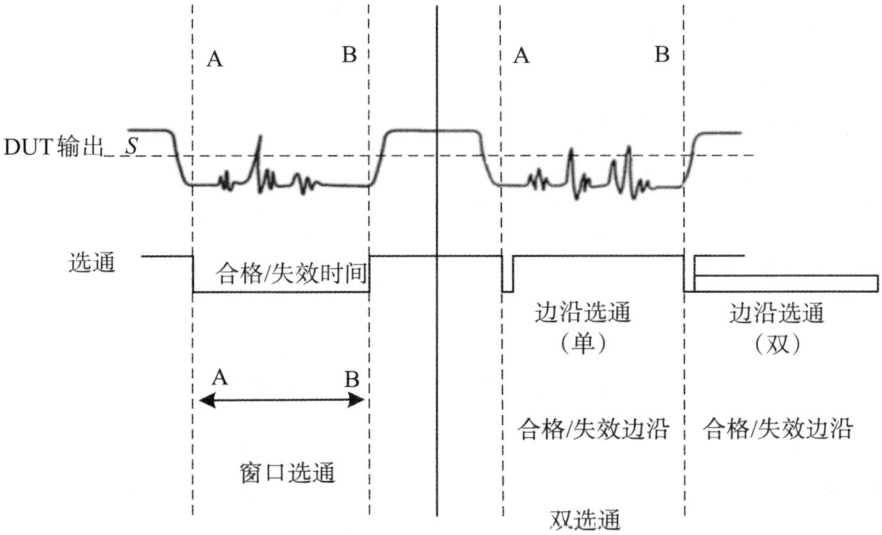

图5-8 测试系统选通

4. 有源负载部件

有源负载是一个线性可编程电流源，配合换向缓冲器和二极管桥，可以产生输出电流或者吸入电流，其原理框图如图5-9所示。

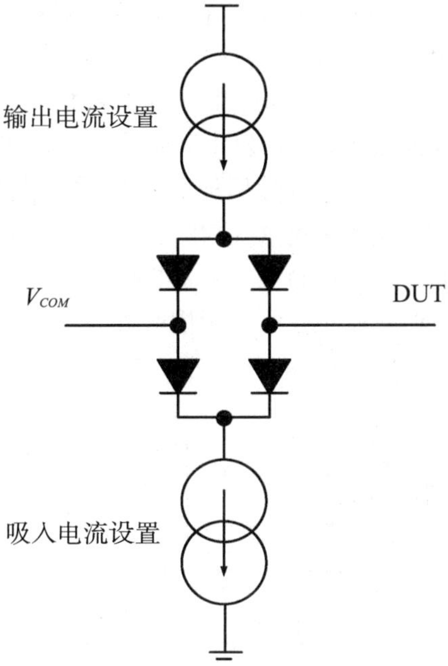

图5-9 有源负载原理框图

当DUT的电压高于设置的V_{COM}时，有源负载吸入设置的电流；当DUT的电压低于V_{COM}时，有源负载输出设置的电流。

5.2.2 模拟测试模块

模拟测试模块主要包括以下三个部分。

任意波形发生器（AWG）：主要用于产生测试所需的各类波形。

波形数字化仪（DIG）：主要用于对模拟波形数据的采集、存储、处理和传输。

参数测量单元（PMU）：主要用于施流测压和施压测流等功能。

1. 任意波形发生模块

任意波形发生模块包含了总线接口、波形合成单元以及输出通道，功能框图如图5-10所示。

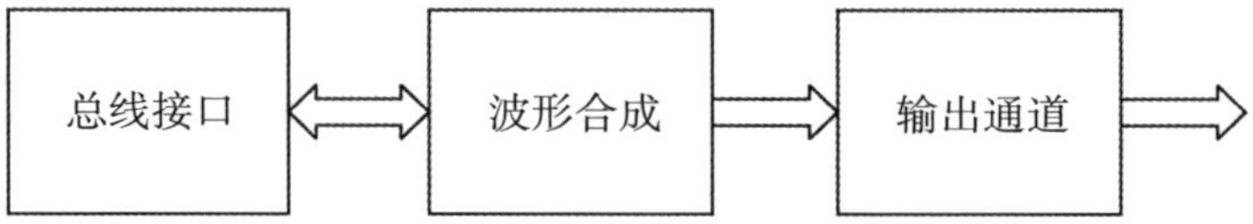

图5-10　任意波形发生器结构框图

其核心模块是波形合成单元，直接数字合成（DDS，Direct Digital Synthesis）技术作为任意波形合成的基础，于1971年由美国学者J.Tiereny C.M.Rader和B.Gold首次提出，DDS系统由地址发生器、波形存储器、数模转换器和低通滤波器组成。与传统的频率合成方法相比，DDS技术具有频率分辨率高、相位连续和频率捷变等优点。直接数字合成技术是任意波形合成技术的核心，根据其结构的不同，可以分为直接数字频率合成（DDFS，Direct Digital Frequency Synthesis）和直接数字波形合成（DDWS，Direct Digital Waveform Synthesis）两种。

直接数字频率合成DDFS技术，其原理如图5-11所示，由相位累加器、波形查找表、数模转换器DAC、低通滤波器以及固定时钟发生器组成。首先将波形样本数据存储在波形查找表中，位宽为N的相位累加器在固定采样时钟f_s的驱动下，以频率控制字K为步进进行累加，截取累加数据的高M位作为波形地址对波形查找表进行寻址，输出相应的D位幅度信息，在DAC中完成数字信号到模拟信号的转换，通过低通滤波器滤除杂散分量，保证输出信号的频谱纯净。

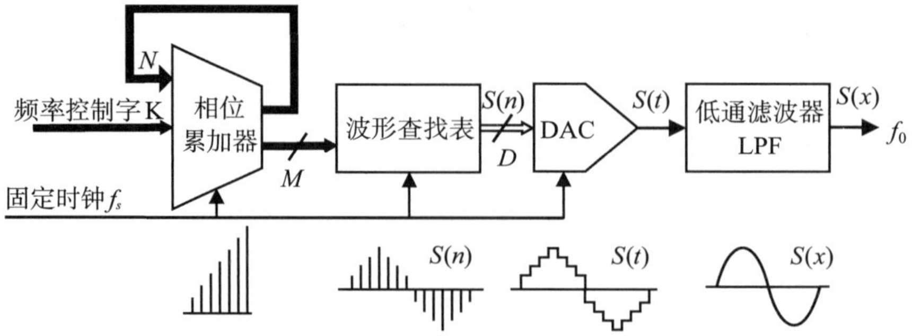

图5-11　DDFS任意波形发生器原理框图

直接数字波形合成DDWS技术，其原理如图5-12所示，由地址发生器、波形存储器、数模转换器DAC、低通滤波器和可变时钟发生器组成。首先将预定的波形数据量化之后存储在波形存储器中，地址发生器在可变时钟f_s的驱动下，以1为步进进行累加，地址发生器的输出地址对波形查找表寻址，逐点输出预先存储的波形数据，经过DAC之后转化为相应的模拟信号，并经过低通滤波器滤除杂散分量。

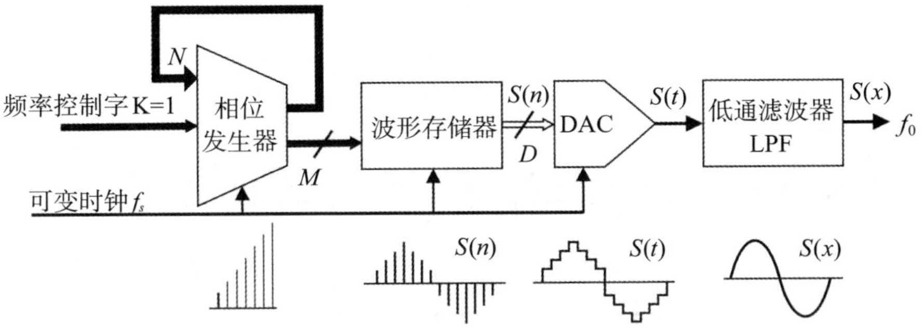

图5-12 DDWS任意波形发生器原理框图

输出通道主要包含幅度调节、偏移调节和滤波电路。其中，在任意波形发生器中采用DDS结构进行波形合成时，由于DAC的零阶保持特性会导致输出信号中包含$mf_s \pm f_o$镜像频率分量，这样包含多个频率成分的输入信号经过后级运放等有源器件，产生交调失真等额外噪声，降低输出信号的无杂散动态范围。因此在对波形进行调理时，首先要滤除所有的镜像频率分量。一般在调理通道输入端设置低通滤波电路，滤除前级DDS系统输出信号的镜像频率，以保证频谱纯净。

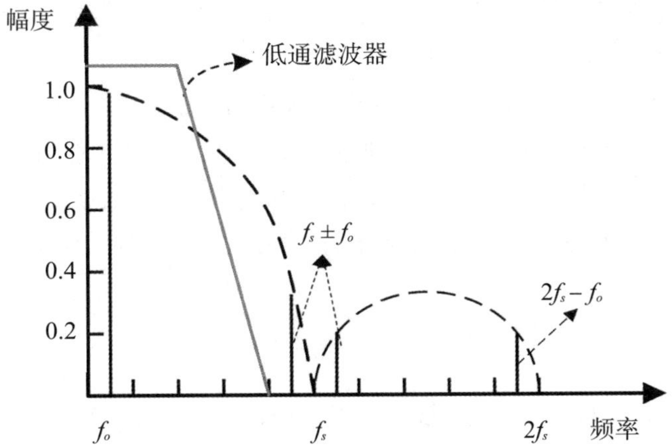

图5-13 镜像频率滤波原理图

正弦信号为单音信号，仅包含一种频率分量。在进行正弦信号滤波时，首先要确保低通滤波器能够滤除掉所有镜像频率分量，其次要尽可能保证输出信号的平坦度，因此要求单音信号滤波器的通道和阻带的幅频响应曲线尽可能平坦。三角波、斜波、脉冲波等信号为多音信号，由多种频率成分构成。在进行滤波时，由于多音信号包含多种频率成分，需要确保这些频率分量经过滤波器之后延时相同、不失真。因此要求多音信号滤波器有较好的群延时特性。

2. 数字化仪模块

数字化仪模块主要由模拟通道与数据采集单元构成，主要包括模拟通道、时钟与采集电路、触发电路、数字信号处理电路（数据接收、数据存储）、电源电路等组成。数字化仪框图如图5-14所示。

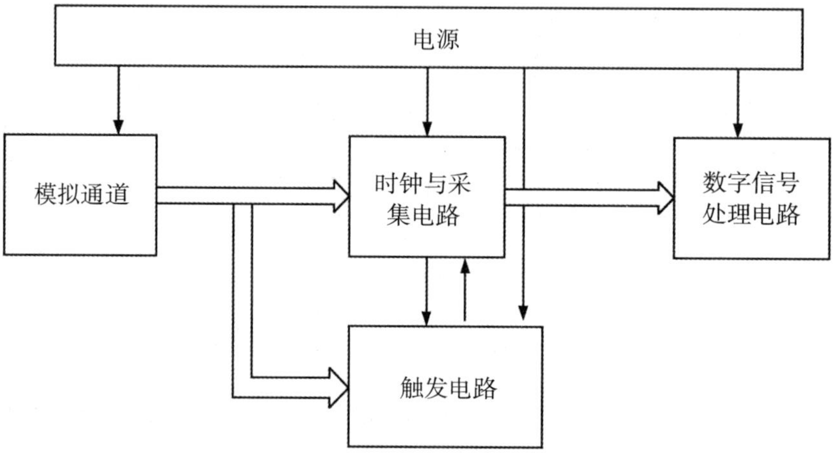

图5-14　数字化仪

数字化仪模块的输入信号经过模拟通道调理，进入A/D转换器量化。量化后的数据经过抽取处理存入采集存储器，CPU根据触发系统产生的触发信号，从波形存储器中取出波形数据，送到显示处理模块，在显示处理模块中转换为一定像素的显示数据帧，并以一定的刷新速度在显示设备上实现更新显示，波形存储器中的数据还可供CPU做波形参数测量、信号分析和处理时使用。

任意波形发生器与数字化仪模块通道包括控制存储模块、ADC、DAC、模拟通道输入输出以及ADC/DAC校准模块等部分。模拟输入通道将不同输入范围的信号调节到ADC输入要求的范围供ADC采集，由阻抗变换、放大衰减、信号调偏和ADC驱动电路等组成。ADC校准模块产生的标准信号配合存储控制模块内部算法从而实现ADC的校准。

5.2.3　DPS模块

如图5-15所示为DPS模块的整体结构，其输入为系统背板提供的直流电源和控制信号，输出为DUT的供电电源。DPS模块中，控制器根据系统的控制信号将输入的电源经过稳压电路后转换为特定的电源输出，输出的电源作为DIB板上被测器件DUT的供电电源。采集模块用于测量输出电源，并将采集值送回控制器。通常DPS模块的输出端会设计有保护电路，如过流、过压、反向保护等电路。

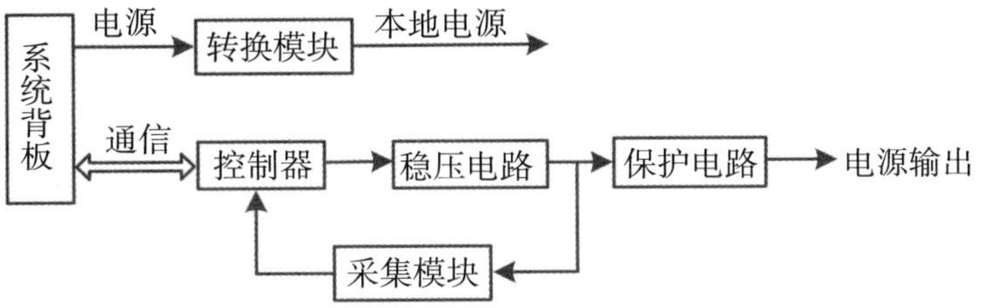

图5-15　DPS模块的整体结构

1. 稳压电路

直流稳压电源按照稳压调整管的工作方式可分为线性稳压和开关稳压，开关稳压电源的稳压调整管工作在导通饱和及关断截止状态，根据功率开关器件和储能元件的不同配置又可分为不同的拓扑结构。总的来说，开关电源一般转换效率高，体积小，但是输出纹波较大。线性电源的稳压调整管工作在线性放大状态，输出纹波较小，但是功率损耗较严重，对散热要求较高。

2. 反馈控制

输出的电压电流需要实现精确控制，主要通过控制器、稳压电路以及采集模块联合，采用反馈控制来实现。根据自动控制原理，控制系统结构可分为单闭环控制系统和多闭环控制系统，其中多闭环控制系统可简化为外环控制环路和内环控制回路。

如图5-16所示为双闭环反馈控制系统的原理框图，其中$X_1(S)$为外环控制环路的输入，$Y_1(S)$为外环控制环路的输出；$X_2(S)$为内环控制环路的输入，$Y_2(S)$为内环控制环路的输出；$G_{C1}(S)$和$G_{C2}(S)$分别为外环控制器和内环控制器的传递函数；$G_{A1}(S)$和$G_{A2}(S)$分别为外环控制环路和内环控制环路中执行器的传递函数；$G_{O1}(S)$和$G_{O2}(S)$分别为外环控制环路和内环控制环路中被控对象的传递函数；$G_{m1}(S)$和$G_{m2}(S)$分别为外环控制环路和内环控制环路中反馈测量电路的传递函数；$F(S)$为输入的干扰信号或噪声信号，$G_F(S)$为干扰通道的传递函数。

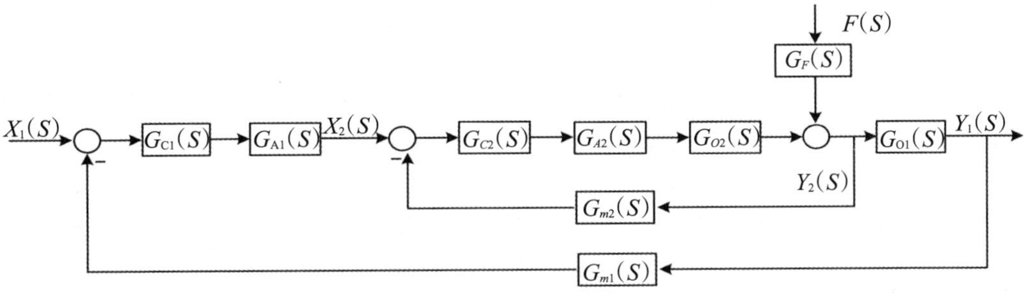

图5-16　双闭环控制系统

双闭环控制系统的输出$Y_1(S)$对输入干扰信号$F(S)$的传递函数为：

$$\frac{Y_1(S)}{F(S)}=\frac{\dfrac{G_F(S)G_{O1}(S)}{1+G_{C2}(S)G_{A2}(S)G_{O2}(S)G_{m2}(S)}}{1+G_{C1}(S)G_{A1}(S)\dfrac{G_{C2}(S)G_{A2}(S)G_{O2}(S)}{G_{C2}(S)G_{A2}(S)G_{O2}(S)G_{m2}(S)}G_{O1}(S)G_{m1}(S)}$$

$$=\frac{G_F(S)G_{O1}(S)}{1+G_{C2}(S)G_{A2}(S)G_{O2}(S)G_{m2}(S)+G_{C1}(S)G_{A1}(S)G_{C2}(S)G_{A2}(S)G_{O2}(S)G_{O1}(S)G_{m1}(S)} \quad (5\text{-}1)$$

如图5-17所示为单闭环控制系统的原理框图，同样的，输出 $Y_1(S)$ 对输入干扰信号 $F(S)$ 的传递函数为：

$$\frac{Y_1(S)}{F(S)}=\frac{G_F(S)G_{O1}(S)}{1+G_{C1}(S)G_{A1}(S)G_{O1}(S)G_{m1}(S)} \quad (5\text{-}2)$$

对比式（5-1）和式（5-2），设 $K=G_{C2}(S)G_{A2}(S)G_{O2}(S)$，式（5-1）的分母多出了 $G_{C2}(S)$ $G_{A2}(S)$ $G_{O2}(S)$ $G_{m2}(S)$项，且式（5-1）的分母第三项相比式（5-2）分母第二项多了系数K。当K大于1时，双闭环控制系统的输出 $Y_1(S)$ 对输入干扰信号 $F(S)$ 的增益更小，即双闭环控制系统比起单闭环控制系统具有更好的抗噪声干扰能力。同时，内环控制器可增大双闭环控制系统的相位裕度，加快系统的响应速度。综上所述，相比于单闭环控制系统，双闭环控制系统具有更强的抗噪声干扰能力，更快的响应速度，更小的稳态误差等优点。

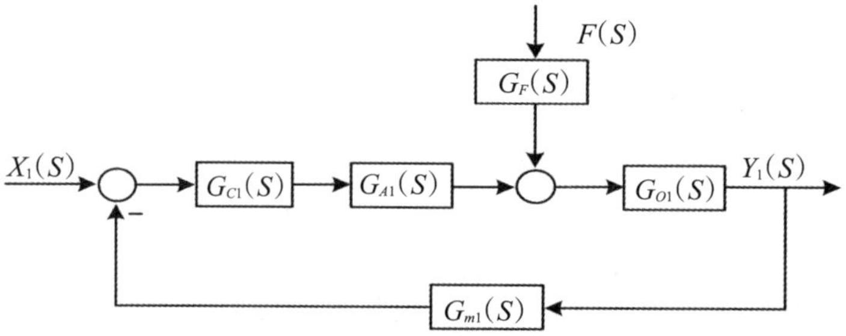

图5-17　单闭环控制系统

5.2.4　时间测量模块

时间测量单元（TMU）：包括继电器控制和时间测量单元，继电器控制单元产生用户相关信号。时间测量单元主要测量与器件时间/频率相关参数，如信号周期、频率、脉冲占空比、信号上升/下降时间以及信号传输延迟等。

1. 时间参数测试

时间参数测试在数字集成测试中也称为交流参数测试，测试的目的主要是测量器件晶体管状态转换的时序关系，保证器件在正确的时间发生转换，输入端输入指定的输入边沿，特定的时间后在输出端检测预期的状态转换。同时，集成电路时间参数测试是以时间为单位验证与时间相关的参数，时间参数实际上是对电路工作时的时间关系进行测量，测量输入信号后器件随时间的响应、电路内部逻辑状态的变化时间、输入输出信号之间的时间关系和电路极限工作频率等的变化。集成电路交流参数如表5-1所示。

表5-1 集成电路交流参数

符号	术语	含义
T/f	周期/频率	IC管脚的信号的周期和频率
T_P	传输延迟	IC输入端产生一个状态/边沿引起对应的输出端产生一个状态/边沿的延迟时间
T_R/T_F	上升/下降时间	信号从低电平/高电平转换到高电平/低电平所需要的时间
T_S	建立时间	在触发到来之前信号从不稳定到稳定需要的时间
T_H	保持时间	信号稳定之后持续该状态的时间
$T_{HZ}/T_{LZ}/T_{ZH}/T_{ZL}$	三态转换时间	信号在高/低/高阻态之间转换需要的时间
T_W/T_D	脉宽/占空比	脉冲信号在高电平持续的时间以及周期数字信号高电平占周期百分比
RD/WD	数据读/写时间	正确将数据写入/读出所需要的时间

2. 交流参数测试

（1）周期/频率、脉宽/占空比测量单元

由任意波形发生器（AWG）产生激励施加在待测芯片的输入端，在输出端检测输出信号的时间参数。具体过程是设置一个合理的阈值电压，由比较器捕捉到START和STOP信号，然后由时间测量单元处理这两个信号，通过测量时间间隔来计算周期/频率、脉宽、占空比，如图5-18所示。

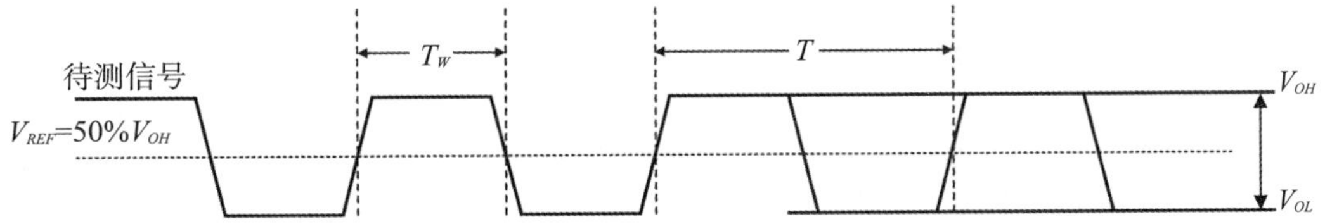

图5-18 周期脉宽示意图

（2）上升/下降时间的测量

测量方式和上述类似，给DUT施加激励，检测待测pin脚的输出波形，阈值电压通常选取高电平的10%和90%，在高低阈值处取得的START与STOP脉冲被送入时间测量单元进行测量其时间间隔，上升时间T_r和如图5-19所示。

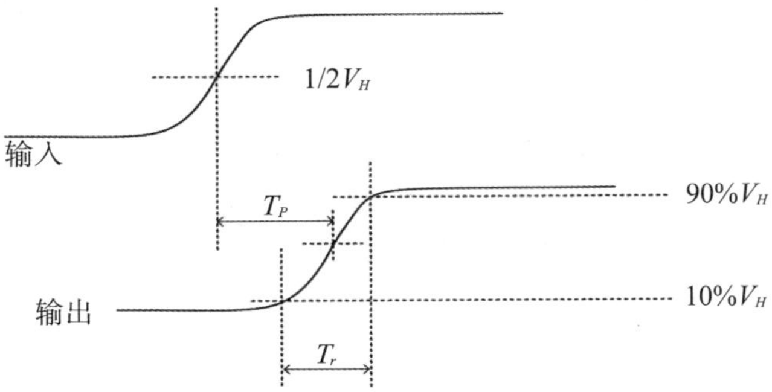

图5-19 上升时间、传输延迟时间示意图

（3）传输延时的测量

传输延迟是指施加在输入 pin 脚的信号引起输出 pin 脚信号变化需要的时间，利用相同的阈值捕捉两个波形之间的间隔时间，送入时间测量单元进行测量，如图 5-19 所示即为传输延迟时间。

3. 时间间隔测试单元

模拟 TDC 单元基于电容充放电时间：利用电容充放电将时间间隔转化为电压，再通过数模转换器转化为数值，如图 5-20 所示。

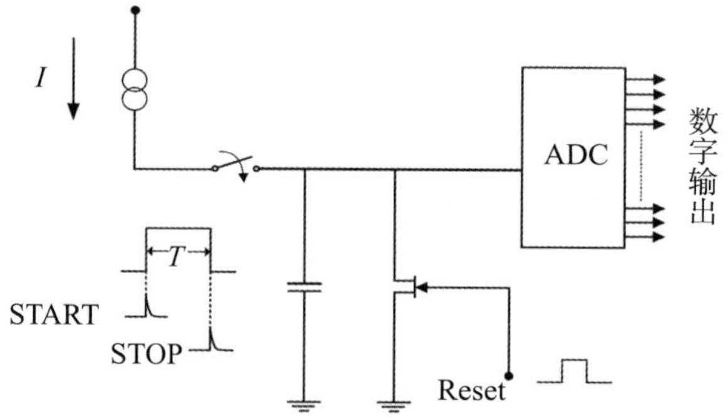

图 5-20　基于电容充放电的 TDC 原理图

具有不同工作原理的数字 TDC，分别介绍如下：

（1）计数式时间测量法（直接计数法）：通过高频的时钟对被测信号计数。粗计数法测量时间如图 5-21 所示。

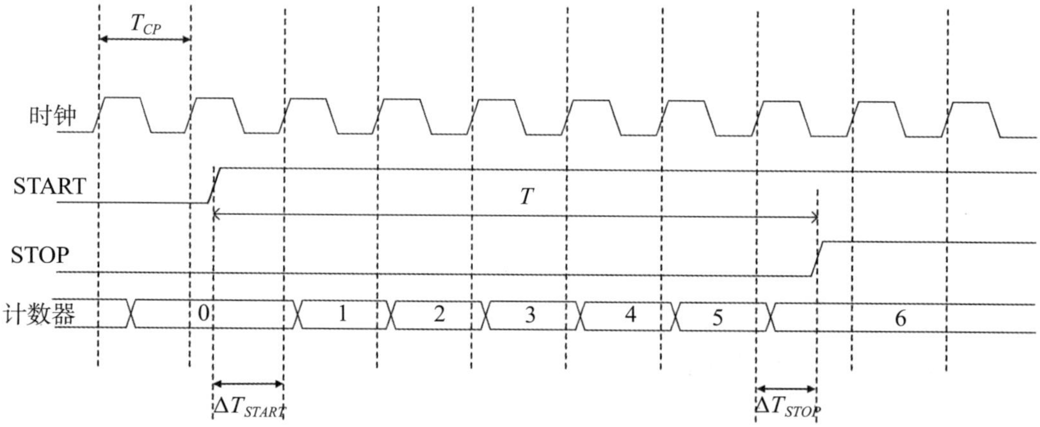

图 5-21　粗计数法测量时间

（2）时钟信号内插法（相位时钟法）：如果用时钟频率相同，相位差相等的一组 N 路时钟同时对时间间隔计数，理论上相当于计数频率提高了 N 倍，而分辨率变为原先的 $1/N$。这即是多路时钟内插法，如图 5-22 所示。

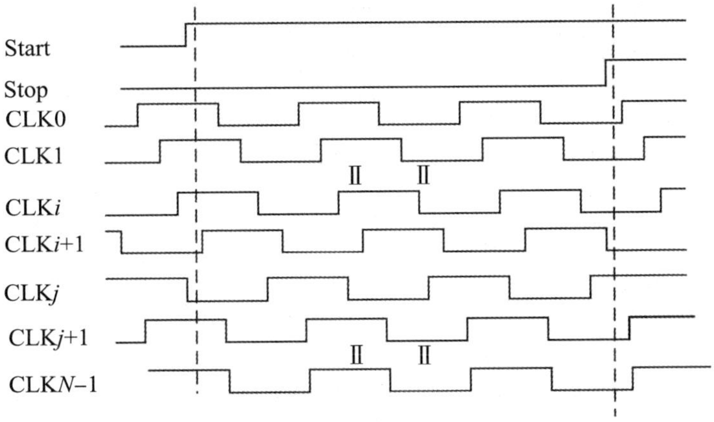

图5-22　时钟信号内插法

（3）抽头延时法（待测信号内插法）：利用延时单元作为时间的最小分度来测量时间间隔，如图5-23所示。此方法还有几种延伸方法，如单延时线环法、双延时线游标法等。

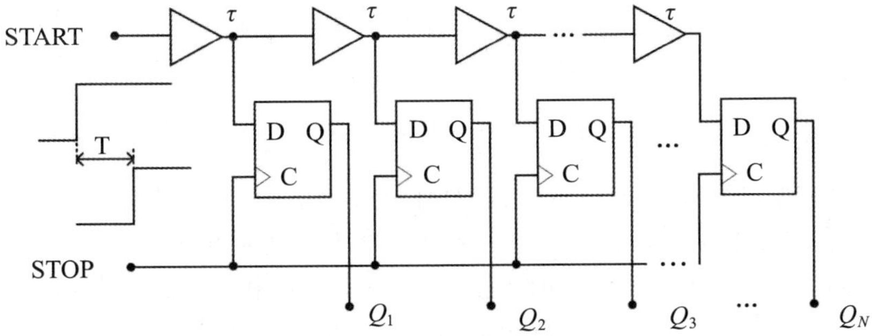

图5-23　抽头延时法

（4）差分TDC：通过两种延时单元的延时来进一步提高测量精度。有两种方法，一种是游标法（图5-24），一种是环形振荡器法（图5-25）。

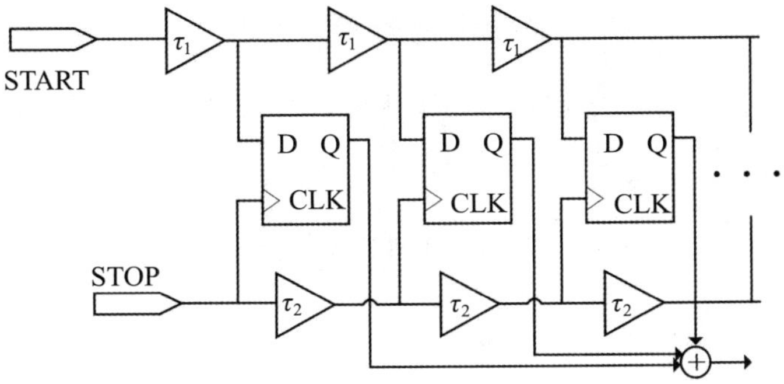

图5-24　游标法

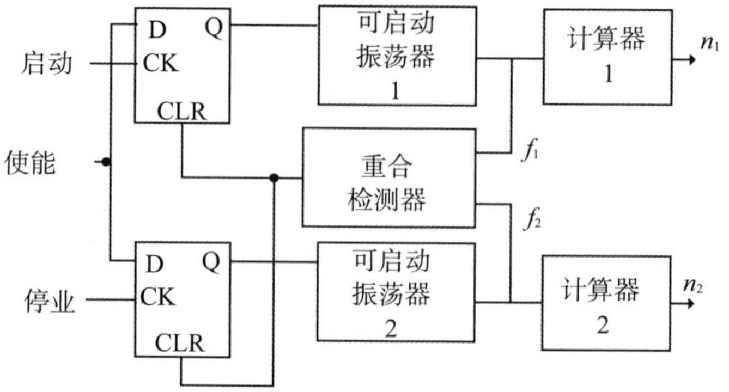

图5-25　环形振荡器法

①流水线型TDC：通过多级流水线，在级间增加了时间余量放大器，将上一级的时间余量进行一定倍数的放大后输入下一级，以此来提高TDC分辨率，如图5-26所示。

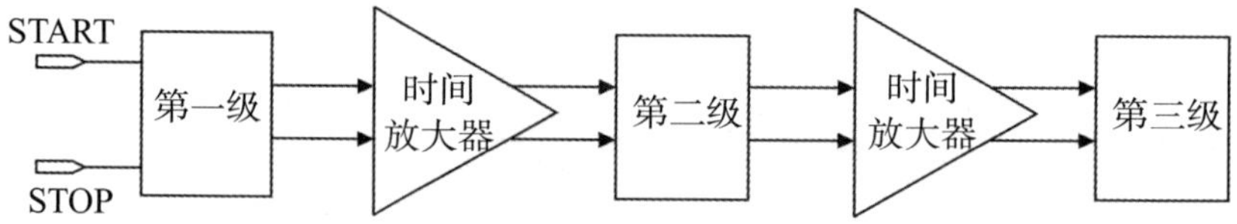

图5-26　三级流水线性TDC

②脉冲收缩型TDC（图5-27）：用于对脉宽进行量化，脉冲宽度为T_{in}的信号输入至TDC后，经过反相器组成的延迟链，由于反相器等延迟单元对脉冲的上升沿与下降沿延迟不同，因此具有脉冲收缩效应。每经过一个反相器脉冲的宽度会减小τ，通过计算经过多少个反相器后脉宽消失能够得到待测脉宽T_{in}的大小。

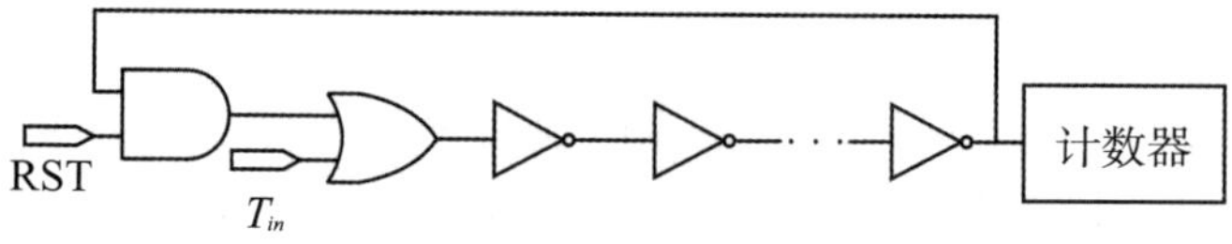

图5-27　脉冲收缩型TDC

目前ATE中对时间参数的测试主要采用搜索法和TMU模块测试法，TMU模块的主要设计难点在于时间间隔测量，即TDC技术。

5.3　DIB设计

5.3.1　DIB概述

DIB板是测试系统各仪器与DUT之间的接口，其要求如下：

（1）通过定位装置和接触盘，将弹簧针连接到负载板上；

（2）DUT的测试插座需要安放在负载板上，用来实现DUT与测试系统的连接；

（3）DUT测试插座和弹簧针接触组之间的负载板平面上，安放有测试时所必需的辅助电路，如电源的滤波电路，运放测试环路等；

（4）DIB板上的辅助电路及信号的走线设计是影响测试质量的重要因素。测试系统的准确度一般是以弹簧针接点为参考，因而不良的走线设计会降低测量的准确度。走线设计的原则是减少信号干扰、反射，从而保证信号的质量。

不同的测试阶段、不同的测试类型，DIB的设计、结构框架、ATE机台资源选取等也各不相同。按照测试阶段分，DIB可分为中测DIB和成测DIB两大类。中测DIB应用于晶圆测试阶段，根据用途可细分为3大类：探针卡母板（WPI，Wafer Prober Interface Board）、探针卡（PC，Prober Card）和直接对接探针卡（DDPC，Direct Docking Probe Card）。其用途为连接晶圆（Wafer）到探针台。中测DIB应用如图5-28所示。

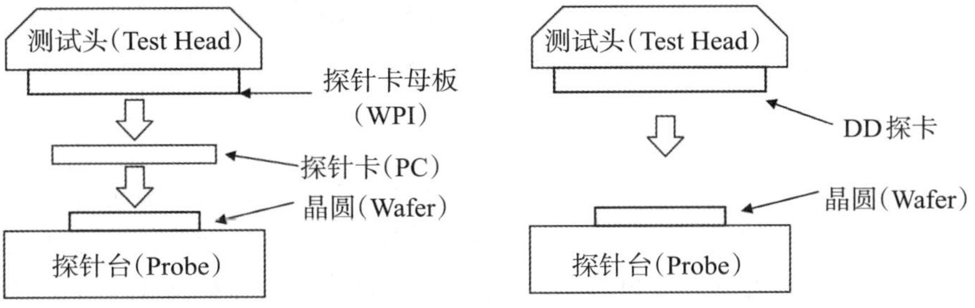

(a)WPI & PC应用　　(b)DD探卡应用

图5-28　中测DIB板

成测DIB应用于成品测试阶段，根据用途也可细分为母板、子板和专板3大类，但常用DUT板代指DB和LB，即DUT承载板。成测DIB应用如图5-29所示，主要是进行DUT与测试机台的电气连接。

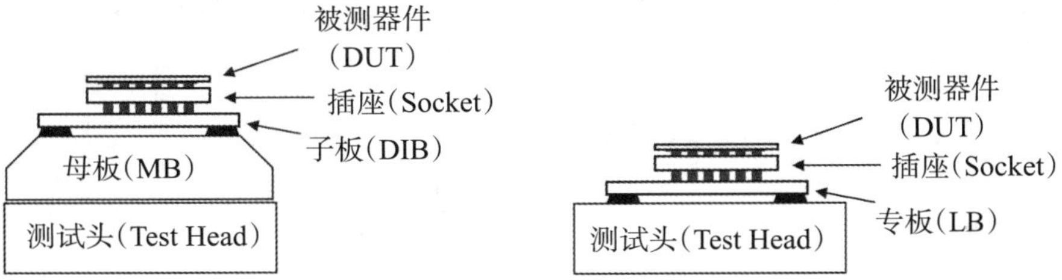

(a)MB & DB应用　　(b)LB应用

图5-29　成测DIB板

5.3.2　DIB设计准则

通用DIB用于对接测试机台硬件资源，如电源模块、通用数字通道、继电器及其他特殊功能测试模块，集成测试机台所有的硬件资源接口适配于多种类型DUT板，故具有如下的特点。

（1）高密度：测试通道数量多，电源数量多，涵盖资源种类多。

（2）高适配性：能够尽可能适用于多种类型的DUT，尽可能适配于多台测试系统。

（3）高可靠性：通用DIB使用时间长，环境条件恶劣，应做到不易毁坏、变形。

（4）高质量：在额定频率下，保证信号质量无损是通用DIB必不可少的要求。

通用DIB一般尺寸大，PCB层数多，加工要求严格，有固定的DUT板对接位置。因此通用DIB设计时需要注意以下几点：

（1）结构准确性：不仅包含测试机台对DIB提出的结构要求，如测试机台Pogo针引出位置、机台定位销、DIB尺寸等，还受DUT板结构影响。

（2）测试资源需求：不一定所有的测试机台资源一致，但最大化利用DIB又是需求所在。因此设计时，需确定其承载的测试资源需求，以便达到通用DIB的高适配性。

（3）资源引出方式：在通用DIB设计中，如何分配测试资源位置，如何确定通用DIB与DUT板的连接方式直接关系到设计中的SCH设计与PCB布局。

（4）信号完整性：在通用DIB设计的全过程中都要考虑信号完整性问题，从叠层分配、走线方式到阻抗匹配，加工需求贯穿始终。

5.3.3 信号完整性

信号完整性（SI，Signal Integrity）是指信号穿过传导媒介传播到达负载端时的信号性质。它是一个系统性问题，在板级DIB设计中，信号完整性会受到包括测试夹具性能、外围元器件选型、板材参数、元器件布局及信号布线等的影响。振铃、反射、串扰、非单调性是常见的几种SI问题。

单位长度导线上的分布电阻（R）、分布电感（L）、分布电容（C）和分布电导（G）描述传输线的电气特性，这些参数也被叫作分布参数。尤其在高频电路中，分布参数的影响无法忽略。这里可以借助微积分更好地理解传输线性质。把传输线分割为许多个长度无穷短的微分段dz，并假定每一个长度上电压、电流保持不变，图5-30是传输线的等效电路模型RLCG，传输线的分布参数会因时间、位置的变化而受到影响。

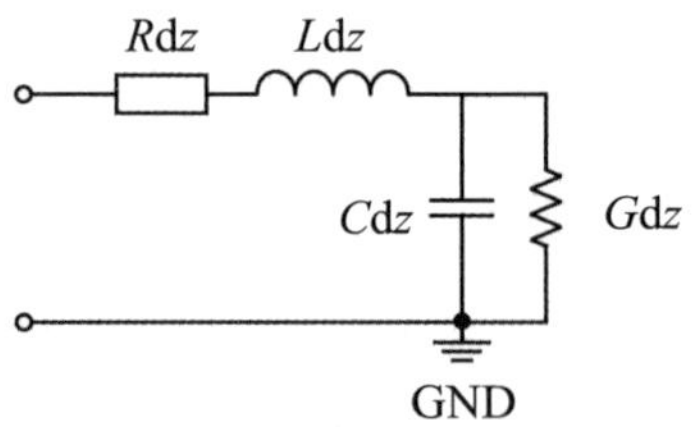

图5-30　传输线电路等效模型

传输线有两个基本特性：特征阻抗和传输延时。信号在传输线中进行传导时所受到的瞬时阻抗被称为传输线的特征阻抗，其大小主要取决于传输线的几何结构和材料。在DIB设计时，可以利用阻抗计算工具（如SI9000、Polar阻抗计算器等）对传输线的特征阻抗进行计算。传输延时TD即信号从传输端传送到接收端所需要的时间，主要取决于传输路径的长度L和板材的介电常数ε，计算公式如下：

$$TD = \frac{L}{v} = L\sqrt{\varepsilon_0 \varepsilon_r \mu_0 \mu_r} \tag{5-3}$$

式中，v是信号传输速度，$\varepsilon_0=8.89\times10^{12}$F/m为自由空间的介电常数，$\varepsilon_r$为介质的相对介电常数，$\mu_0=4\pi\times10^{-7}$H/m为自由空间的磁导率，$\mu_r$为介质的相对磁导率。为更好地理解传输延时对信号完整性SI的影响，建立传输延时拓扑结构如图5-31所示，输出激励为1.8V，对三种传输进行延时仿真，可以看出传输延时较短（0.04ns）时，接收端信号与输出端信号基本保持一致。随着传输延时的增加，过冲、振铃等现象已经出现。增加到0.5ns时，典型反射现象已经可以看出。这也表明在高速高频电路的DIB设计时，需注意合理的布线策略，尽量减少走线长度。另外，板材的选择也是关键因素。

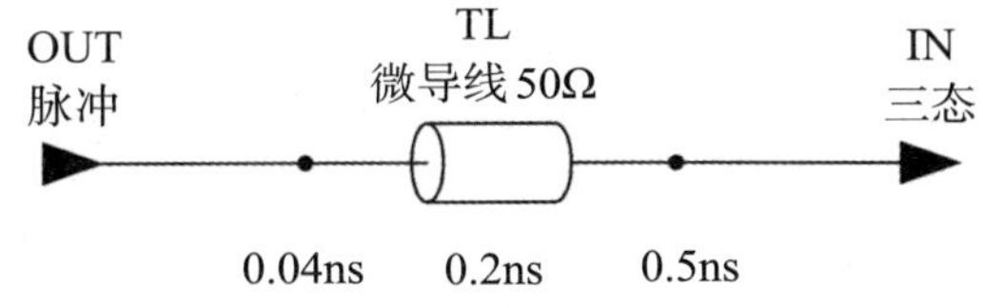

图5-31　传输线延迟拓扑结构图

1. 反射

瞬间阻抗在如过孔、连接件、拐角、封装处等会产生突然的变化。这导致部分信号在阻抗突变点被反射回去，这种现象称为信号的反射。阻抗不连续点的不匹配程度决定了被反射的信号能量的大小，阻抗不匹配的程度越高，被反射信号能量越大。信号反射会产生过冲和下冲。其反射系数 ρ_{load} 为：

$$\rho_{load}=\frac{Z_L-Z_O}{Z_L+Z_O} \tag{5-4}$$

式中，ZO为传输路径的特征阻抗，一般为50Ω；ZL是阻抗突变点的阻抗。反射拓扑结构如图5-32所示，其中R_1代表测试机台的内部匹配电阻，其值通常也为50Ω。

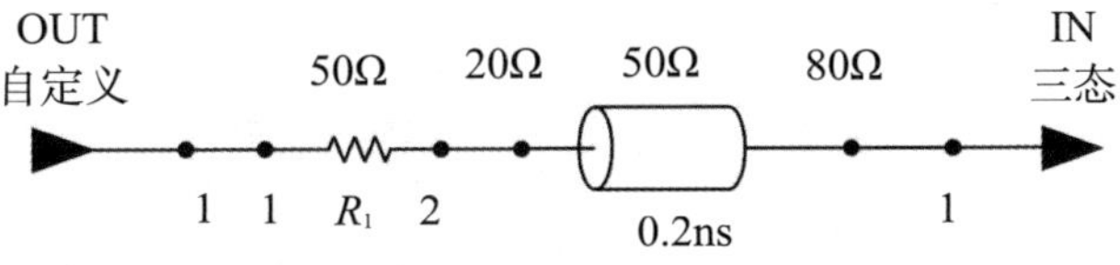

图5-32　传输线反射拓扑结构图

反射会造成信号过冲、上升沿时间增加等信号失真现象。在DIB设计中，为减少反射现象，可以采用以下几种方法。

（1）设计时保证传输线为50Ω阻抗匹配。

（2）反焊盘的应用：在过孔或封装等阻抗偏小的地方通过添加反焊盘减少阻抗突变。

（3）合理的布线策略：如“菊花链”布线方式、采用45°拐角等，减少分支点和突变点的阻抗变化量。

（4）选用高频高速板材：由于“趋肤效应”的影响，为减少由于板材粗糙度造成的反射，可采用低粗糙度的铜箔，进行开纤等方式。

（5）对于实装测试，可采用信号匹配技术，如串联匹配、并联匹配、戴维南匹配、并联RC匹配等方式。

2. 串扰

串扰是指信号在传输线上传播时对相邻传输线产生的噪声干扰，干扰主要以信号电流产生的电磁场通过容性、感性耦合的方式实现。噪声源所在网络称为攻击线网，被干扰网络称为受害线网。由于芯片引脚密集化和板布线的高密度化，传输线间距越来越小，串扰问题对于高速数字电路DIB设计的影响越来越大，主要体现在两方面：

（1）影响系统时序与电路的信号完整性，造成测试误判或无法检测；

（2）干扰相邻传输线，降低其信号质量。

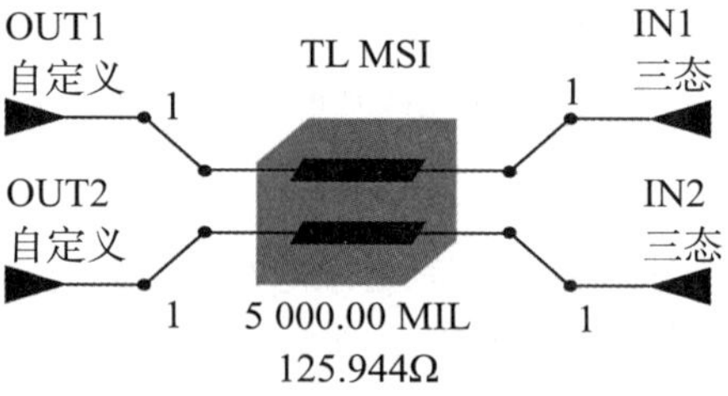

图5-33　串扰仿真拓扑图

串扰可分为远端串扰（FEXT）和近端串扰（NEXT）两类。为区分这两个末端的远近，可采用参考信号的传导方向进行判定，“近端”为信号的传导方向的“后方”，即距离噪声源最近的位置；“远端”为信号传输方向的“前方”，即距离噪声源最远的位置。近端串扰的取值会受传输线间的互容、传输线间的互感的影响，具体公式如下。

$$NEXT=\frac{V_b}{V_a}=k_b=\frac{1}{4}\left(\frac{C_{ml}}{C_L}+\frac{L_{ml}}{L_L}\right) \tag{5-5}$$

式中，$NEXT=k_b$是近端串扰系数；V_b和V_a分别表示噪声幅值及传输线无损电压；C_L、C_{ml}、L_L、L_{ml}分别为单位长度的电容、互容、电感和互感。互容和互感都负相关于传输线的间距。从式（5-5）中可以看出，串扰噪声随之加大。特定传输线距的NEXT经验值如表5-2所示。

表5-2　特定传输线距的NEXT经验值（w为线宽）

传输线距 传输线类型	w	$2w$	$3w$
表层线	4.4%	1.9%	1.0%
内层线	6.5%	1.9%	0.57%

传输线本征参数、耦合长度、信号上升沿等都会影响远端串扰，公式如下。

$$FEXT=\frac{V_f}{V_a}=\frac{Len}{RT}\times k_f=\frac{Len}{RT}\times\frac{1}{2v}\times\left(\frac{C_{ml}}{C_L}+\frac{L_{ml}}{L_L}\right) \tag{5-6}$$

式（5-6）中，远端串扰系数被表示为*FEXT*；远端串扰的噪声幅值用V_f表示；k_f为仅与传输线相关的远端耦合系数；*v*表示传输线中信号的传送速度；*Len*代表传输线耦合长度；*RT*为信号上升沿时间。

可以看到，除了传输线间的耦合，越长的耦合路径，越短的上升沿时间，远端串扰噪声也越大。以下的方法均可以用来在DIB设计中降低串扰的影响。

（1）增加传输线之间的间距：走线时遵循“3*w*”原则，对于时钟，高速高频信号线间距尽量在5*w*以上（*w*为传输线线宽）。

（2）减小传输线之间的耦合长度。

（3）使用介电常数较低的板材。

（4）在DIB的内层进行走线，即采用带状线。

（5）如两条传输线的隔离度要求非常严格，可将其布在不同层上。

5.3.4　电源完整性

电源完整性（PI，Power Integrity）主要研究电源从何而来及目的端的电压和电流是否符合需求。由于其稳定性和可靠性，IC测试中的供电电源通常由电源分配网络（PDN，Power Distribution Network）来提供。PDN可以是覆盖完整的DUT的线网。许多的电路引脚都连接在线网的上面。线网各部分的变化将影响整个系统。在测试集成电路时，网络完整性要求PDN确保网络电压符合设定值并始终保持恒定。

降低电源阻抗的方式有以下几种。

（1）叠层的合理设计：紧邻地平面的电源层可以使电源和地紧密耦合。

（2）PCB走线的设计：利用电源平面替代电源线，降低供电网路上的电感和电阻。

（3）合理分配去耦电容：选择电容的类型、数量及放置位置。

为保障待测芯片的电压按照设定值加载，测试机采用了反馈线（Sense）设计。

反馈线是高阻线，也称为电源反馈线（Power Sense），用来监测芯片引脚上加载的电压值并反馈回探针（Pogo）端，测试机则根据反馈值进行相应调节。

反馈线的设计也是测试机中电源完整性设计中的一个重要部分，图5-34为反馈线的设计说明，设计时应遵循以下规则。

（1）反馈线应与供电平面（Force）平行，且不能直接短接到供电平面。因此为了保证反馈电压是芯片端加载的电压，应在DUT端将两者相连。

（2）为了最大程度地减小反馈电压的误差，应该尽可能让反馈线、供电平面和地反馈线（Ground Sense）在同一个层上。

（3）反馈线的间隔要大于等于3*w*（*w*为反馈线线宽），防止信号串扰，以保证电源纯净。

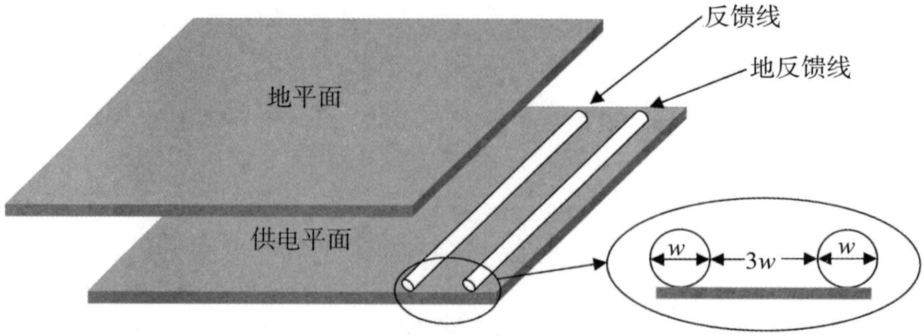

图5-34　反馈线的设计说明

参考文献

[1] Gordon Roberts，Friedrich Taenzler，Mark Burns. An Introduction to Mixed-Signal IC Test and Measurement[J]. Physics Today，2011.

[2] 高成，张栋，王香芬. 最新集成电路测试技术[M]. 北京：国防工业出版社，2009.

[3] 时万春. 现代集成电路测试技术[M]. 北京：化学工业出版社，2006.

习　题

5.1　简述集成电路测试中主要的3种测试设备，并描述其功能。

5.2　绘制集成电路自动测试系统基本功能框图。

5.3　描述数字测试模块的基本功能及原理。

5.4　描述模拟测试模块的基本功能及原理。

5.5　描述DPS测试模块的基本功能及原理。

5.6　描述TMU测试单元的基本功能及原理。

5.7　描述DIB的作用。

5.8　简述DIB设计的基本规则。

5.9　什么是电路板中的反射、串扰？

第六章 测试应用开发

6.1 概　　述

集成电路测试广义上来说还包括设计验证测试、晶圆测试，本章内容主要针对集成电路成品测试。

在传统的“设计—制造—封装—测试”串行的工作流程中，设计人员可能在计算机辅助设计（CAD，Computer Aided Design）环境中完成对设计的验证，确认其设计产品满足功能、时序、功耗等各项指标后交给制造部门，芯片被制造为成品样片后，测试工程师开发测试应用程序，进行各电气参数和功能等的验证。如果测试出设计或者制造中出现的故障，将其反馈给设计工程师进行重新设计，然后再进行制造到测试的过程。我们可以看出，这种传统的方式会耽搁产品投放市场的时间，极大地降低市场竞争力。

实际上测试应该贯穿到整个开发过程，和设计同步启动，测试工程师一开始就需要和设计工程师沟通，促使设计工程师运用可测性设计（DFT，Design for Testability）技术以降低测试成本和复杂度。同时设计工程师也需要尽早向测试工程师提供集成电路的设计目标和设计验证过程中与测试有关的细节，以帮助测试工程师尽快制定效率和故障覆盖率较高的测试方案，并能在样片制造完成时同步完成测试应用程序开发。

这要求我们的测试应用开发环境可以让测试工程师无须使用集成电路样片和ATE硬件就能完成绝大部分测试开发和调试。如果我们脱机开发的程序在被测集成电路实际连接到ATE上测试时无法完成工作，需要额外的时间调试程序，势必推迟产品上市时间。

另外，如果我们在成品测试应用程序开发的时候，能够有效地利用设计工程师进行设计验证工作，势必会做到事半功倍。例如如果我们将设计工程师在EDA软件进行结果仿真时的时序信息转换成ATE机台能识别的信息，包括时间、电平、格式、引脚、向量等信息，直接应用在测试程序中给被测集成电路施加激励和测量响应，相当于样片测试时引用了仿真测试的内容，不需要测试工程师再花费时间精力去开发测试程序中这部分已经被设计工程师开发过的内容。

6.1.1 测试应用开发流程

进行集成电路测试应用开发的完整流程一般分为下面几个环节：

1. 测试需求分析；（被测器件，测试方法原理，对仪器需求已有ATE）
2. 测试方案设计；（硬件的连接信号的传输，软件的流程）
3. 器件接口板（DIB）设计；
4. 测试程序开发；
5. 测试数据分析。（大批量数据）

集成电路是一个内涵很丰富的名词。在前面的章节中简单地将集成电路分为模拟集成电、数字集成电路和混合信号集成电路来进行分析。实际每一个类型中具有各式各样不同功能和性能的集成电路。针对具体集成电路我们都要分析其测试需求进行方案设计。测试需求分析和测试方案设计应该以文档的方式固定下来，可以参考工程项目质量管理体系中需求分析报告和方案设计报告形式。

在需求分析中，我们应该根据被测集成电路的产品手册或设计文档，确定对集成电路的哪些功能、电气参数和规格进行测试，明确测试对测试仪器/系统的速度、精度、存储深度等性能的要求，确认已有的测试设备是否能满足测试需求。ATE设备的选择，需要考虑以下内容：

1. 根据被测IC类型选择测试模块；
2. 测试速率；
3. 测试精度；
4. 测试效率和经济性；
5. 测试系统功率等其他因素。

一个ATE设备，通常是模块化的测试系统，可提供电源通道模块、数字通道模块、模拟通道模块。电源模块为被测器件及DIB上电路提供精确可控的电压源，高档的电源通道可以测量提供的电流值。数字通道模块为被测器件的数字管脚提供数字激励信号，读取和判断被测器件的数字管脚上输出信号的逻辑和电平，高档的数字模块提供PMU功能，能实现施压测流和施流测压。模拟通道模板主要包括任意波形发生器和数字化仪两大功能，能产生和采集模拟信号，为被测器件的各类模拟电路提供所需的测试资源，根据被测器件的不同，又可以更详细地分为射频测试模块、AD/DA测试模块、时间测试模块等。如果对于数字IC的测试，我们就可以不选用模拟通道模块，如果该数字IC对电源的电压、功率等性能要求不高，也可不必选用专门的电源通道模块，可以用数字通道为IC的VDD引脚提供电压。总之不同的电路和测试需求需要对接不同的硬件模组。

对模块通道的测试速度的需求基于采样定理。只有高于奈奎斯特频率的采样才能完整恢复被测信号信息，所以对于测试系统速率是有要求的。对模拟通道测试模块来说，任意波形发生和信号采集都涉及信号的精度问题。当然速度和精度往往是互相制约的，对于测试模块来说难以同时做到高速度和高精度，需要测试工程师做好折中。

从生产测试的角度，测试工程师应该关心测试效率和测试成本。提高测试速度和增加测试通道可以提高测试效率，但会增加测试的经济成本。一些新的理论方法可以在不增加成本的条件下提高测试效率。

测试方案文档中，如果是针对复杂度较高的集成电路，需要详细讲述该集成电路测试方法原理，例如在ADC测试中，需要向用户说明以斜坡信号输入时ADC每个码值出现的次数计算ADC静态参数DNL和INL的方法，需要说明信号输出和采集的同步设置。在方案中说明ADC信噪比、信纳比等动态参数测量计算的方法：将满量程正弦信号送到被测，将ADC转换后的数字码实施FFT运算。方案中说明根据采样和重构原理选择的ADC前置抗混叠低通滤波器的截止频率，是否采用过采样方式减低量化噪底。方案需要确定ADC进行相干采样还是非相干采样，如果进行相干采样，怎么样设置采样频率、被采样信号频率设置和采样点数；如果进行非相干采样，选择什么类型的窗函数以减低频谱泄漏等。方案设计文档中应包含DIB板硬件电路原理框图和测试程序软件流程图。从软件工程的角度，测试目的和测试程序内容应该在需求分析阶段就确定下来。但如果设计中途发生未遵循原始需求改变设计的情况，应首先同步更新需求和方案文档。

集成电路测试一般都需要设计DIB板。DIB板从物理上将测试系统和被测集成电路连接起来。针对具体的被测集成电路和测试方法，DIB板上需要设计相应的辅助元件和电路。

在制订了测试方案并将被测器件通过DIB板等与选定的ATE连接好之后，ATE开机一般自动完成自校准及其他初始化工作。因为测试程序需要知道被测器件的管脚是如何与ATE测试模块通道连接在一起的，所以测试程序的第一步是进行管脚定义与映射，确定管脚与ATE机台的物理连接形式。然后针对测试方案中需要测试的不同项，设计测试图形并控制ATE输出至DUT输入管脚，并通过ATE采集DUT输出管脚信息，得到测试结果并进行分析显示。对不同的测试项目重复进行“产生激励输入—采集输出—分析结果”这样的过程。测试工程师需要对测试项目的顺序进行测试流程（Test Flowtable）控制，例如所有的测试程序第一步通常进行的都是连接性测试，验证被测器件管脚的电气连接，避免将pogo pin弯曲等连接缺陷误认为是集成电路本身的缺陷。

典型的测试程序结构如图6-1所示，其中除了连接性测试和直流电源电流测试一般放在测试的第一步外，其他参数测试和功能测试可以根据集成电路的具体情况交换测试顺序，总体的原则是优先测量容易测量、故障概率高或者故障对电路影响大的项目。

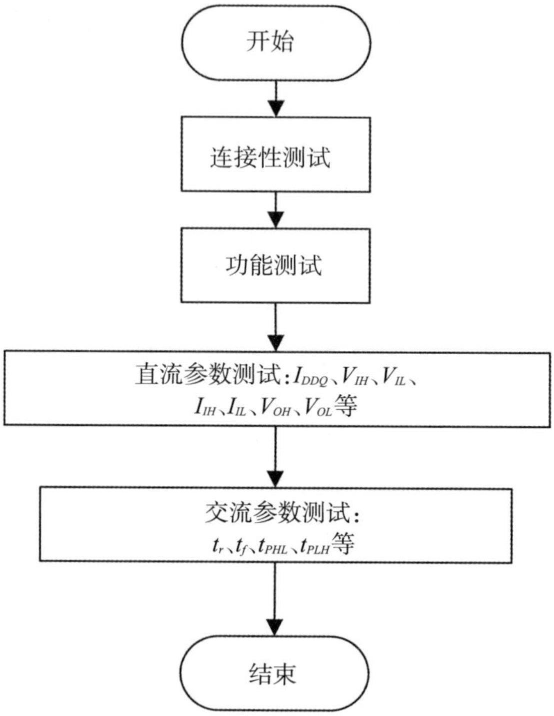

图6-1 测试程序结构图

测试工程师可以对每一项目的测试结果进行通过与否通知，可以决定测试是否终止，是否通过分选机将集成电路判断为优品、良品或次品。当测试结束后，ATE一般将输出完备的测试日志或表格。测试结果的分析、日志和对被测器件的分选及测试程序一起构成一个完整的测试流程。

6.1.2 测试仪软件环境

在了解ATE基本开发环境之前，我们需要了解数字信号所具有的三个基本信息。

信号的逻辑电平：用0.1.H.L.X.Z等表示，一组输入引脚的逻辑电平称为向量，一系列向量或包含输出的向量又常称为码型或图形。

信号的物理真值：当前器件是以多少伏特值代表高和低等，通常由电路种类以及数据格式决定。

信号的时间要素：通常由边沿来决定信号变化的精确位置，时序信息最终由ATE的机器周期控制。

至于模拟信号，对于测试来说，我们关心它的频谱、幅度和精度，关心生成波形和采集波形时候的采样率。

根据以上分析，我们可以看出CT1000P在进行典型的集成电路测试时，其开发环境定义的8个工作表所对应的物理意义。

（1）管脚定义表（Pin map）：可以定义每一个管脚的名字和类型，也可以为一组功能类似的管脚定义组名，如图6-2所示。

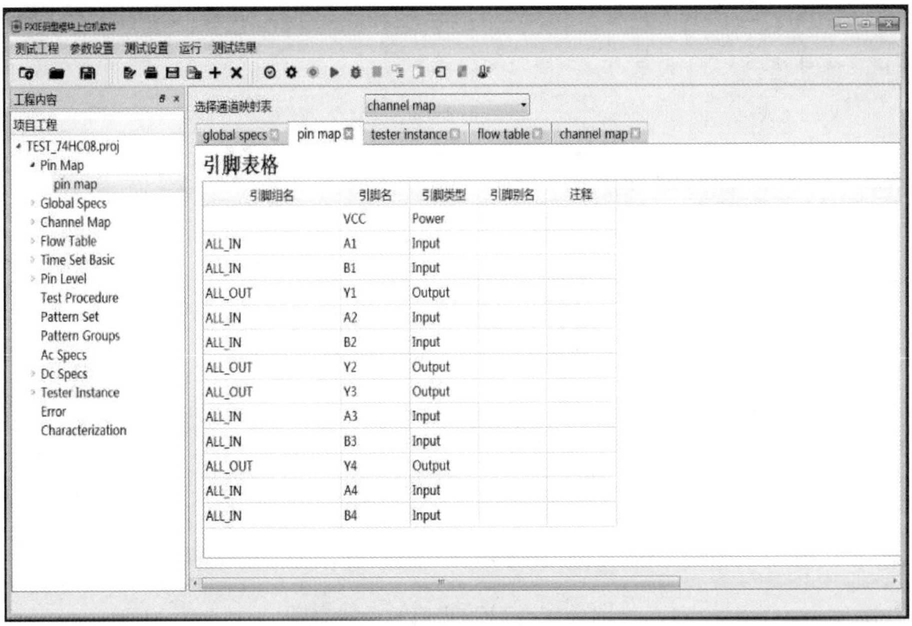

图 6-2　CT1000P 管脚定义表

（2）通道映射表（Channel map）：可以定义 DUT 的管脚是怎么样连接到测试系统的通道的，区别定义不同的通道类型如 IO、电源等。图 6-3 表示引脚名为 A1、Y1、VCC 的管脚分别与工位站点 0 的通道 0、通道 1、通道 2 相连接。

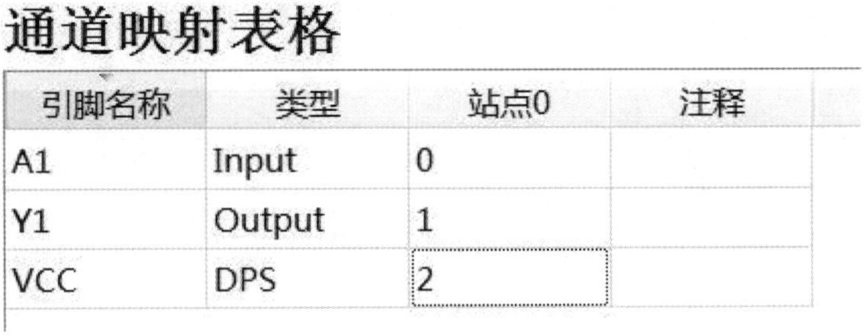
通道映射表格

引脚名称	类型	站点0	注释
A1	Input	0	
Y1	Output	1	
VCC	DPS	2	

图 6-3　CT1000P 通道映射表

（3）全局、直流及交流参数表（Specification）：定义在其他表单中要用到的特定参数名称和其对应的值，比如给电源取名 V_{cc} 并定义其值为 5V。由于集成电路测试涉及的测试条件比较多，所以可以在不同的测试类别对同一个测试参数定义不同的值，如图 6-4 中的 CON 和 FUN 测试类别中对各测试参数的值就可以分别定义。而每一个测试类别中可对测试参数分别定义其最大值、最小值和典型值。

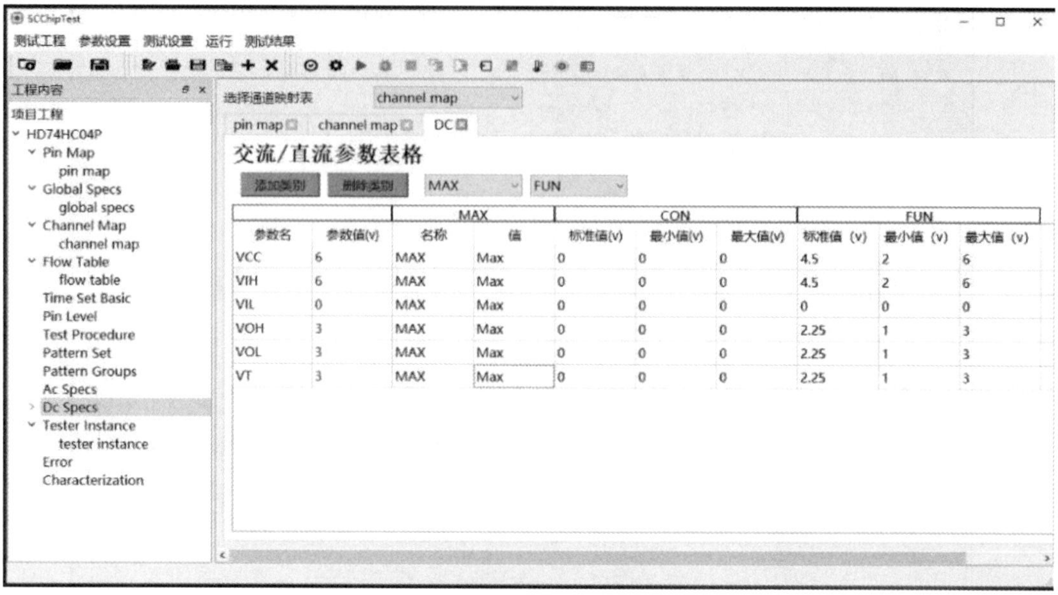

图6-4　CT1000P直流参数表格

（4）管脚电平表（Pin Level）：定义芯片管脚输入输出的电平值，如图6-5所示。从图中可以看出，电平值可以直接用等式（=_）来引用在全局、直流或交流参数表中定义到的值。

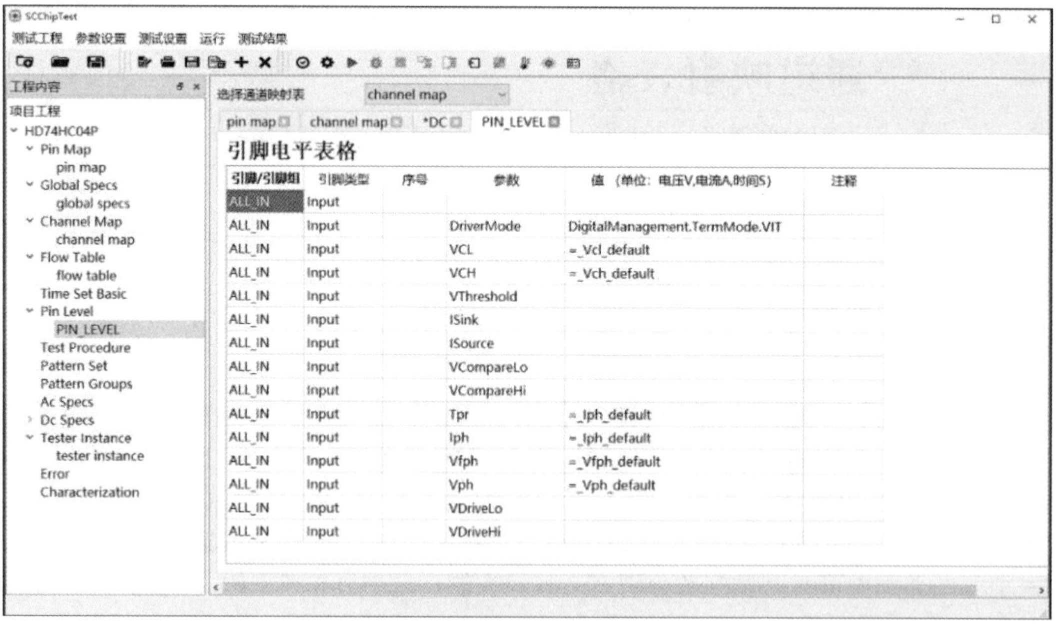

图6-5　CT1000P定义管脚电平

（5）时间边沿集（Time Set & Edge Set）：定义测试中用到向量的时间周期，定义某个时间周期内某点时间上事件的产生，即管脚逻辑电平的变化。边沿集首先选择时间集以确定一个向量的时间周期，然后确定管脚的数据格式。数据格式在后面会专门讲述，数据格式不同会改变边沿信息。时间周期和数据格式都可以对每个管脚分别定义。

如图6-6所示定义了时间集TSB0，定义了时间周期为1000ns。其中“驱动”栏目下所属的列定义输入管脚数字激励的边沿时间信息，“比较”栏目下所属的列定义对输出管脚进行比较的时间信息。

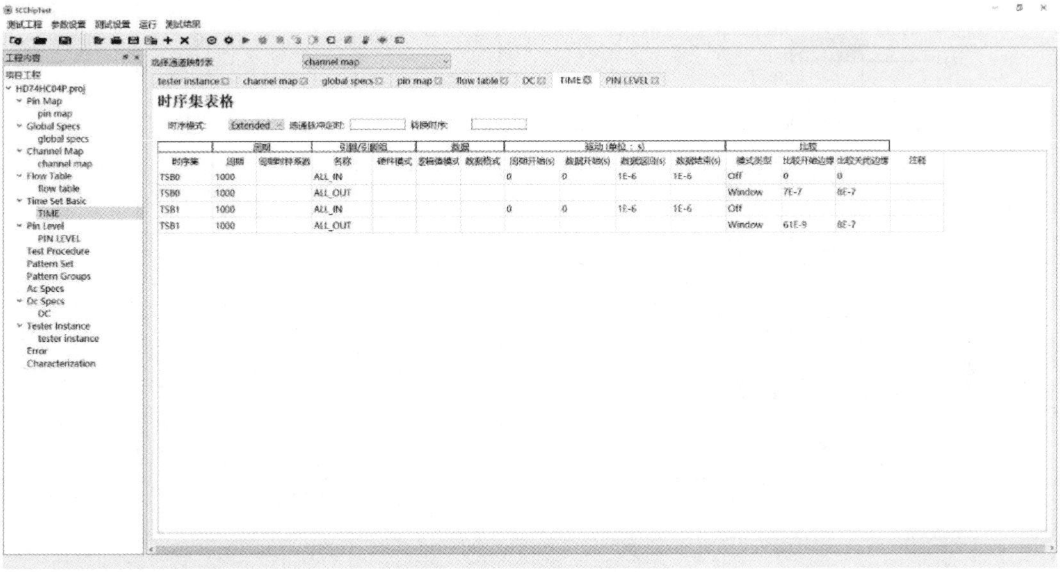

图6-6 定义时间要素

“驱动”栏目下有四个输入项：周期开始、数据开始、数据返回、数据结束。他们定义在一个时间周期上定义四个时间点，在测试过程中也分别用D0、D1、D2、D3表示。从D0时刻起激活ATE通道开始工作，D1时刻开始ATE通道输出码型文件设置的逻辑电平，D2时刻将ATE通道电平驱动到根据数据格式（“周期开始”左边一列）规定的电平，D3时刻将ATE通道设置为高阻状态。

向量数据格式定义有环绕低（SBL，Surround By Low）、环绕高（SBH，Surround By High）、环绕补码（SBC，Surround By Compliment）、不返回（NR，No Return）、返回低（RL，Return to Low）、返回高（RH，Return to High）等形式，这些数据格式决定了一个时间周期内除了D1-D2那段时间之外的逻辑电平，D1-D2期间逻辑电平由码型文件决定。假定码型文件决定了两个时间周期的码型先后为1和0，在整个时间周期内对于不同的数据格式来说，表现出来的时序信息是不同的，如图6-7所示。

“比较”栏目下有三列，第一列模式选择是在边沿比较还是窗口比较。边沿比较表示只在第二列定义的某个时间点检测输出管脚的值，窗口比较表示在第二列和第三列定义的时间起止范围内检测输出管脚的值。

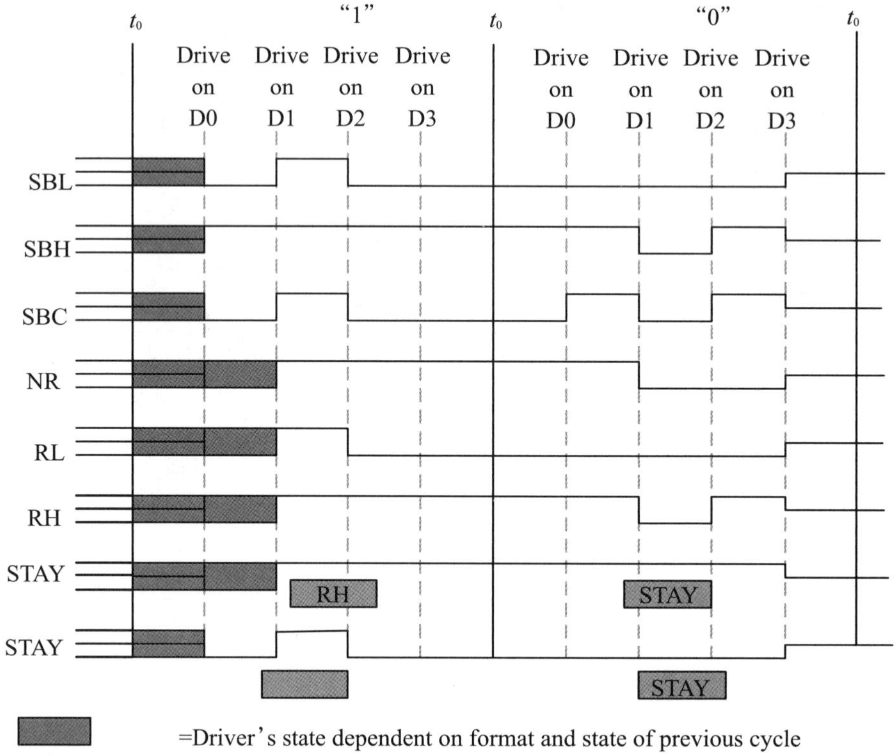

图6-7　不同数据格式下"10"信号流的时序

（6）码型集或码型组表：定义测试中要用的码型文件组合，多个码型组成码型集。

（7）测试例程（instances）表：定义每个测试例程中要输入的参数。一般来说或ATE开发环境会对同一种类型的测试提供图形化界面的测试模板。比如连接性测试和漏电流测试都用到PPMU测量单元，所以ATE系统会提供PPMU测试模板，开放需要用户定义项的接口，ATE测试程序根据用户定义项自动进行测试。除了PPMU测试模板，CT1000P还提供功能测试模板、电源测试模板、ADC测试模板和DAC测试模板。

（8）测试流程（Flow Table）表：定义测试的顺序。定义多项测试中可以归类合并的规则。

以上各工作表格之间的关系如图6-8所示，其中ADC和DAC测试模板比较复杂，所以专门设计了"AD/DA测试程序表"。另外特征扫描表是专门针对什穆（shmoo）显示设计。

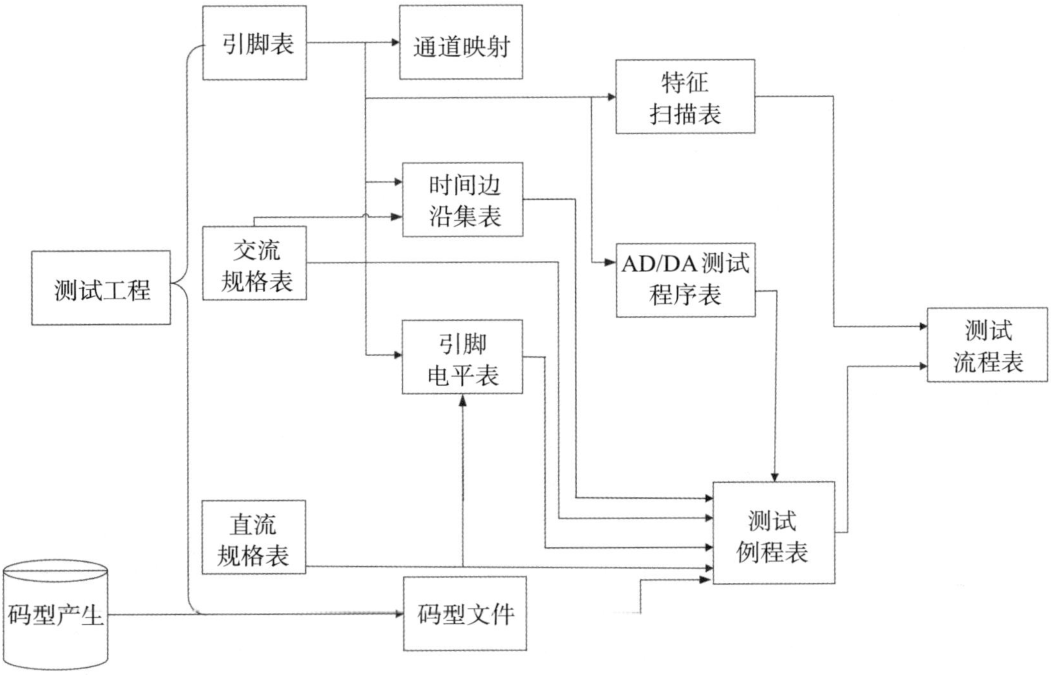

图6-8　CT1000P主要工作表关系图

6.2　测试方案设计

测试方案又称测试计划。严格地说，测试方案不是必须要的，测试工程师可根据数据手册直接在测试仪上生成简单的测试程序进行检测。

这种无序的测试方法会存在几个问题。

第一，可能不会在早期认识到器件的可测性问题。制订测试计划迫使设计工程师和测试工程师在设计初期阶段完成所有测试的细节，将测试特性添加到设计中。

第二，不能整体把握所有测试的细节，测试工程师可能会遇到测试兼容性问题。

例如，对于一个测试有效的时钟方案，可能与后续测试所需的测试方案不兼容，从而导致第一个测试可能需要从头开始重写，以便几种时钟方案吻合。

第三，如果不在编码前制订好测试方案，则测试工程师测试时由于缺乏全局观而导致不能高效完成所有测试。

所以我们应该尽早制订测试方案，掌握整个芯片测试点，在此基础上有效规划所有测试程序。尽早地为外围测试电路（如DIB和探针接口硬件）提供设计指导。测试方案制订过程中有助于识别目标测试仪能力的不足，提前规划替代方案，甚至可能需要设计工程师修改IC设计以适应测试仪的缺陷——这是可测性设计的一个例子。

生成测试方案的依据主要来源于所测器件数据手册或规格清单。因此，数据手册在整个测试过程中至关重要。器件数据手册主要有以下用途：帮助客户熟悉了解开发的新产品；设计新器件时，设计工程师依据数据手册作为设计规格支撑设计；

而测试时，测试工程师依据数据手册定义测试列表。

器件数据手册一般包含以下内容：器件概要描述、工作原理、最大额定值、电气特性、时序图、应用信息、典型数据、电路图、管芯版图、封装/引脚信息。

器件描述提供器件功能性的快速概要，让用户快速判断器件是否适合某一应用。测试工程师必须确保所有这些功能的正确性。例如74HC04是内含6组相同的反相器。手册上会描述器件的基本功能，功能测试可直接测试。如果有些功能测试花费的时间代价太大，可考虑结构测试等方法进行测试。

电气特性又称电气规格，为参数测试提供测试极限和测试条件。虽然电气特性随着制造商不同而有很大差异，但它们还是有许多共同点。其信息主要由参数名、测试条件以及相应注释组成，注释是对某些规格给出更完整的背景信息。

为DC参数测试提供测试极限和测试条件的电气特性主要包括：开路短路特性；输入漏电流（IIH/IIL）；输出高低门限（VOH/VOL）等。

为AC参数测试提供测试极限和测试条件，确保DUT符合所有时序规范（建立时间，保持时间，引脚到引脚延迟等），电气特性主要包括：输入端到输出端的传输延时；输出转换时间等。

测试方案应该解释每个测试目的以及它与数据手册规格的关系，也应该解释测试工程师在某个测试中所做的假设。测试方案应该包含测试硬件原理图。硬件原理图可以包含解释测试所需的细节。一个完整的测试方案应该包括数据表上找不到的器件背景信息。最后，测试描述应该以与测试仪无关的方式记录下来，使得所有工程小组的成员更容易了解测试目的以及怎样才能完美实现。

6.2.1 测试内容分析

下面我们以某22位分辨率的ADC为例，根据其功能描述和性能特征，分析提取其测试内容。

待测器件AD7716内置4个能够处理最高带宽为584Hz的模数转换通道，分辨率为22位，可用动态范围为111dB（输入带宽36.5Hz）至99dB（输入带宽584Hz）。

其引脚功能描述如表6-1所示。

名称	类型	描述
AVDD	POWER	模拟正电源电压
DVDD	POWER	数字正电源电压
AVSS	POWER	模拟负电源电压
RESET	Input	这个输入引脚上的高脉冲同步四个输入通道上的采样点。它可以用在多通道系统，确保同时采样。这也将数字接口重置到一个已知的状态。
A0-A2	Input	三个地址输入引脚，A0，A1和A2给设备一个唯一的地址。此信息包含在设备的输出数据流。
CLKIN	Input	外部时钟输入

续表

名称	类型	描述
CLKOUT	Input	时钟输出,用于通过连接CLKOUT和CLKIN之间的晶振来生成内部主时钟。如果使用外部时钟,则不会连接CLKOUT。
MODE	Input	这个数字输入决定了设备的接口模式。如果置低,则启用主模式接口;如果置高,则启用从模式接口。
CASCIN	Input	这是一个高电平有效、电平触发的数字输入,用于使能输出数据流。此输入可用于多通道系统中的多个器件级联。
CASCOUT	Output	数字输出,在完整的4通道数据传输结束时变高。这可以连接到多通道系统中下一个设备的CASCIN,以确保对数据传输的正确控制。
#RFS	I/O	接收串行输出数据流的帧同步信号。这可以是输入或输出,具体取决于接口模式。
SDATA	I/0	串行数据输入输出引脚
SCLK	I/O	串行时钟输入/输出。SCLK 引脚配置为输入或输出,具体取决于模式引脚的状态
#DRDY	Output	数据就绪输出。下降沿表示有新word可用于传输。当传输了32 位字时,它将返回高电平。在一个时钟周期内,当一个新字被加载到输出寄存器中时,它也会变为高电平。在此期间不应读取数据。
#TFS	Input	发送帧同步输入,用于对片上控制寄存器进行编程。
DIN1	Input	数字数据输入。这包含在从设备发送的数字数据流中。
DOUT1,DOUT2	Output	数字输出。这两个数字输出可通过片内控制寄存器进行编程。它们可用于控制前端的校准信号。
VREF	POWER	基准输入,标称值为2.5 V
AGND	POWER	模拟地
DGND	POWER	数字地
AIN1-AIN4	Input	模拟输入引脚,模拟输入范围±2.5V

根据器件的电特性手册以及工作原理，进行测试参数提取，如表6-2所示。

表6-2 AD7716待测试参数表

被测参数	测试条件	典型值	是否可测（测试设备）
模拟输入参数			
输入电容		10pFt	不可测
输入偏置电流		1nA	是(1102模块)
逻辑引脚参数			
输入高电压		≥2.4V	是(1102模块)

续表

被测参数	测试条件	典型值	是否可测（测试设备）
输入低电压		≤0.8V	是（1102模块）
输出高电压		≥2.4V	是（1102模块）
输出低电压		≤0.4V	是（1102模块）
电源引脚参数			
参考输入		2.4～2.6V	是（1301）
AVDD		4.75～5.25V	是（1301）
DVDD		4.75～5.25V	是（1301）
AVSS		–4.75～–5.25V	是（1102模块）
IDD		≤7.5mA	是（1102模块）
ISS		≤2.5mA	是（1102模块）
耗电量		≤50mW	不测
电源抑制		–70 dB	不测
静态参数			
分辨率		22bits	不测
INL	Guaranteed No Missed Codes to 21 Bits	0.003%FSR typ 0.006%FSRmax	是（安捷伦任意波发生器+1102）
Gain Error		1%FSR max	是（1102）
Offset Error（模拟电压，ADC本身的偏移，测的值，与实际的值偏移）		0.2%FSR max	是
动态参数			
建立时间		$(3*14*256*2^N/f_{CLKIN})$	不测
Noise（SNR，FFT换算）		14 uV	是（安捷伦任意波发生器+1102）
可用动态范围（UFR，输入信号满量程的SNR和接地的SNR比值）			是（安捷伦任意波发生器+1102）
总谐波失真（THD）	Input Frequency = 35 Hz	–90 dB	是（安捷伦任意波发生器+1102）
总谐波失真（THD）	A_{IN} = ±10 mV p-p	–100 dB	是（安捷伦任意波发生器+1102）

在参数测试表格的最后一列我们列出了已有的ATE或仪器能否测量该项参数。特别注意，如果现有的仪器设备不支持测试该项，要尽早修改方案。我们选择了CT1000PE测试系统按照1102数字模块和1301电源模块。CTPXIe1102是基于PXIe板卡结构设计的一款具有16个通道的数字码型模块，具有最大200Mbps速率的数字码型输出与采集能力，每通道具有独立的PPMU（FVMV、FVMI、FIMV、FIMI）功能。模块可以作为电平可调的数字IO模块使用，具有数字向量编辑器、历史RAM查看器、引脚状态和系统状态等调试工具。可通过配置多个CTPXIe1102数字模块来扩展系统数字测试通道数量，18槽机箱可配置到128个以上通道，并且通道间同步精度可达到500ps。CTPXIe1102数字模块支持最大200Mbps数据率和100MHz时钟频率，最大向量存储深度为128Mb/通道，每通道均可实现向量输出和数据采集与比较，每个向量周期具有可编程的4个输出和2个采集信号边沿，具有156.25ps边沿定位分辨率，每通道均具备可编程有源负载。

CTPXIe1301是基于PXIe板卡结构设计的双通道电源（DPS）模块，其最大输出电压为10V，最大输出电流为1A，支持开尔文连接方式。

由于选择的仪器无电容测量等单元，所以不测量输入电容等项目。

6.2.2　测试方案与流程

分析提取的测试参数，可分为以下几类，如表6-3所示。

表6-3　测试参数分类

测试项名称	说明
连接性测试	检测内部保护二极管压降
电源电流测试	检测电源引脚在静态和动态模式下的功耗
V_{IH} V_{IL}	验证芯片输入管脚逻辑电平的极限值状态
V_{OH} V_{OL}	检测输出引脚高低电平
功能测试	验证功能时序
静态参数测试	验证ADC的INL静态参数性能
动态参数测试	验证ADC的SNR、SFR、THD动态参数性能

ADC测试流程可以大致分为测试系统上电过程、芯片连接过程、连接性、引脚电压电流等引脚基本测试、功能测试、静态参数测试和动态参数测试几个部分。其中人工完成的步骤为测试系统的上电开机，连接校准仪器以及取出和放入被测芯片。在这些步骤完成后，编写相应的测试程序由软件一次性完成芯片的测试。其中引脚基本测试和基本功能测试必须放在第一和第二的位置，保证ADC可以正常工作后，再进行后续的指标测试。因此ADC总体测试流程如图6-9所示。

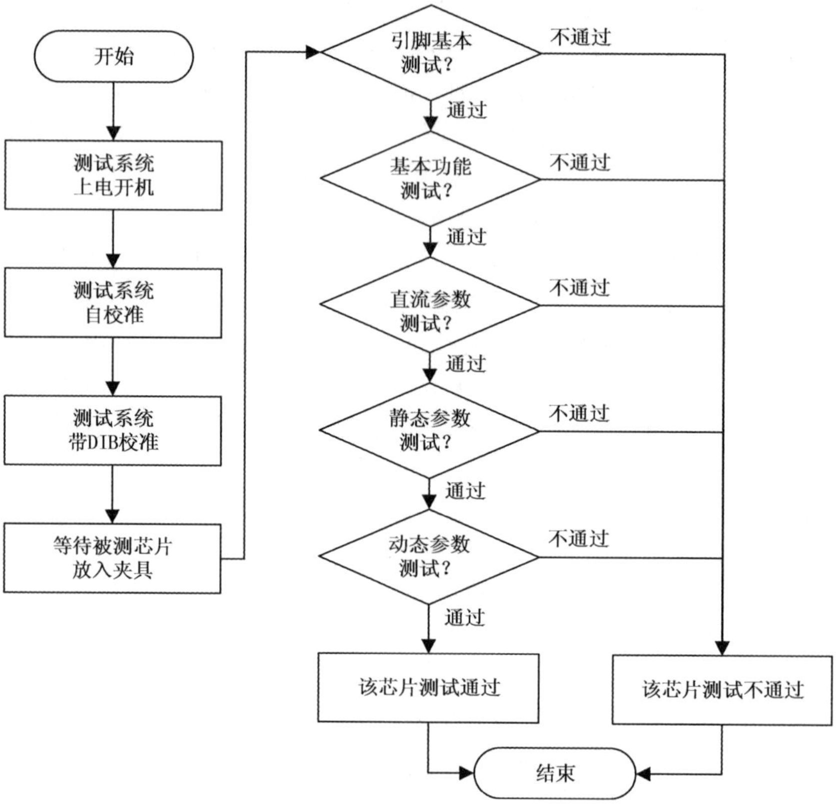

图6-9　AD7166总体测试流程

下面对具体的测试项目进行测试说明和测试原理分析，然后给出测试方案和测试流程。

1. 连接性测试

连接性测试主要检查被测芯片的非电源管脚是否存在断路，是否与其他管脚之间存在短路。一般测试工程师在拿到芯片时，首先需要对芯片引脚的连接性进行检测，若检测不合格，后面的测试项则没有必要再继续进行下去。

测试原理如图6-10所示，芯片的每个管脚与VCC管脚、GND管脚之间均有一个二极管（两个二极管相对管脚方向相反），给对应测试管脚强制输入电流测量两端电压。

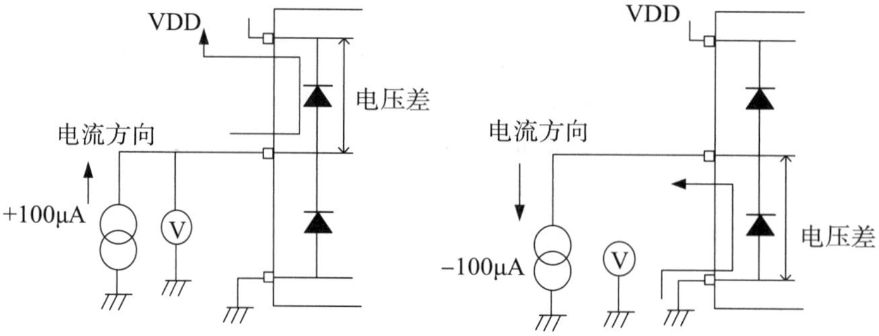

图6-10　PPMU电压测量原理图

测试流程如图6-11所示，将所有的引脚接地，包括电源引脚 V_{CCA} 和 V_{CCB} 。使用PPMU强制100μA，一次一个引脚。等待几毫秒的稳定时间。测量因此而产生的电压。

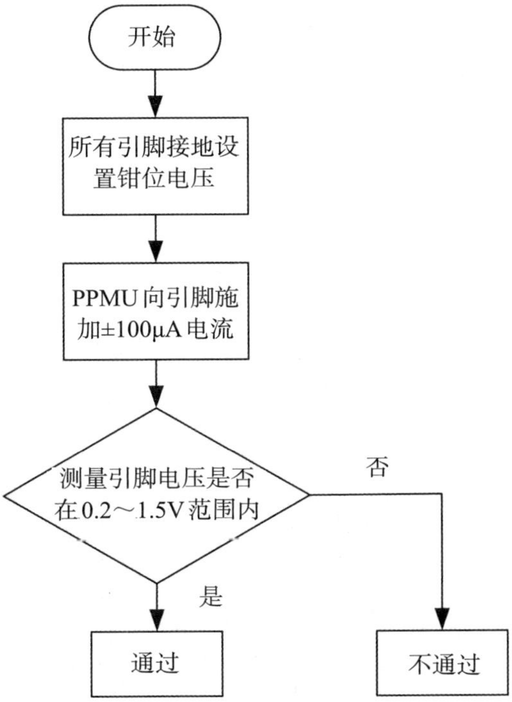

图6-11 连接性测试流程图

2. 输入高低电流测试

输入高低电流是输入端在施加规定的高电平电压 V_{IN} 时流入流出器件的电流，目的是检查DUT的输入负载特性。漏电流测试测的是输入引脚上的输入电流，芯片的输入引脚输入阻抗通常很高。因此，当对其施加电压时流过的电压非常小。如果电流过大，则说明该引脚有故障。

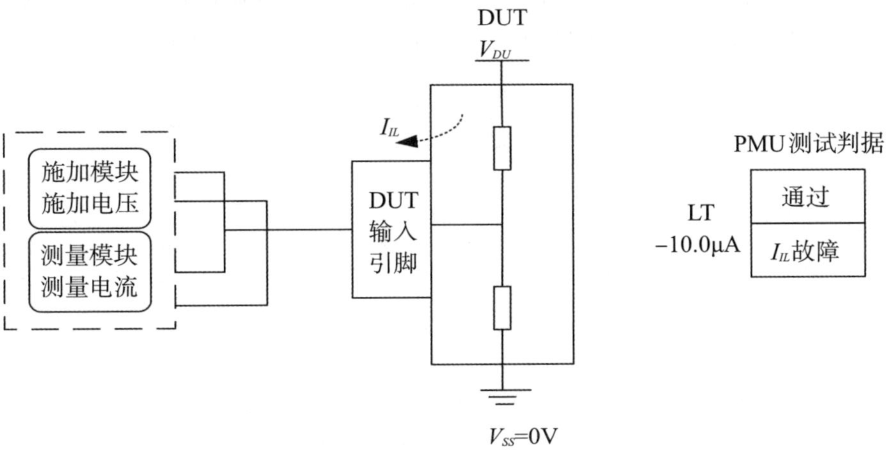

图6-12 漏电流测量原理图

测试流程如图6-13所示。

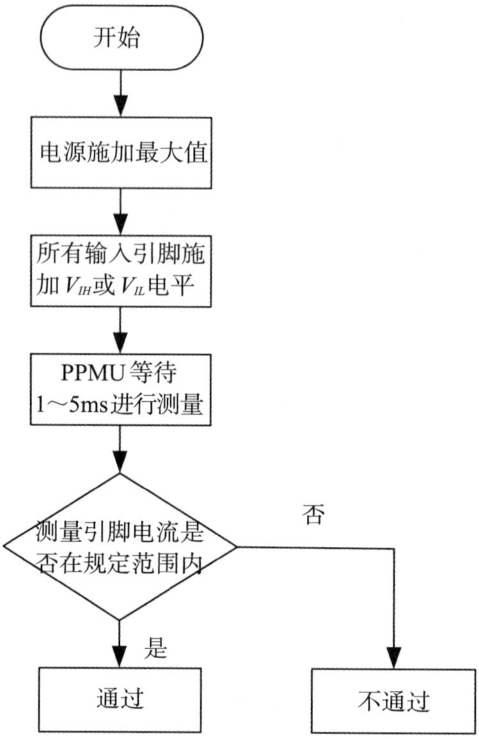

图6-13　输入高低电流测试流程图

将电源施加到最大值，每个输入管脚施加规定的高低电平，设置PPMU延迟1～5ms测量输入电流，然后和芯片手册规定的输入输出电流进行比较，判断是否存在失效。

3. V_{OH}和V_{OL}测试

V_{OH}和V_{OL}测试用于检查器件在指定电压条件下输出电流的能力。测试实际上测量的是输出管脚在输出逻辑I/O时的电阻，此测试确保被测器件输出阻抗满足设计要求，并保证在严格的V_{OH}和V_{OL}条件下提供所定义的I_{OH}/I_{OL}电流。测试原理图如图6-14所示。

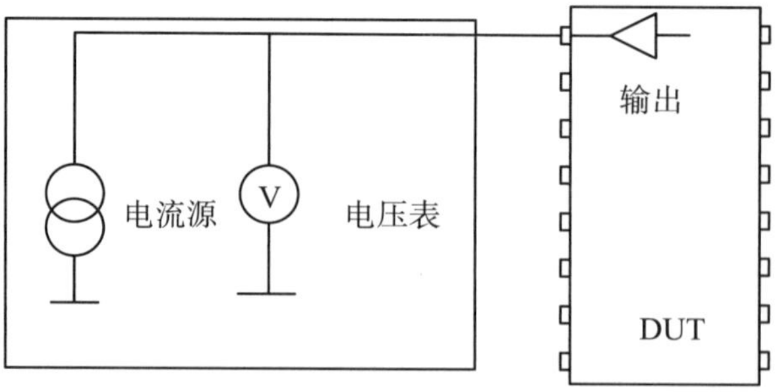

图6-14　V_{OH}/V_{OL}测试原理图

将所有输入引脚设置为高/低电平，同时使用PPMU向输出引脚施加电流，测量此时的电压。

测试流程如图6-15所示，首先对电源施加最大值，并对被测器件施加预置条件使得相应引脚输出高（低）电平，在此条件下PPMU施加相应的负载电流，其他输出端开路测量此时的输出电压是否符合要求。

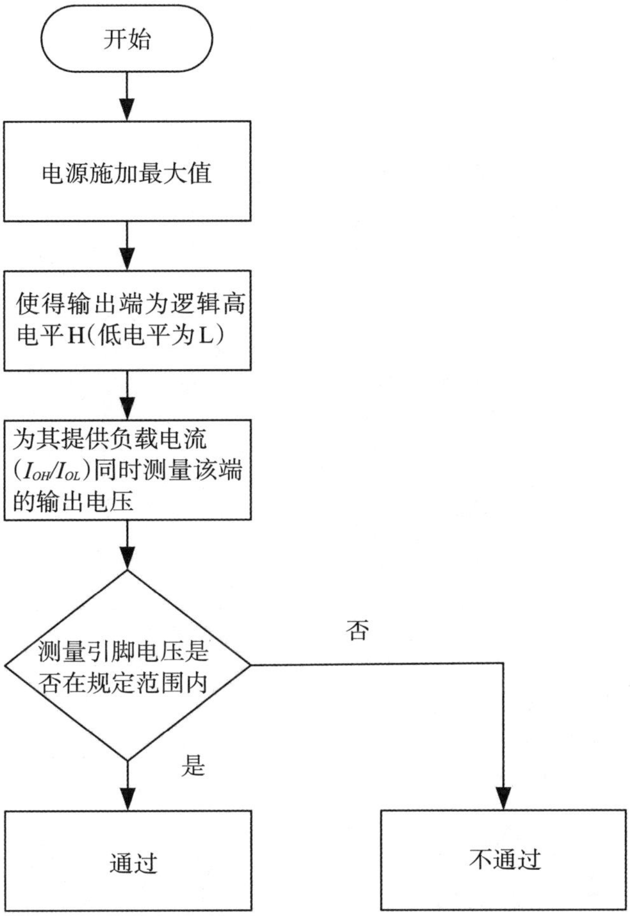

图6-15 +V_{OH}/V_{OL}测试流程图

4. V_{IH}和V_{IL}测试

V_{IH}/V_{IL}是芯片判定输入电平为高/低的判定门限。测试方法为不断修改输入电平，重复进行功能测试，记录每次电平对应的测试是否通过。直到找到两次测试，其输入电平差值小，且一次通过、一次未通过。

测试流程如图6-16所示，第一次设置V_{IL}为0，之后逐渐步进。直到遇到FAIL，此时的值就计为V_{IL}。这种方法的精度取决于每次的电平步进，步进越小精度越高，但是测试时间与步进成反比，步进越小测试次数越多，测试时间越长。

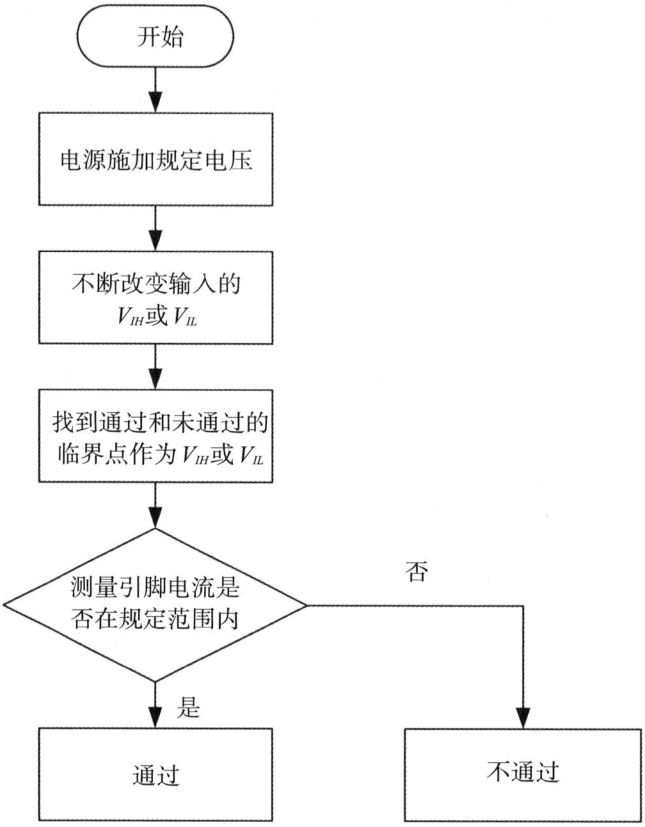

图6-16　V_{IH}/V_{IL}测试流程图

5. 电源电流测试（图6-17）

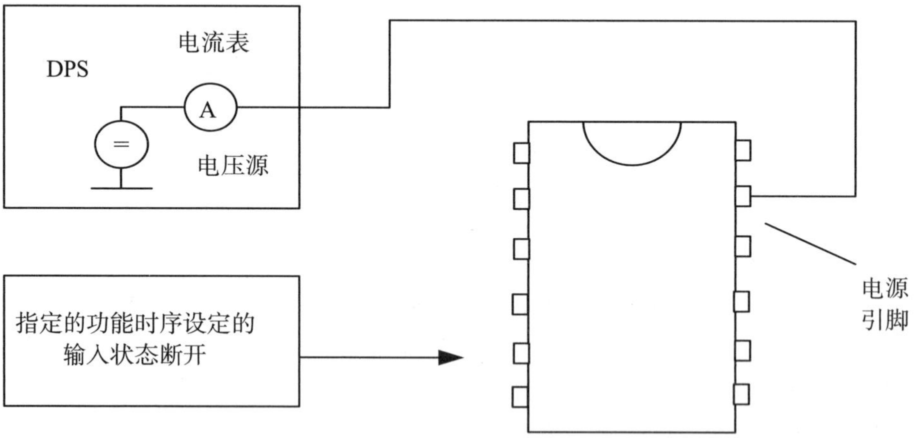

图6-17　电源电流测试

电源电流测试主要分为静态电源电流测试和动态电源电流测试。静态电流测试目的是在确保待测器件处于低功耗状态下电源电流符合测试规范。在实际测试时，可以按照测试规范要求通过运行测试向量的方法将待测电路运行到指定状态，测试电源引脚的电流大小。动态电流测试目的在于检测待测电路实际工作时的电流大小，实际测试时会将待测电路在指定的功能状态下进行运行并检测电源电流大小情况。通常在待测芯片置于最高工作频率下运行一段连续的测试向量时实施测量，测量结果与数据手册中定义的参数对比，判断测试通过与否。

测试流程如图6-18所示。

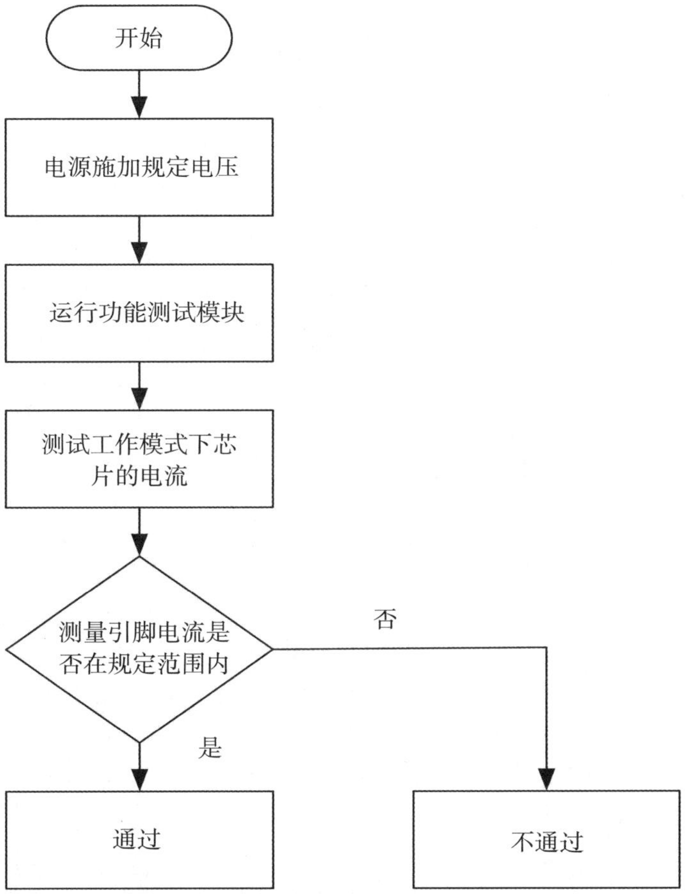

图6-18　电源电流测试流程图

首先DPS模块施加规定的电压，运行功能测试模块使得ADC在最高工作频率下运行，此时DPS模块测量ADC电源引脚的电流，与芯片手册的参考值进行比较，判断通过与否。

6. 基本功能测试

基本功能测试的目的是检测ADC是否能够完成正常的数据采样，验证电路的基本功能。向ADC输入一个直流电平，ADC能正常通过数字引脚将数据返回数字码型模块，处理后得到ADC的采样值。此时只需要判断采样值与输入电平粗略相近即可。在输入信号的选择上，可以输入略大于满量程输入的信号以保证采样数据为全1。这一步快速验证了ADC的采样功能和数据发送功能正常，保证后续测试时大量采样不会采样到无效值。

测试步骤流程如图6-19所示，首先向ADC施加电源，然后向ADC输入引脚施加直流电平，并发送采样时钟，测试机接收ADC采集的数据，判断采样值与输入电平是否相近。

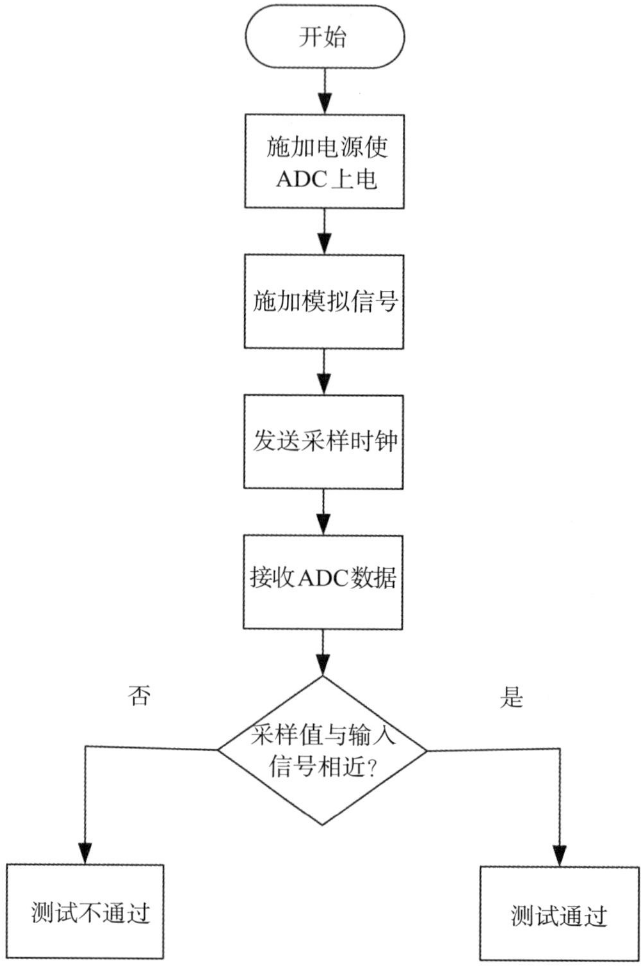

图6-19　基本功能测试

7. 静态参数测试

静态指标描述的是器件的内在特性，和器件内部电路的误差相关。对A/D转换器来说，这些内部误差包括器件的增益、偏移、积分非线性（INL）和微分非线性（DNL）误差，主要关注具体电平与相应数字代码之间的关系，说明静止的模拟信号转换成数字信号的直流精确度，通常使用直方图来获取ADC的静态参数。

如果用标准的直方图法来测试积分非线性和差分非线性，那么采样点需要根据ADC的位数来决定，需要在输入的正弦波信号上采集 $2^N \times 30$ 个数据。本课题选择的被测ADC为22位，则需要 $2^{22} \times 30$ （1.26亿）个采样数据，并将采样结果拼凑为一组数据。使用测试机DSIO模块，采集ADC输出数据完成对静态参数的测试。

静态参数的测试流程如图6-20所示。

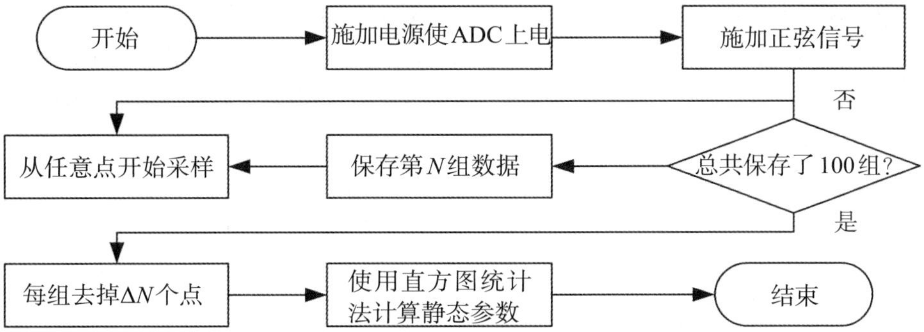

图6-20　静态参数测试流程图

ADC实际传输特性曲线与理想传输特性曲线的公式如下：

$$G\times T[K]+V_{OS}+\varepsilon[K]=Q(K-1)+T_1$$

由公式可以看出，等式右边表达了ADC的理想转移特性曲线，而等式左边是ADC实际转移特性曲线，其中k是ADC的输出码值。使用最小二乘法估计，可以得到静态偏移V_{OS}和增益G的值，在所有k上使$\varepsilon[k]$有最小的均方差。增益G、静态偏移V_{OS}和残差$\varepsilon[k]$分别为：

$$G=\frac{Q(2^N-1)(\sum_{k=1}^{2^{N-1}}kT[k]-2^{(N-1)}\sum_{k=1}^{2^{N-1}}T[k])}{(2^N-1)(\sum_{k=1}^{2^{N-1}}T^2[k]-(\sum_{k=1}^{2^{N-1}}T[k])^2}$$

$$V_{OS}=T[1]+Q(2^{N-1}-1)-\frac{G}{(2^N-1)}\sum_{K=1}^{2^{N-1}}T[k]\ \varepsilon[k]=\frac{GT[k]+V_{os}-T_{nom}[k]}{Q}$$

求得静态偏移和增益后可得，偏移误差为V_{OS}，增益误差为$G-1$。而INL是$\varepsilon[k]$的一种表征形式：

$$INL[k]=100\%\times\frac{\varepsilon[k]}{2^N\times Q}=100\%\times\frac{\varepsilon[k]}{V_{FS}}$$

DNL表示实际码值对应电压宽度$w[k]$与理想的Q之间的误差如下所示：

$$DNL[k]=\frac{w[k]-Q}{Q}=\frac{G(T[k+1]-T[k])-Q}{Q}$$

8. 动态参数测试

A/D转换器的动态指标主要通过快速FFT变换的方式获取，这种测试技术可以同时对多个测试频率进行采样，所需的测试点数相对较少，测试所需时间短，效率和重复性非常高，并能够较全面地反映转换器的动态特性。测试具体方法为将满量程正弦信号送到被测A/D转换器中，将转换后的数字码输出到处理机，对输出数据实施FFT运算，经加工计算可得到SNR、THD、SINAD、ENOB、SFDR这些动态参数。A/D转换器的动态指标主要通过快速FFT变换的方式获取，这种测试技术可以同时对多个测试频率进行采样，所需的测试点数相对较少，测试所需时间短，效率和重复性非常高，并能够较全面地反映转换器的动态特性，是业界通用的动态测试方法之一。

动态参数的测试流程如图6-21所示。向ADC的输入端激励正弦信号，然后采集一定量的数据，然后用FFT法将其进行频谱的分析。通过根据芯片的数据手册进行相干程序的编写，如果使用外挂信号源，需要考虑满足相干采样的条件，如果非相干采样会导致频谱泄漏和栅栏效应，因此需要在运算中增加窗函数，以及做插值处理。

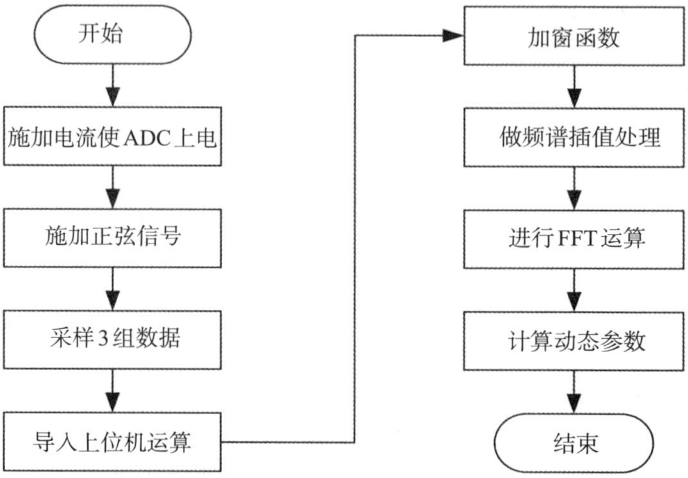

图6-21　动态参数测试流程

6.3　测试程序开发

6.3.1　测试语言介绍

专业术语中的测试语言在不同的语境下可能分别指自动测试设备（ATE）语言和测试向量格式语言。ATE语言指的是运行在ATE开发环境上设置测试仪状态、进行测试、结果分析（如进行流程控制、输入测试码形等）的程序语言，可分为高级语言和可视化测试语言。图6-22为CT1000P提供的可视化的测试编程表格环境，可以在表格中填入各种指令参数，表格中的“指令操作”栏可以编辑这些测试指令进行顺序、循环或跳转运行。

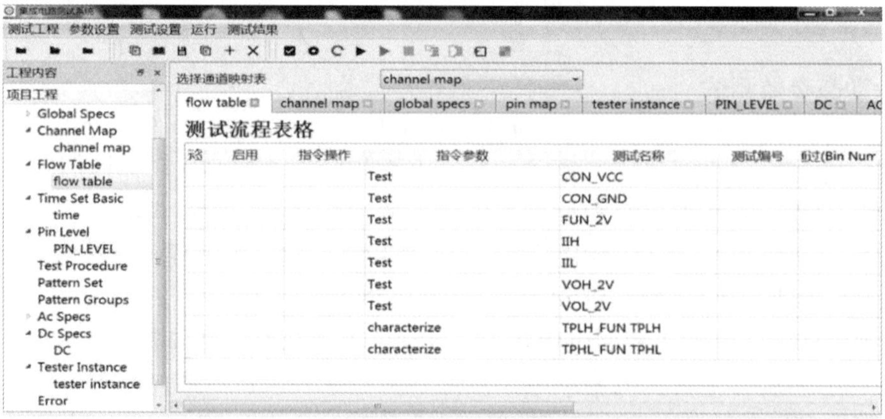

图6-22　可视化测试流程表格（Flow Table Editor）

大多数ATE提供通用的软件开发环境，如美国泰瑞达公司的系列ATE提供VB编程环境，日本爱德万公司的系列ATE提供VC编程环境，图6-23为泰瑞达J750启动VB开发环境的菜单界面。

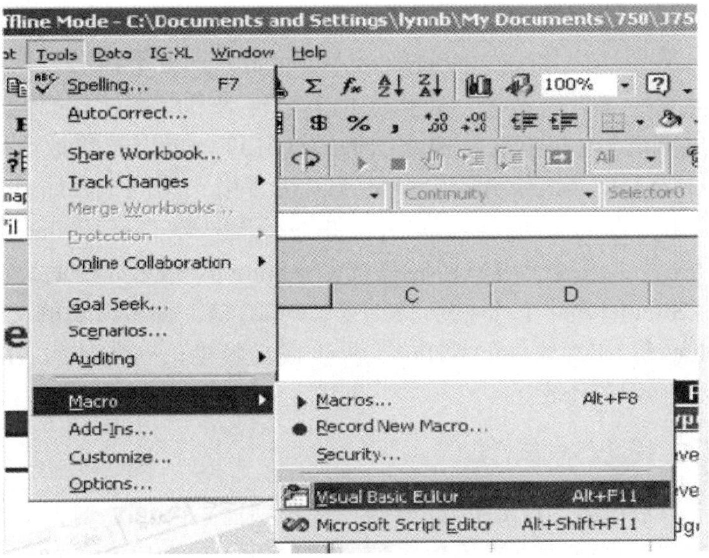

图6-23 J750启动VB开发环境

CT1000P支持以ASCII文本描述数字码型。数字图型由向量的一系列数据位组成，每个向量代表激励和期望的数据，激励将在特定的时间由测试仪传送至相应的集成电路数字输入引脚并在指定时间检测其输出引脚上的响应。

```
import tset TSB0;
vector ($tset, A1, B1, Y1)
{
    >TSB0 0 0 H;
    >TSB0 0 1 H;
    >TSB0 1 0 H;
    >TSB0 1 1 H;
}
```

在上面的图型文本文件中，编写了四行向量，向量值分别对应输入管脚A1、B1和输出管脚Y1，从上到下依次为（0，0，H）、（0，1，H）、（1，0，H）和（1，1，H），向量的边沿时间信息和格式由时间集TSB0给出。向量中输入部分用1和0表示数字逻辑高低，而输出管脚的高低则用H和L来表示，以便将输入和输出管脚区别开来。

测试向量格式语言定义为描述DUT模型和故障的语言，分为基于事件、基于周期（时间）两种。基于事件的测试向量格式语言包括VCD（Value Change Dumping）、WGL（Waveform Generation Language），记录的每个事件都由一个事件值和一个事件时间构成。而基于周期的测试向量格式语言描述一个周期内各引脚状态变化，如IEEE-1450规范规定的标准测试接口语言（STIL，Standard Test Interface Language）。

集成电路设计工程师通常采用的向量格式描述语言不管是基于事件还是基于周期的，许多时候都不能直接用于基于周期的ATE测试应用程序开发中。所以如果有一种工具能实现从EDA（Electronic Design Automation，电子辅助设计工具）生成的文件到ATE测试程序文件的转换，将极大地节约集成电路设计和测试的时间。目前代表产品有以色列的TestInsight公司开发的转换软件，可以将集成电路设计文件如VCD/EVCD/WGL/STIL等转换成符合目标ATE机台格式的测试程序——包含向量文件、时序文件、电平设定文件和通道定义文件等。其中VCD是Verilog设计IEEE标准中定义的ASCII文件，通过使用Verilog系统命令$dumpvars可以帮助我们使用VCD格式来存储仿真（Simulation）产生的历史结果，WGL是一种可编辑的文本文件，可以由Mentor Graphics等EDA软件的ATPG工具生成。转换语言支持的ATE公司包括主流的泰瑞达、爱德万和NI等。

6.3.2 测试应用程序例程

本节以数字集成电路HD74HC04为例，选择国产CT1000P型ATE机台，详细地介绍了测试工程建立、管脚电平设置、通道映射设置、全局及交直流参数定义，输入相应的码型，进行时间和边沿设置，最终完成该数字集成电路的功能测试和直流参数、交流参数测试，具体的测试版步骤可以通过测试流程表格进行控制。

首先提取待测芯片HD74HC04P测试指标，编写待测芯片HD74HC04P测试计划，编写并调试芯片HD74HC04P的测试程序，完成芯片HD74HC04P测试，对测试结果进行分析并撰写完备性测试报告。

1. HD74HC04数据手册介绍

HD74HC04P芯片是包含六组输入的非门，只有当一个输入引脚为高电平时，输出引脚为低电平，即1A输入为高电平，1Y输出为低电平。HD74HC04P真值表如表6-4所示。

表6-4　HD74HC04P真值表

输入	输出
*n*A	*n*Y
H	*L*
L *H*	*H*

Note：

H=HIGH voltage level

L=LOW voltage level

n=1，2，3，4，5，6

每个引脚的功能表如表6-5所示。

表 6-5　HD74HC04P 引脚功能表

Symbol	Pin	Description
1A to 6A	1,3,5,9,11,13	data input
1Y to 6Y	2,4,6,8,10,12	data output
GND	7	ground (0 V)
VCC	14	supply voltage

测试所采用的芯片封装类型为 DIP14，总共 14 个引脚。引脚具体排布信息如图 6-24 所示。

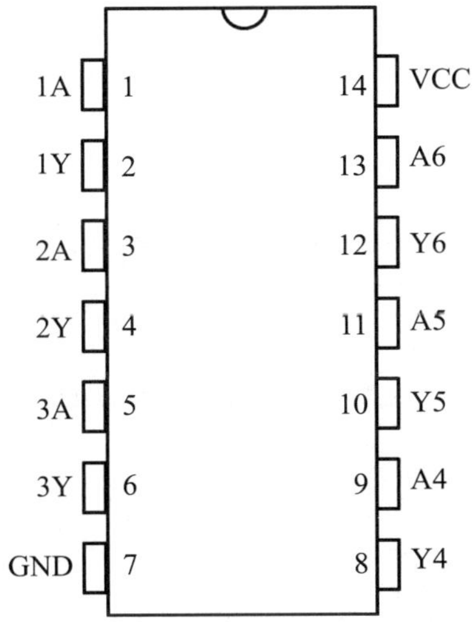

图 6-24　HD74HC04P 引脚信息

表 6-6 列举了常温下推荐的直流参数取值，其他条件下直流参数的取值请参考 HD74HC04P 数据手册。

表 6-6　HD74HC04P-DC 参数

SYMBOL	PARAMETER	TEST CONDITIONS		MIN	TYP	MAX	UNIT
		OTHER	V_{CC} (V)				
$T_{amb}=25℃$							
V_{IH}	HIGH-level input voltage		2.0	1.5	1.2		V
			4.5	3.15	2.4		
			6.0	4.2	3.2		
V_{IL}	LOW-level input voltage		2.0		0.8	0.5	V
			4.5		2.1	1.35	
			6.0		2.8	1.8	

续表

SYMBOL	PARAMETER	TEST CONDITIONS		MIN	TYP	MAX	UNIT
V_{OH}	HIGH-level output voltage	$V_I = V_{IH}$ or V_{IL}					V
		$I_O = -20uA$	2.0	1.9	2.0		
		$I_O = -20uA$	4.5	4.4	4.5		
		$I_O = -4.0mA$	4.5	3.98	4.32		
		$I_O = -20$ uA	6.0	5.9	6.0		
		$I_O = -5.2$ mA	6.0	5.48	5.81		
V_{OL}		$V_I = V_{IH}$ or V_{IL}					V
		$I_O = 20$ uA	2.0		0	0.1	
	LOW-level output voltage	$I_O = 20$ uA	4.5		0	0.1	
		$I_O = 4.0$ mA	4.5			0.26	
		$I_O = 20$ uA	6.0		0	0.1	
		$I_O = 5.2$ mA	6.0			0.26	
I_I	input leakage current	$V_I = V_{CC}$ or GND	6.0		0.1	±0.1	μA
I_{CC}	quiescent supply current	$V_I = V_{CC}$ or GND; $I_O = 0$	6.0			2	μA

表6-7列举了常温下推荐的传输延迟时间交流参数取值，

表6-7　HD74HC04P—AC参数

PARAMETER	FROM(INPUT)	TO(OUTPUT)	V_{CC}	MIN	TYP	MAX	UNIT
$T_{amb}=25℃$							
t_{pd}	A	Y	2.0 4.5 6.0		25 9 7	85 17 14	ns

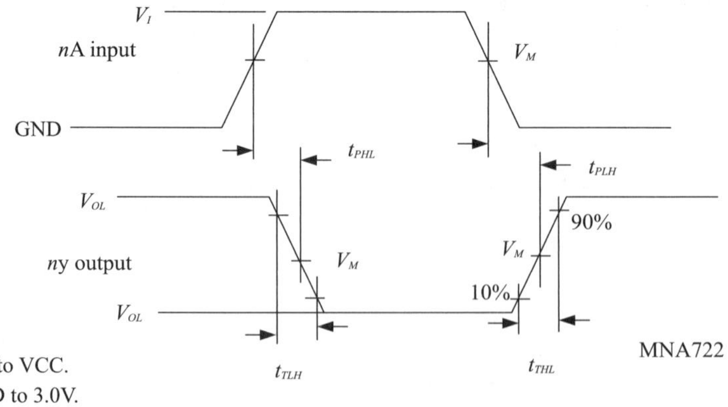

For 74HC04: V_M=50%; V_I=GND to VCC.
For 74HCT04: V_M=1.3V; V_I=GND to 3.0V.

图6-25　HD74HC04P波形信息

2. HD74HC04测试方案简介

根据前面的芯片简介，提取的测试内容项如表6-8所示。

表6-8 HD74HC04P测试点

测试项	测试子项	测试方法
连接性测试	测试引脚与V_{CC}引脚逻辑电路	对输入输出引脚施加一个小电流(100uA)，测量其输出的电压，采用施流测压的方法进行测试。
	测试引脚与GND引脚逻辑电路	
功能测试	1. 当1A～6A输入为高时，1Y～6Y输出为低； 2. 当1A～6A输入为低时，1Y～6Y输出为高； 3. 随机情况	对于不同电源条件下的芯片进行激励信号的施加和输出信号的采集和比较，采用功能测试的方法进行测试。
DC参数测试	IIL(漏电流)测试	对输入引脚施加相应的电压(0V、5V)进行测试，并采集输入漏出来的电流，采用施流测压的方法进行测试。
	IIH(漏电流)测试	
	VOL(输出低门限)测试	对输出引脚施加相应的电流进行测试，并采集输出的电压，采用施流测压的方法进行测试。
	VOH(输出高门限)测试	
AC参数测试	输入端到输出端从高到低的传输延时	改变输出的比较边沿，找到输出引脚的传输延迟时间
	输入端到输出端从低到高的传输延时	
电源测试	ICCH测试	先让集成电路稳定工作，测量电源引脚的电源电流。
	ICCL测试	

3. 测试程序设计

以国产CT1000P集成电路测试系统作为开发平台，介绍HD74HC04测试程序开发的流程。

（1） 新建测试工程

①点击【新建工程】的按钮，弹出新建工程的谈话框（图6-26）。

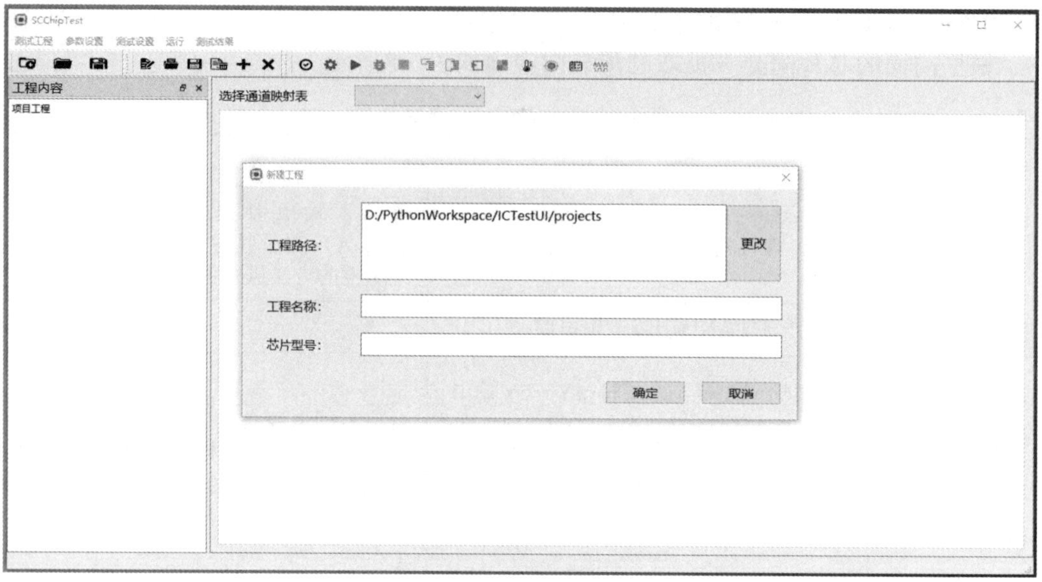

图6-26　新建项目

②在弹出的对话框中，首先，点击【更改】按钮，在弹出的路径选择框中选择工程路径，路径选择完成之后会在【工程路径】后的输入框中显示选择完成的路径；其次，在【工程名称】后的输入栏中填写新建的工程名称；之后，在【芯片型号】后的输入栏中填写芯片型号，最后点击【确定】，新建工程完成。具体操作步骤如图6-27所示。

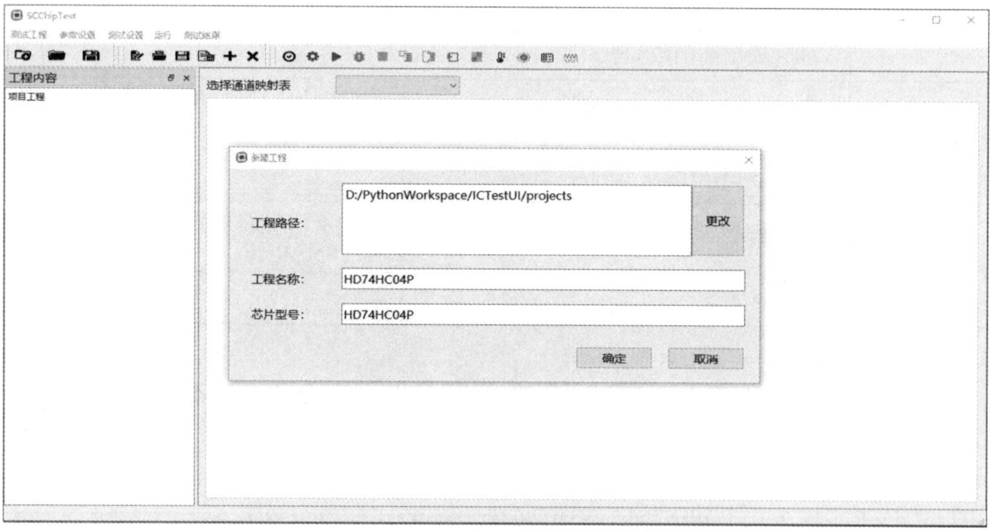

图6-27　HD74HC04P新建项目设置

新建完成一个项目之后，会在项目工程栏中显示工程的名称、各种表格的类型以及创建完成工程之后自动生成的表格，由图6-28可知。

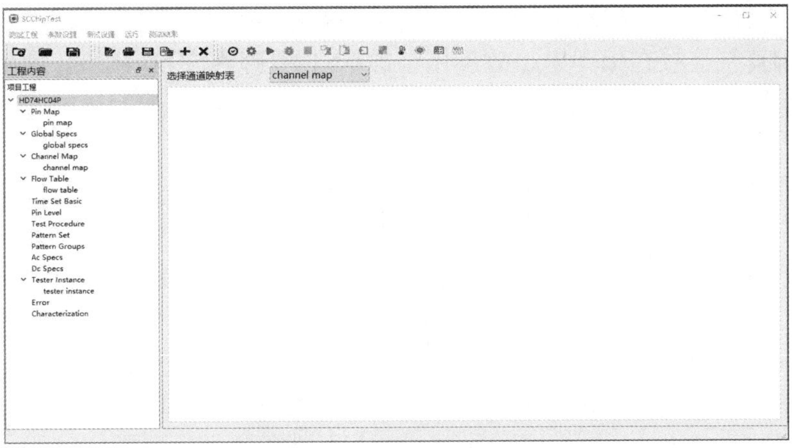

图6-28　HD74HC04P新建项目

默认创建的表格有global specs（全局参数表格）、pin map（引脚表格）、channel map（通道映射表格）、test instances（测试实例表格）、flow table（测试流程表格）四个表格。本实验涉及的具体的操作步骤请参见芯片HD74HC04P的指导书中的项目创建小节。

（2）引脚定义

根据HD74HC04P的数据表格来定义相应的引脚，并对引脚进行分类。

引脚表格在新建一个项目后会自动生成，所以不需要新建引脚表格，添加一个引脚的具体操作如下所述（图6-29）：

①双击项目名称中【Pin Map】类型中已存在的表格【pin map】，点击工具栏中的[+]的按钮，在该表格中新增一行；

②在此行中的【引脚名】列设置引脚的名称；

③在此行中的【引脚类型】列中选择引脚的类型（双击引脚类型的空白框，在出现的下拉列表中设置引脚的类型）；

④在此行中的【引脚组名称】列设置引脚的分类。

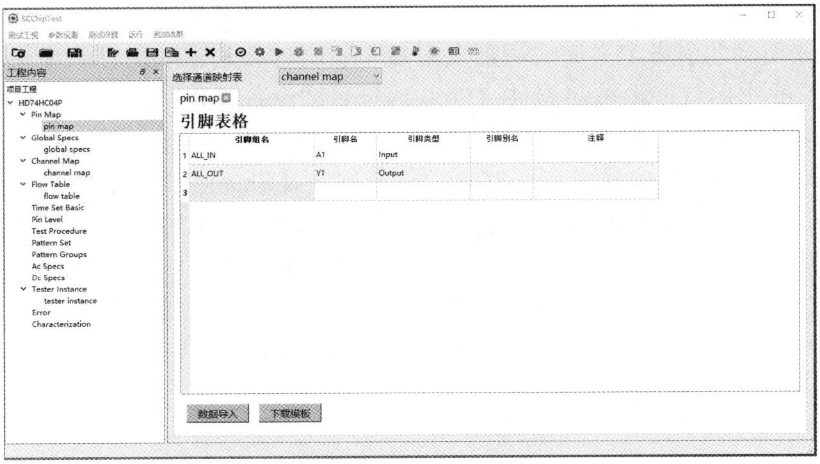

图6-29　引脚定义的新增

重复以上操作，直到HD74HC04P所有的引脚都添加进入引脚表格中（由于芯片的GND引脚直接连接在板子上，故不用添加GND引脚到该表格中），最后的引脚表格如图6-30所示。

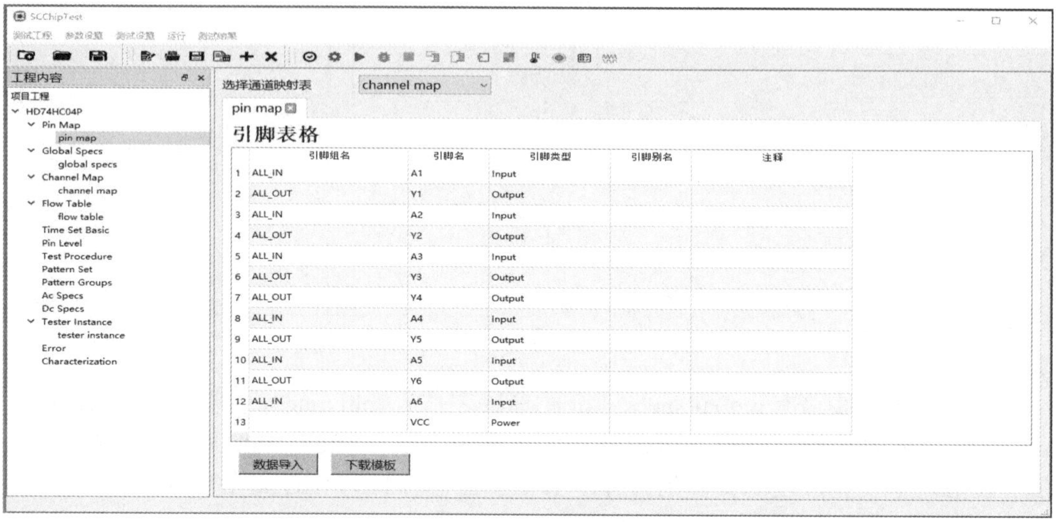

图6-30　引脚定义

CT1000P通道介绍如表6-9所示。

表6-9　通道类型映射关系

通道类型	解释	通道对应关系
Input	向目标引脚输入数字信号	0-31
Output	目标引脚输出数字信号	0-31
I/O	向目标引脚输入数字信号,或者目标引脚输出数字信号	0-31
Power	应用电源电压	0-1

（3）通道映射

在DUT用到的引脚定义完成后需要对每个引脚进行通道映射，一个引脚对应一个通道；它的作用就是将被测器件（DUT）与测试设备相连，它将设备的引脚与测试系统的通道和电源对应起来。

在将引脚表格定义完成之后，双击项目名称中【Channel Map】类型中已存在的表格【channel map】打开通道映射表格，表格中的【引脚名称】和【类型】这两列数据会依据已定义的引脚名和引脚的类型自动填写完成；该表格只需对引脚的【通道】进行设置，该列的设置需要根据芯片每个引脚对应的通道进行设置（其中该列表中的DPS类型的引脚对应pin map中的Power引脚）；其中引脚定义完成后的channel map如图6-31所示。

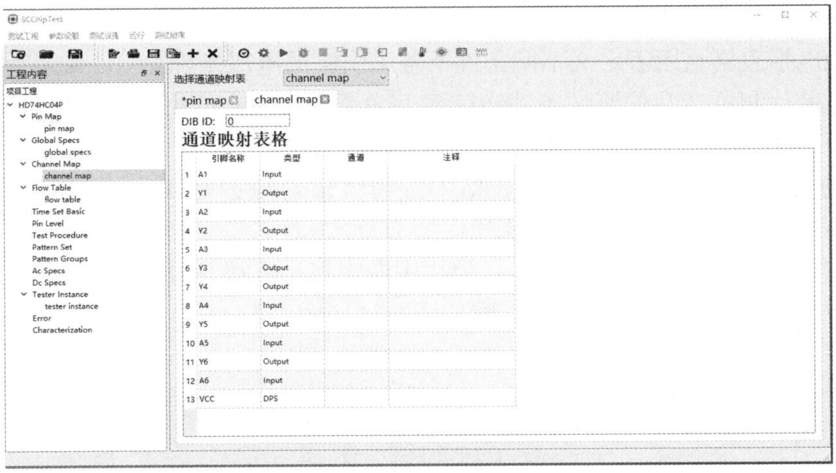

图6-31　通道映射表格

本实验对应使用的DIB板，其芯片引脚的对应关系如图6-32所示。

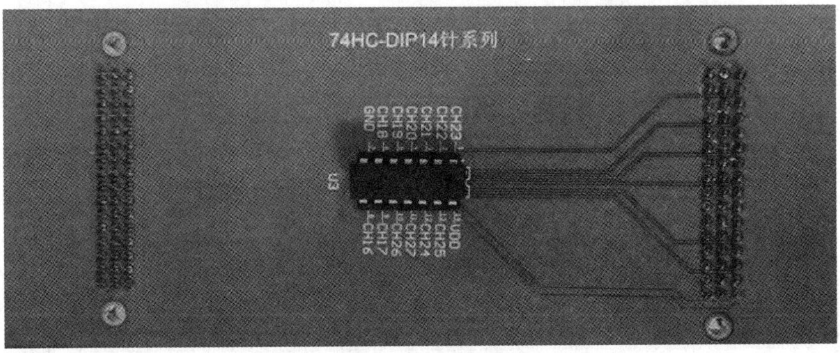

图6-32　DUT板

注意：芯片插入座子的方式，插入DIB板时需要确定电源引脚、输入输出引脚、GND的位置，如果插入的方式错误，可能会导致芯片的损坏！

根据上图，填写完成的通道映射表格如图6-33所示。

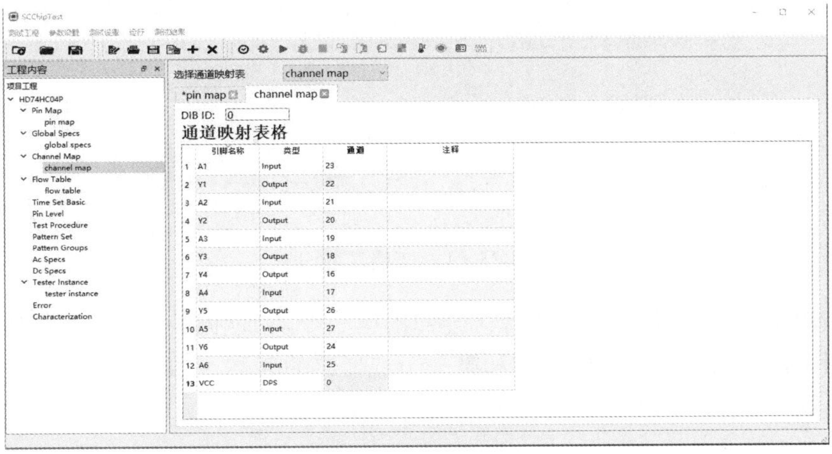

图6-33　通道映射表

（4）电平集的设置

引脚电平表格是用于定义不同条件下各个引脚的电压条件。

由于芯片测试涉及的测试条件比较多，为了方便用户使用，界面提供了DC参数表，在该表格中可定义多个参数名，每个参数可设置多个值，用户若是想使用某一个具体的值，只需要在测试实例表格中选择该值对应的分类和选择器即可调用该值。DC表格的创建步骤主要如下所述：

①在项目工程中的【DC Specs】类型中右击鼠标，弹出相应的【菜单栏】，在该菜单栏中选择【新建表格】，具体步骤如图6-34所示。

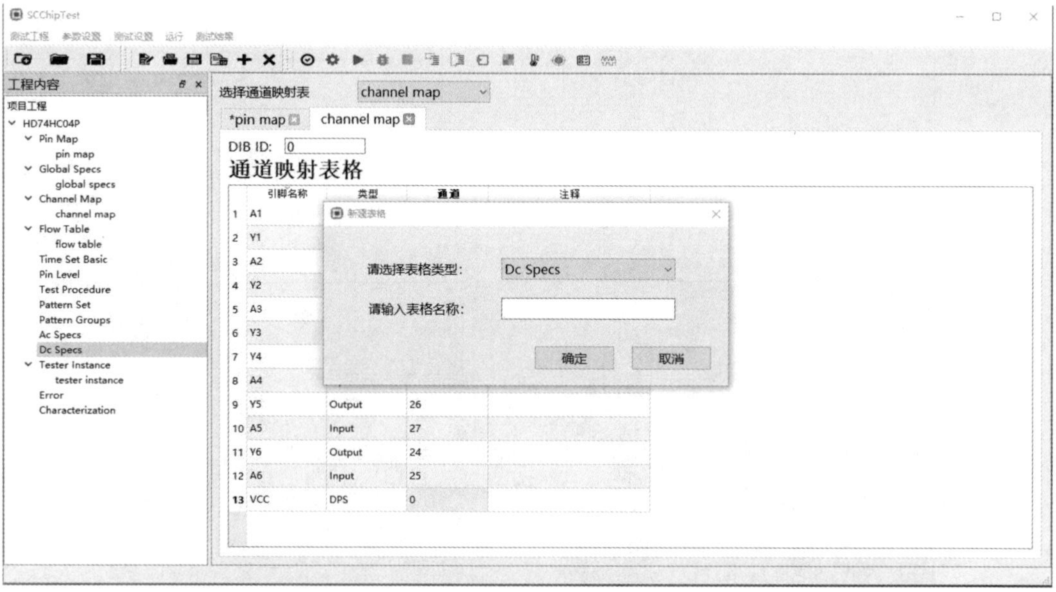

图6-34　DC表格新建

在弹出的对话框中设置DC表格的名称，本实验的设置如图6-35所示。

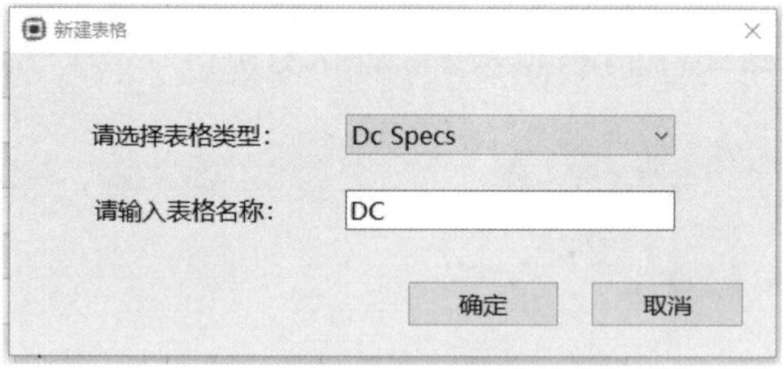

图6-35　DC表格新建设置

②该表格的名称设置完成之后，会弹出第一个类别和第一个选择器名称的设置界面，即可设置第一个分类的名称和第一个选择器的名称，如图6-36所示。

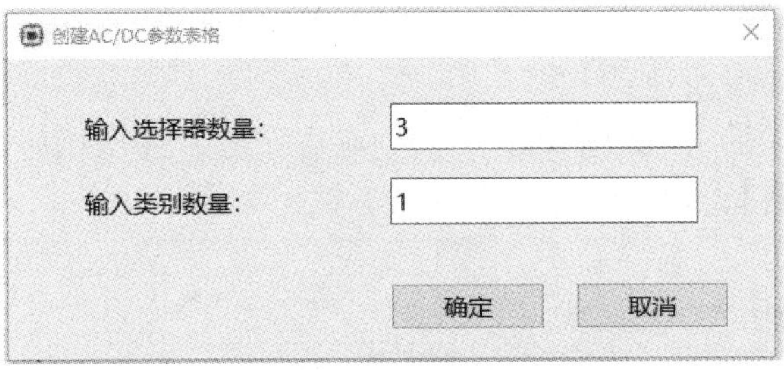

图6-36　DC表格选择器/类别设置

③若要多个选择器和分类，则可通过DC表格中的【添加类别】按钮实现。该表格可通过功能按钮中的选择器的下拉框来设置每个选择器对应种类中的某个值。具体操作如图6-37所示。

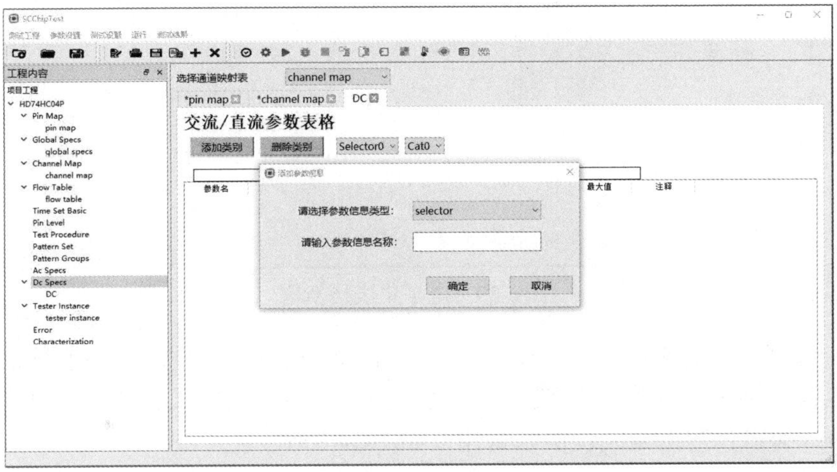

图6-37　DC表格新增选择器/类别

该表格可通过功能按钮中的选择器的下拉框来设置每个选择器对应某一个种类中的值（TYP，MIN，MAX）。本实验涉及的DC参数表格设置如图6-38所示。

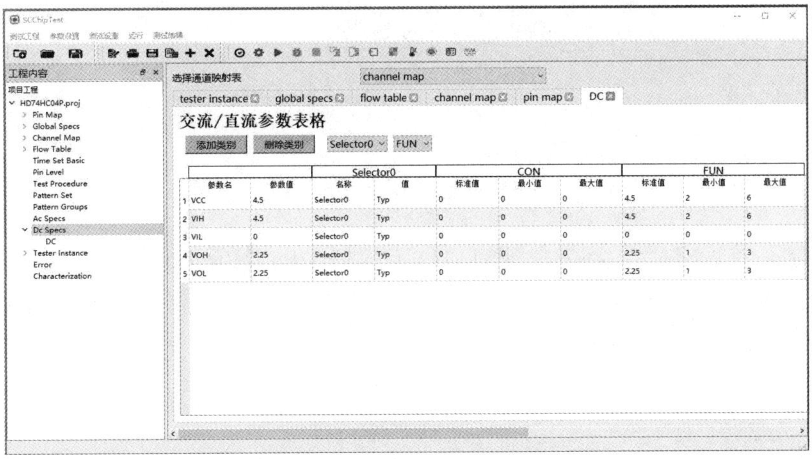

图6-38　DC表格参数设置

DC参数表格设置完成之后，即可通过电平集配置输入、输出、电源等引脚的电平，具体实现步骤如下所述：

①在项目工程中的【Pin Level】类型中右击鼠标，弹出相应的菜单栏，在该菜单栏中选择【新建表格】，弹出新建表格的对话框，如图6-39所示。

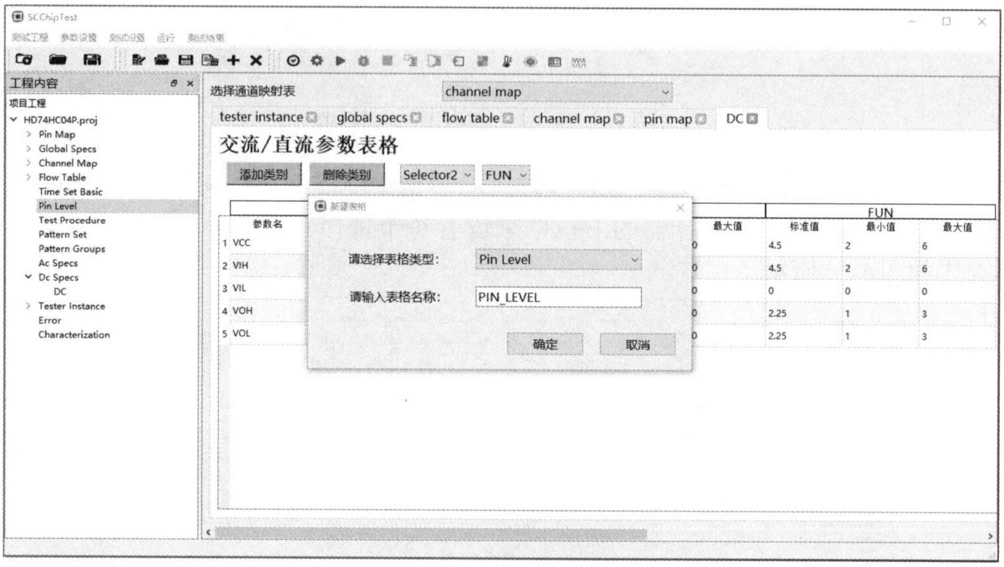

图6-39　电平集表格新增

②在新建表格的对话框中，首先确定下拉框中表格的类型（若是由上一步点击的新建表格，则表格的类型是默认的，且无法更改），在输入框中输入表格的名称，最后点击【确定】按钮完成表格的新建，如图6-40所示。

图6-40　电平集表格新建设置

③创建完成表格后，会在左侧的项目工程栏中的【Pin Level】中显示上一步创建的引脚电平表格，并在右侧的tab栏中显示上一步新建的表格，表格名称即为上一步输入的表格名称，如图6-41所示。

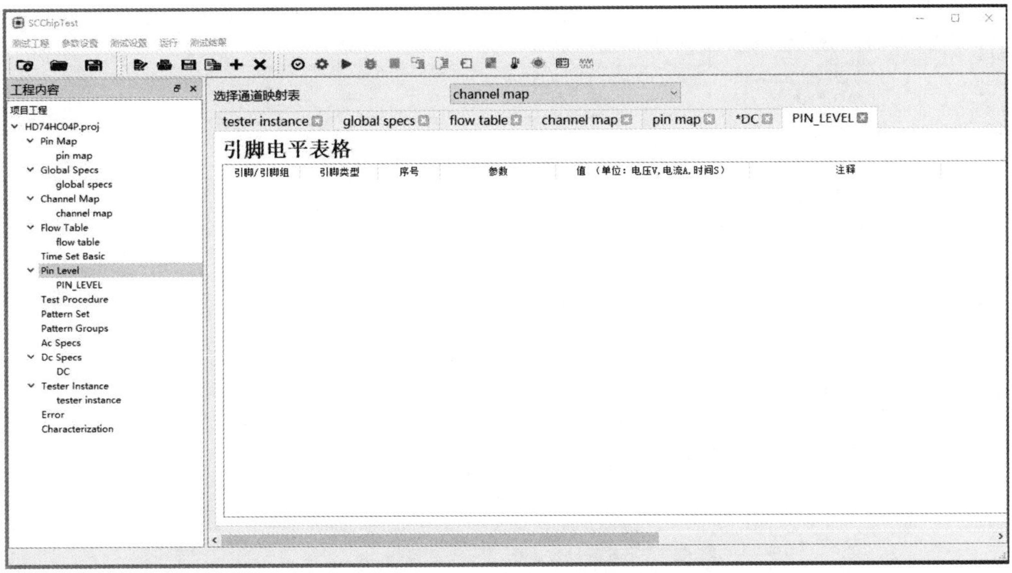

图6-41　空白电平集设置

④电平集表格的内容一般按照待测芯片的数据表格来填写。此表格引脚电平添加步骤为：首先在引脚电平表格中添加一行空白数据，在该表格的【引脚/引脚组】列中填写已定义（Pin Map中已定义的引脚、引脚组），之后点击回车（或者其他空白处），系统会将【引脚类型】列依据【pin map】中引脚的类型自动补全，并将该类型引脚必需的【参数】显示出来，最后参数对应一些默认值填写进【值】这一列中（这些默认值对应的参数可进行修改），如图6-42、6-43所示。

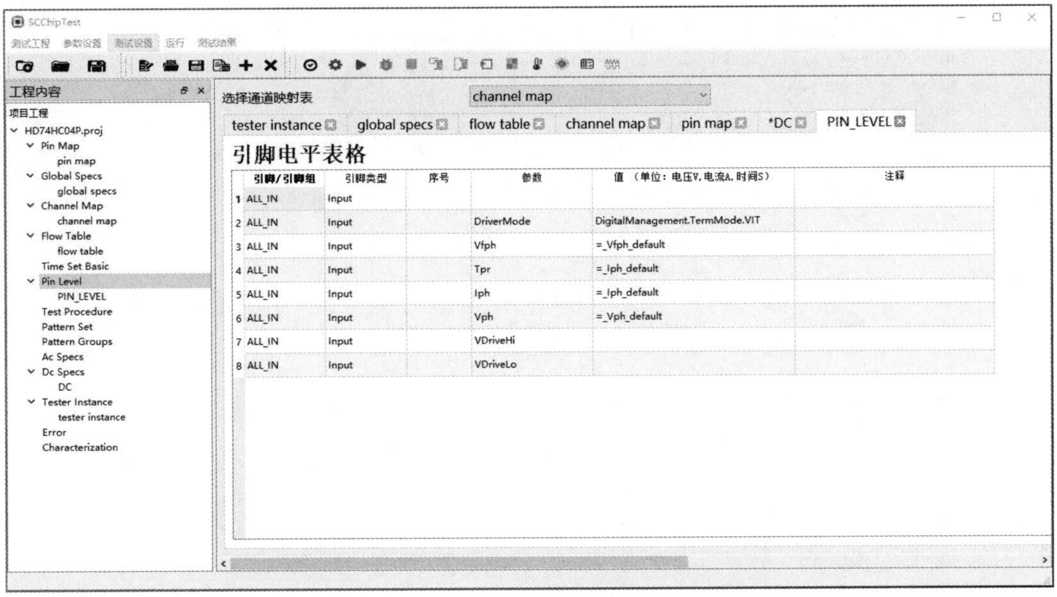

图6-42　电平集新增内容

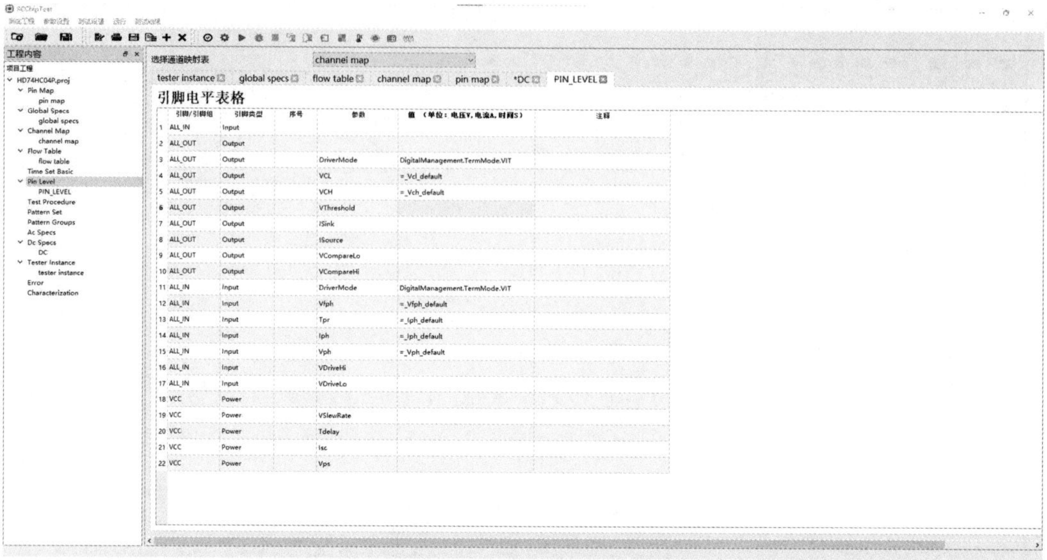

图6-43　电平集内容参数补全

注意：填写的过程中引脚或者引脚组的名称必须是在引脚表格中定义好的，否则会报错。

⑤将电平集的表格中各个引脚的属性配置完成之后，即可调用DC表格中的各项参数，具体的调用方法为“=_”（等号加下划线）+“参数名”，本实验涉及的电平集如图6-44所示。

tester instance　global specs　flow table　channel map　pin map　*DC　PIN_LEVEL

引脚电平表格

	引脚/引脚组	引脚类型	序号	参数	值（单位：电压V，电流A，时间S）	注释
1	ALL_IN	Input				
2	ALL_OUT	Output				
3	ALL_OUT	Output		DriverMode	DigitalManagement.TermMode.VIT	
4	ALL_OUT	Output		VCL	=_Vcl_default	
5	ALL_OUT	Output		VCH	=_Vch_default	
6	ALL_OUT	Output		VThreshold	=_VCC/2	
7	ALL_OUT	Output		ISink	0	
8	ALL_OUT	Output		ISource	0	
9	ALL_OUT	Output		VCompareLo	=_VOL	
10	ALL_OUT	Output		VCompareHi	=_VOH	
11	ALL_IN	Input		DriverMode	DigitalManagement.TermMode.VIT	
12	ALL_IN	Input		Vfph	=_Vfph_default	
13	ALL_IN	Input		Tpr	=_Iph_default	
14	ALL_IN	Input		Iph	=_Iph_default	
15	ALL_IN	Input		Vph	=_Vph_default	
16	ALL_IN	Input		VDriveHi	=_VIH	
17	ALL_IN	Input		VDriveLo	=_VIL	
18	VCC	Power				
19	VCC	Power		VSlewRate	0	
20	VCC	Power		Tdelay	0.05	
21	VCC	Power		Isc	0.05	
22	VCC	Power		Vps	=_VCC	

图6-44　电平集参数设置

VDriverLo：输入逻辑0对应的实际电平；

VDriverHi：输入逻辑1对应的实际电平；

VCompareLo：输出低于VcompareLo系统判定为L；

VCompareHi：输出高于VcompareHi系统判定为H；

Vthreshold：有源负载转折点。

（5）时序集的设置

在创建完引脚电平表格后就需要对引脚的时序集进行设置。配置各种引脚的电平步骤如下所述。

①在项目工程中的【Time Set Basics】栏中，右击鼠标，在跳出来的【菜单栏】中选择【新建表格】按钮，具体实现步骤与表格PIN_LEVEL相似。

②在新建表格的对话框中，首先在下拉框中选择表格的类型（若是由上一步点击的新建表格，则表格的类型是默认的，且表格类型不可更改），在输入框中输入表格的名称，最后点击【确定】按钮完成表格的新建，如图6-45所示。

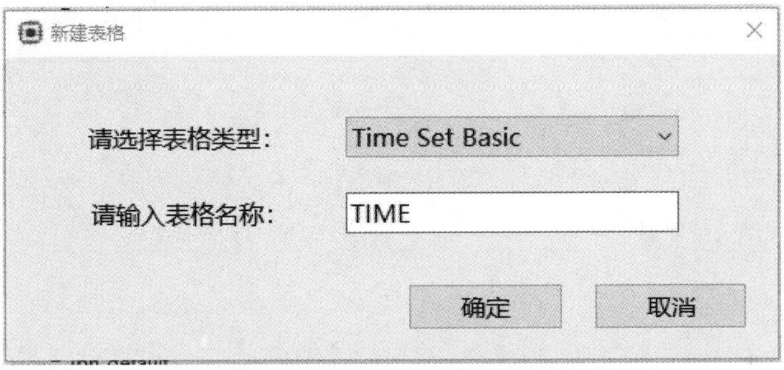

图6-45　时序集表格新增

③创建完成时序集表格后，会在左侧的项目工程栏中的【Time Set Basic】中显示上一步创建的时序集表格（图6-46），并在右侧的tab栏中显示上一步新建的表格，表格名称即为上一步输入的表格名称。

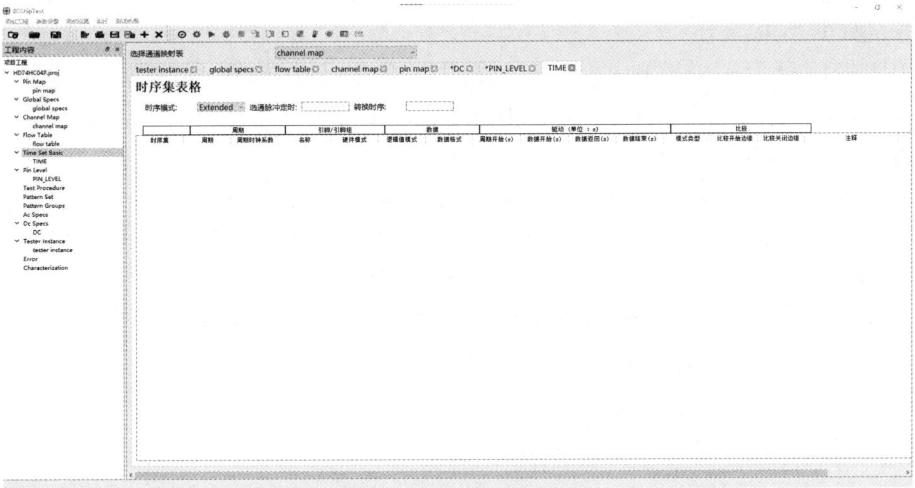

图6-46　空白时序集表格

④表格内容的设置具体参照待测芯片的数据表格。此表格时序集的添加步骤为：首先在引脚电平表格中添加一行空白数据，在该表格设置【时序集】的名称、【时序集】对应的【周期】大小、【引脚/引脚组】列中的【名称】填写已定义的引脚或引脚组、【驱动】开始结束的时间、【比较】的模式、开始结束时间。

注意：填写的过程中引脚或者引脚组的名称必须是在引脚表格中定义好的，否则会报错。

依据本实验使用的HD74HC04P芯片的数据表格，具体的参数填写如图6-47所示。

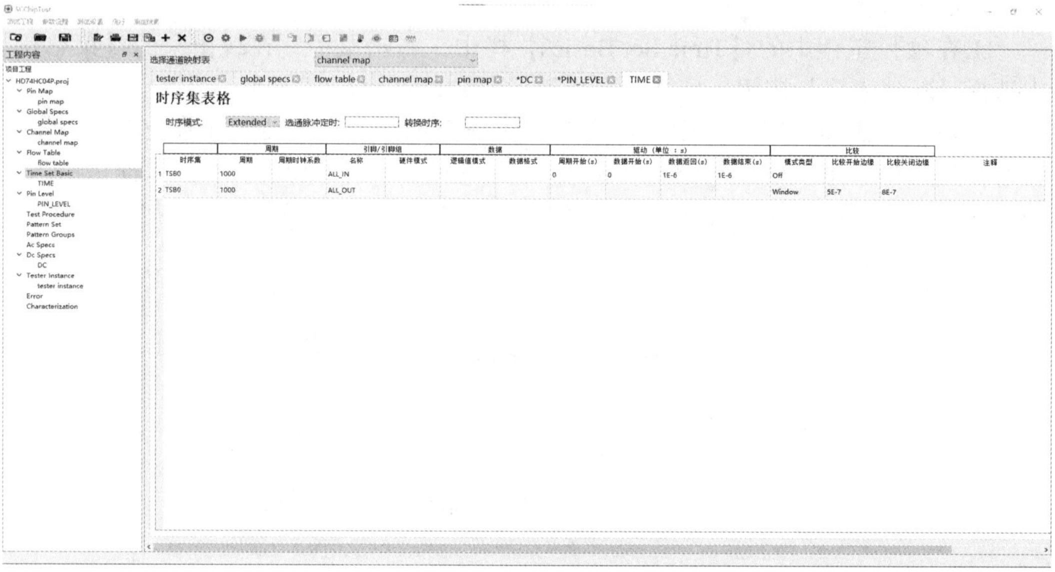

图6-47 时序设置

周期里面填写周期信息：

①引脚/引脚组里面填写已定义的引脚或者引脚组。

②驱动下的四个信息分别是驱动的四个边沿，分别为周期开始、数据开始、数据返回、数据结束。

③比较信息为采样时的两个点，模式类型为采样方式，包括是edge（边沿比较）、window（窗口采样比较）以及off（不比较）。

（6）连接性测试

连接性测试（Continuity Test）也称为Open-Short Test或Contact Test，用以确认在器件测试时所有的信号引脚都与测试系统相应的通道在电性能上完成了连接，并且没有信号引脚与其他信号引脚、电源或地发生短路。

Open-Short测试能快速检测出DUT是否存在电性物理缺陷，如引脚短路、bond wire缺失、引脚的静电损坏及制造缺陷等。

PPMU（Per Parametric Measurement Unit）是静态DC测试最常用的功能之一，它内置电压源、电流源、电压表和电流表。我们常用的功能是用它施压测流（FV-MI，Force Voltage Measure Current））和施流测压（FIMV，Force Current Measure

Voltage)。本实验采用PPMU对集成电路连接性进行测试。

测试原理图

①测试引脚与VCC引脚逻辑电路

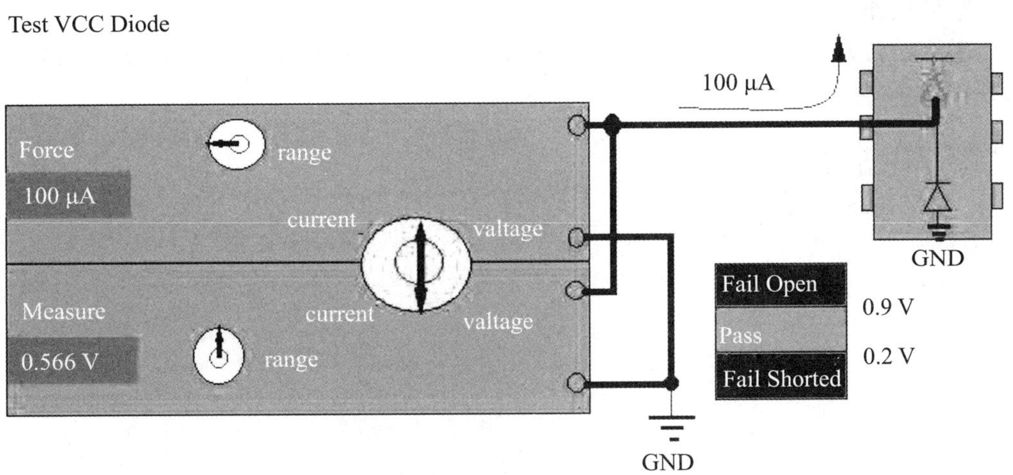

图6-48 连接性测试（VCC）逻辑电路及判定条件

测试步骤如下：

a. 将所有引脚接地包括VCC；

b. 将钳位电压设置为3.0V；

c. 使用PPMU强制100μA，一次一个引脚；

d. 等待几个毫秒的安定时间；

e. 测量因此而产生的电压。

②测试引脚与GND引脚逻辑电路

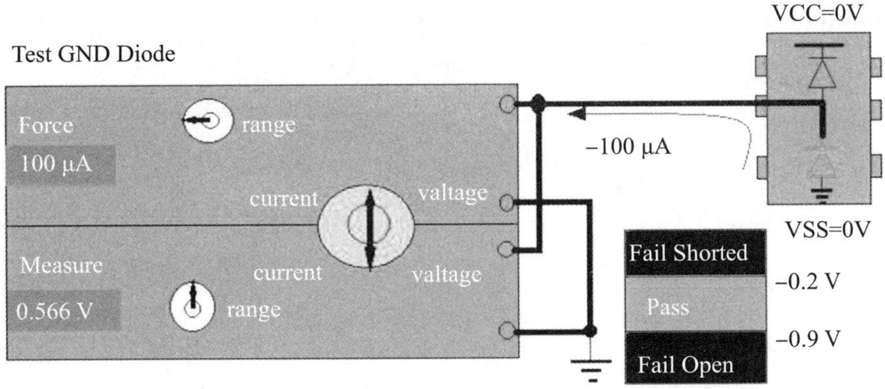

图6-49 连接性测试（GND）逻辑电路及判定条件

测试步骤如下：

a. 将所有引脚接地包括VCC；

b. 将钳位电压设置为−3.0V；

c. 使用PPMU强制-100μA，一次一个引脚；

d. 等待几个毫秒的稳定时间；

e. 测量因此而产生的电压。

软件操作

①双击打开工程目录栏中【Tester Instance】类型中的【tester instance】表格，如图6-50所示。

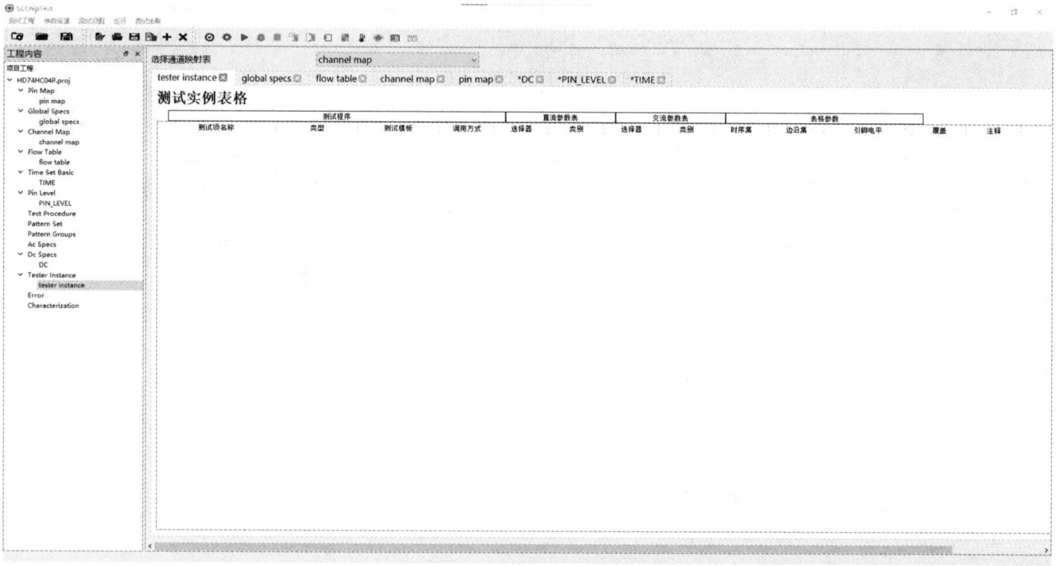

图6-50　打开测试实例表格

②在测试实例表格中添加一行数据，该行数据中会在【时序集】和【引脚电平】自动添加该项目中第一个创建的时序集表格（图6-51）和引脚电平表格。

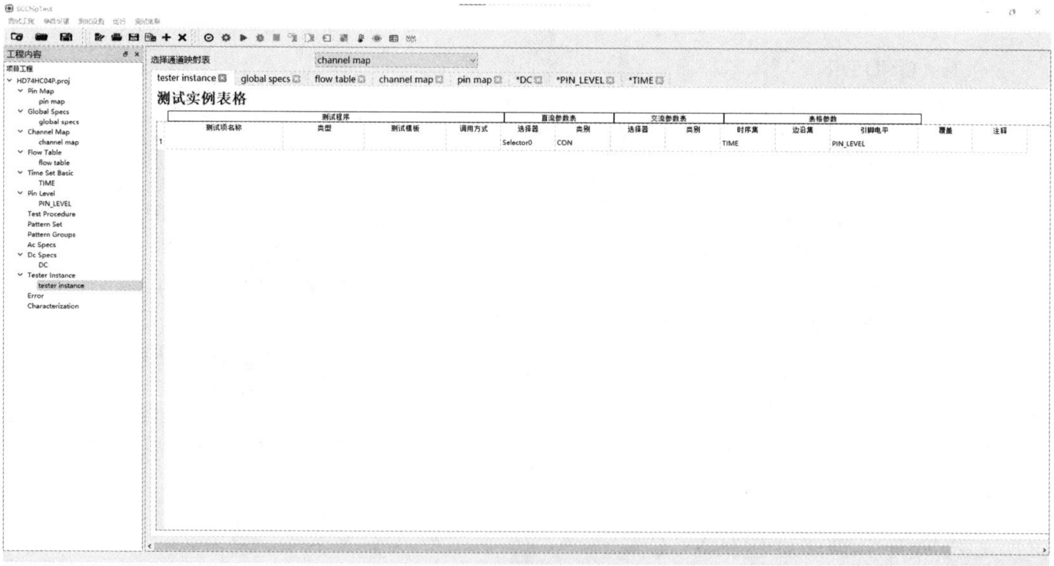

图6-51　实例表格新增测试项

③添加PPMU测试的具体步骤是：首先在该行中的【类型】列中的下拉框中选择【UESTC Template】，其次【名称】那一列中选择【PinPmu_T】测试，最后在【测试名称】列中设置测试的名称，如图6-52所示。

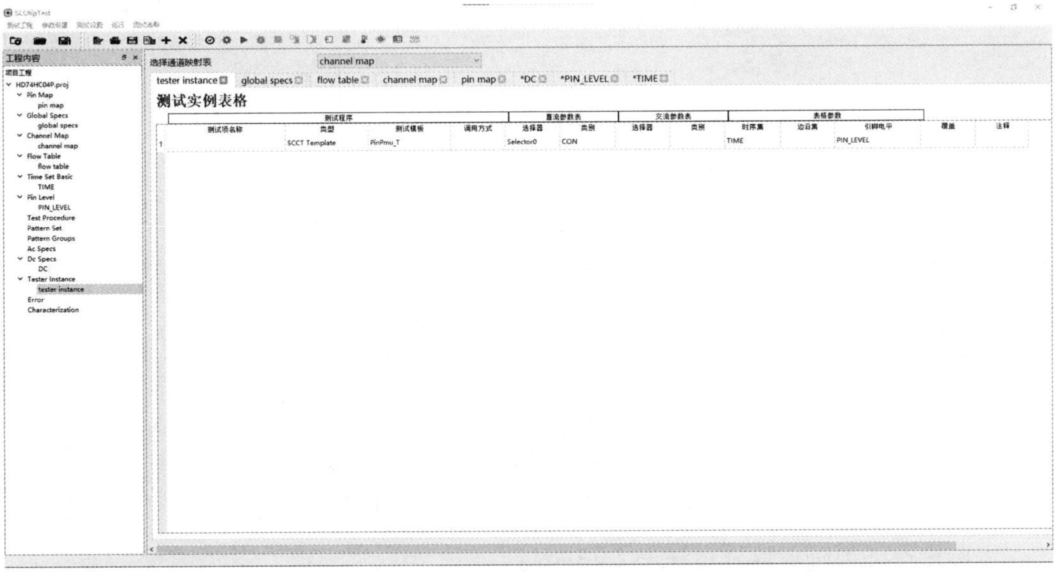

图6-52　测试项测试类型设置

④点击【测试名称】中自定义的测试名称后的【…】按钮，进入PPMU测试编辑器；空白的PPMU测试编辑器如图6-53所示。

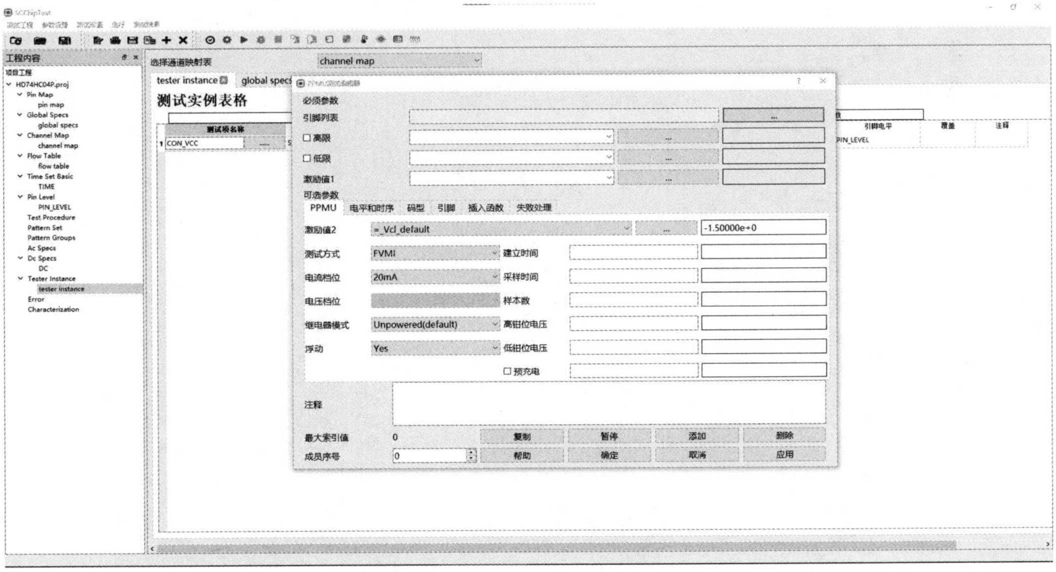

图6-53　空白PPMU编辑器

⑤在PPMU测试编辑器中，需要添加进行连接性测试的引脚（图6-54），引脚的添加如下所述：点击【引脚列表】输入框后的【…】按钮，进入引脚选择器，选择

进行测试的引脚。

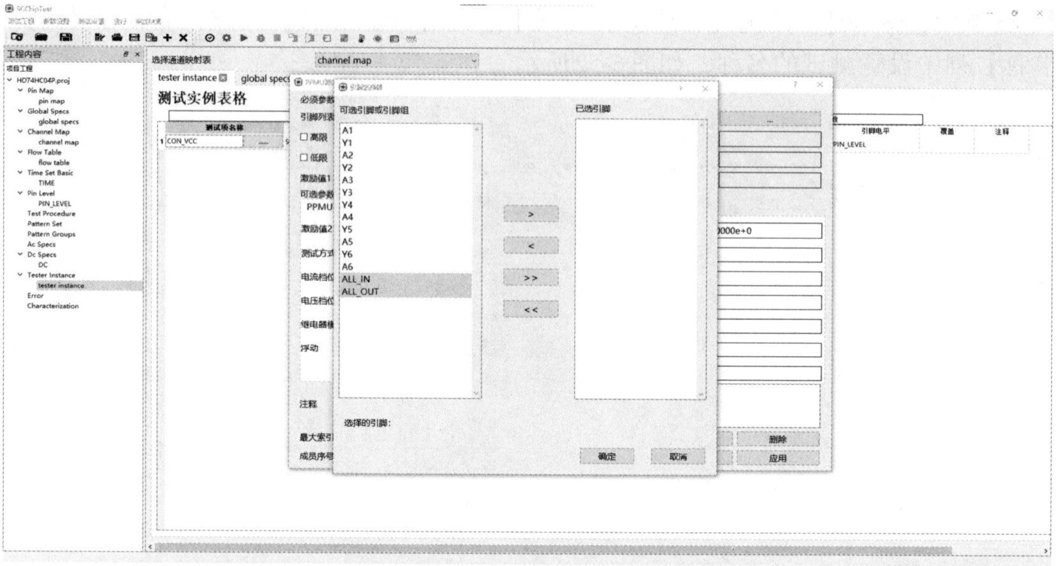

图6-54　PPMU编辑器添加引脚步骤

本测试项的引脚选择结果如图6-55所示。

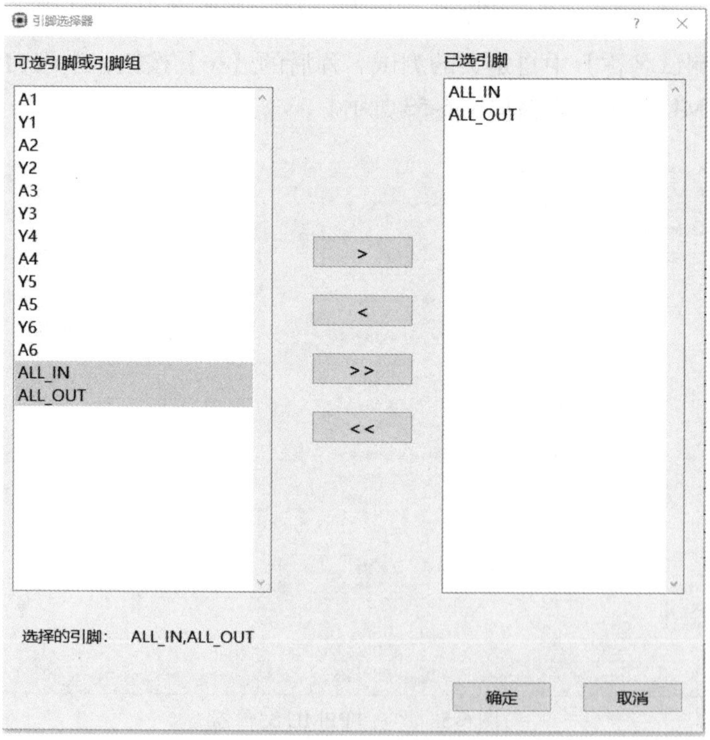

图6-55　连接性测试引脚新增

⑥其次对测试的激励值进行设置，之后对测试结果预期的范围进行设置，最后在可选参数中，对PPMU中的【测试方式】【电流档位】【钳位】电压进行设置，并对

电平和时序中的【电平集】和【时序集】进行选择，测试方式中主要包含施流测压（FIMV）、施压测流（FVMI）、施流测流（FIMI）、施压测压（FVMV）；电流档位主要包含20mA、2mA、200μA、20μA、2μA；在电流档位的选择中，一般选择大于激励值（或者测量值）且最接近的电流档位；将PPMU测试编辑器以上参数设置完成之后，先后点击该界面中的【应用】和【确定】按钮，关闭PPMU测试的编辑器。具体设置如图6-56所示。

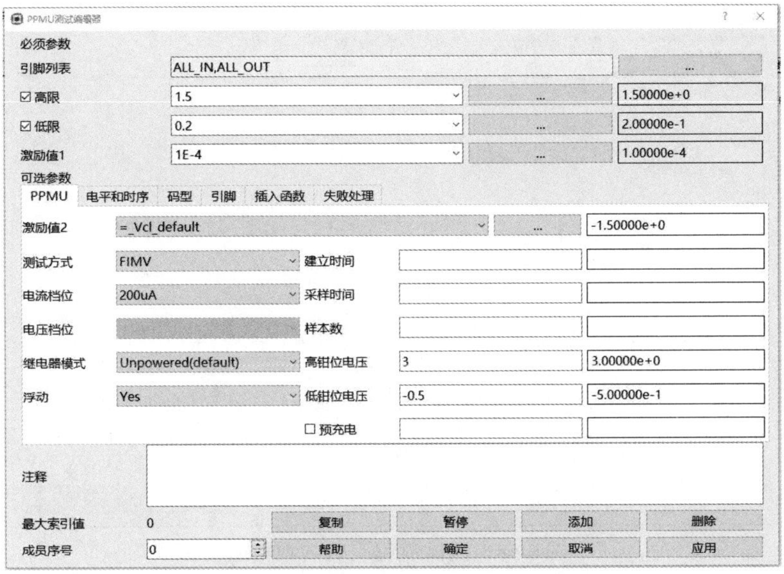

图6-56　连接性测试（对电源）具体参数设置

⑦重复②～⑥的步骤，创建另一个连接性的测试实例，其中本实验的具体参数如图6-57所示。

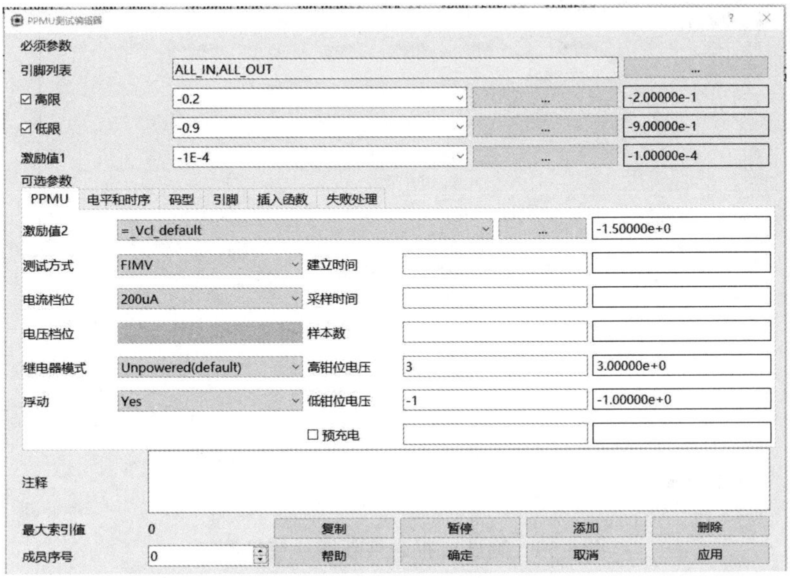

图6-57　连接性测试（对地）具体参数设置

⑧双击打开工程目录栏中【Flow Table】类型中的【flow table】表格。

⑨新增一行空白数据，在该行数据的【指令参数】列中的下拉框中选择，测试的指令（测试的指令为【Test】），在该行数据的【测试名称】列中的下拉框中选择具体进行测试的实例名称（图6-58）。其中，在测试实例中定义的测试项都会在该列中的下拉框中显示。

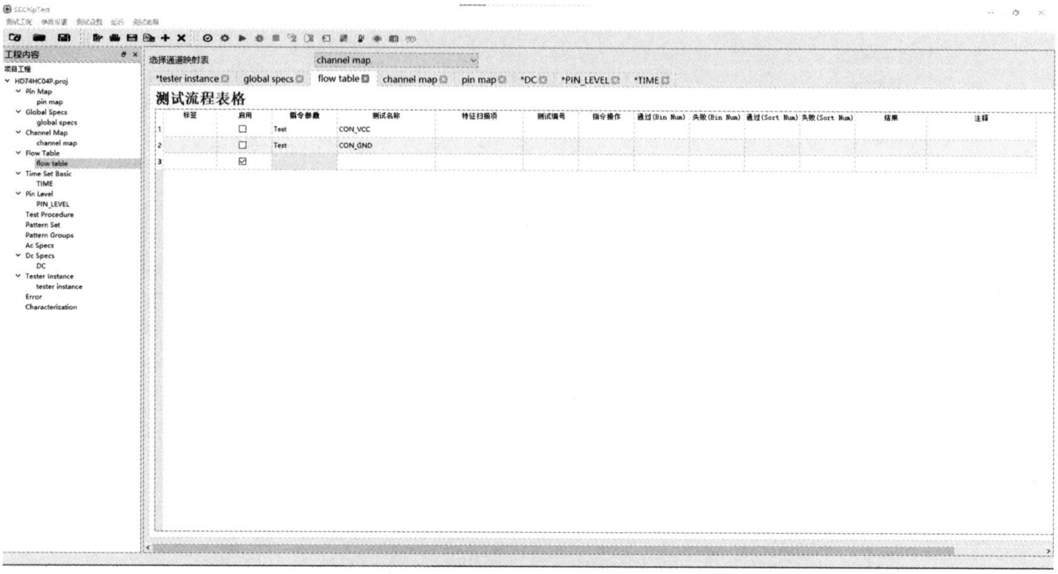

图6-58　测试流程表格内容新增

⑩将两条连接性测试的数据都添加进测试流程表格中（图6-59）。

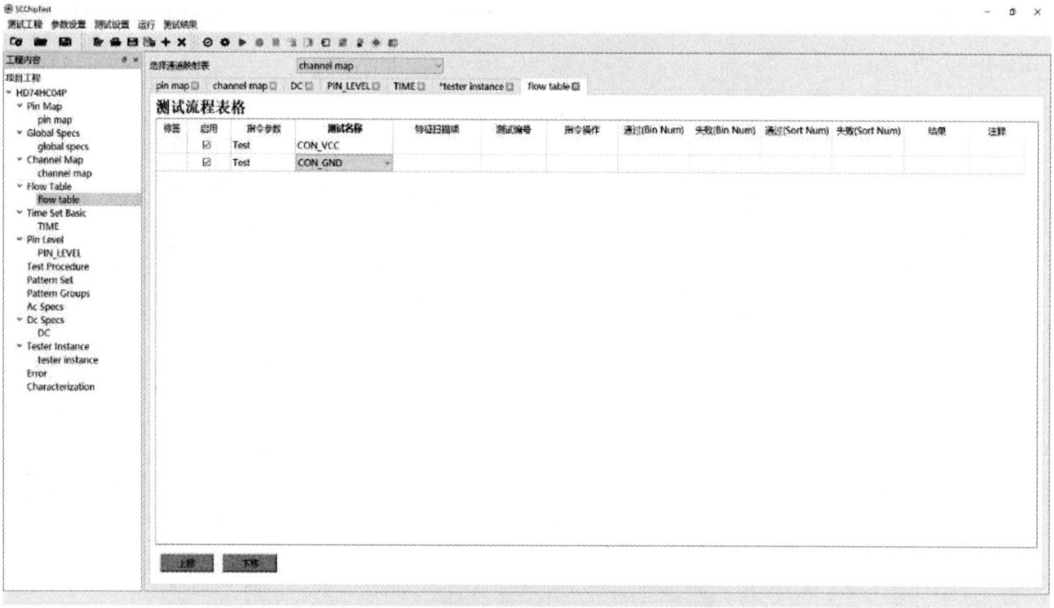

图6-59　测试流程表格新增连接性测试

⑪测试流程表格设置完成之后，即可运行测试程序（图 6-60）。

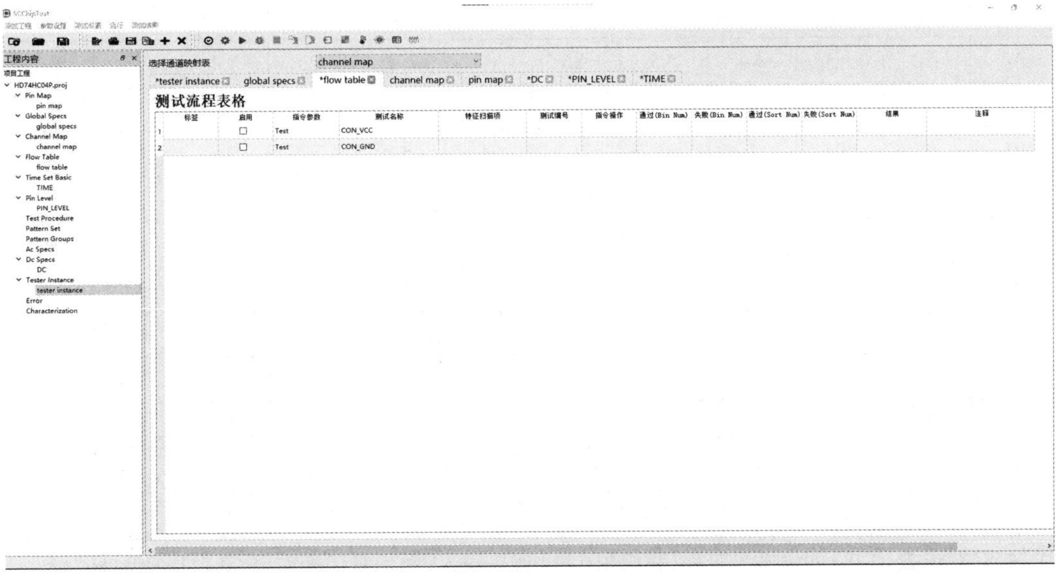

图 6-60　运行连接性测试

⑫本实验测试完成之后，具体的测试参数值如图 6-61 所示。

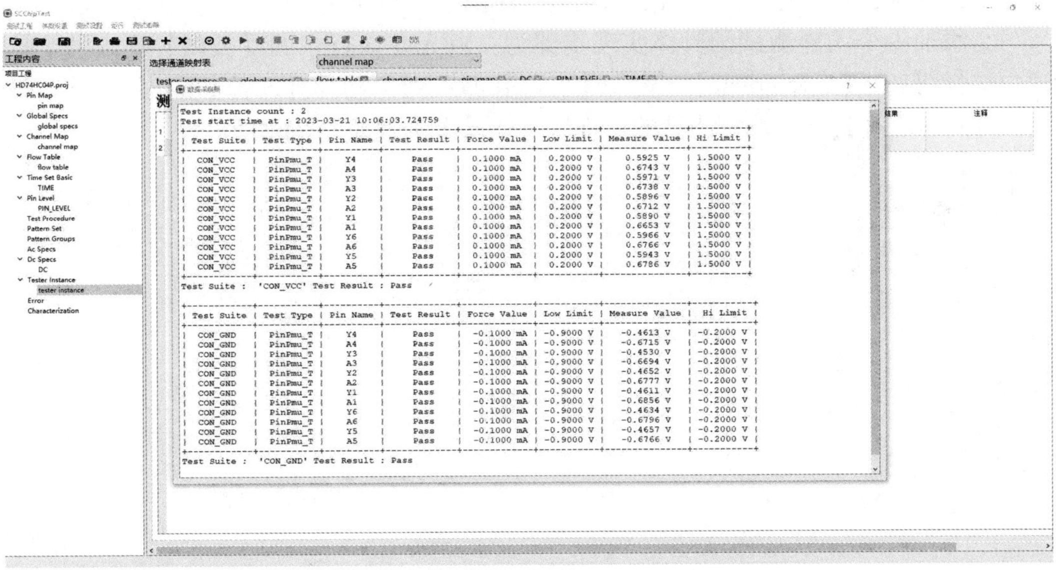

图 6-61　连接性测试结果

（7）基本功能测试

HD74HC04P 由六组非门组成，每一组与门真值表如表 6-10 所示，本实验的输入引脚总共有 6 个，其对应的真值表应该包含 2^6 条，由于本程序只用于测试实验，故只遍历了部分输入情况。

表6-10　HD74HC04P真值表

输入						输出					
A1	A2	A3	A4	A5	A6	Y1	Y2	Y3	Y4	Y5	Y5
1	1	1	1	1	1	L	L	L	L	L	L
0	1	0	1	0	1	H	L	H	L	H	L
1	0	1	0	1	0	L	H	L	H	L	H
1	1	1	0	0	0	L	L	L	H	H	H
0	0	0	1	1	1	H	H	H	L	L	L
0	0	1	1	1	1	H	H	L	L	L	L
0	1	1	1	1	1	H	L	L	L	L	L
0	0	0	0	0	1	H	H	H	H	H	L
0	0	0	0	1	1	H	H	H	H	L	L
0	0	1	1	1	0	H	H	L	L	L	H

注：在SCChipTest1.0.3的测试语言中，我们用0和1代表输入，用L、H代表输出，其中L为低，H为高。

依据这些测试条件开始操作软件：

①打开测试实例表格，在测试实例表格中添加一行数据；

②添加一个功能测试的具体实现步骤为：首先在该行中的【类型】列中的下拉框中选择【UESTC Template】，其次【名称】那一列中选择【Function_T】测试，最后在【测试名称】列中设置测试的名称。具体操作步骤如图6-62所示。

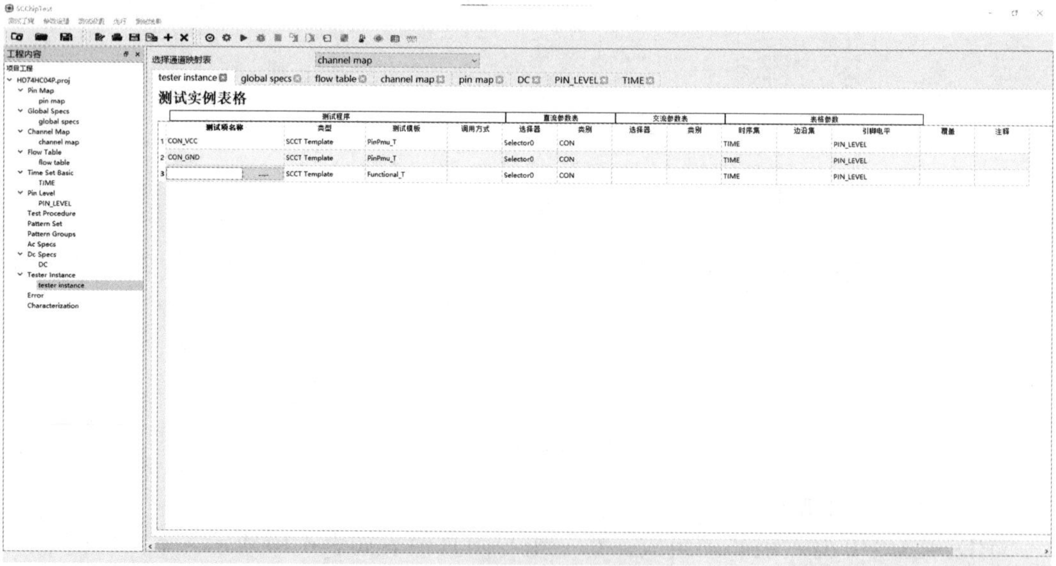

图6-62　测试实例表格新增内容

③点击【测试名称】中自定义的测试名称后的【…】按钮，进入该测试实例的功能测试的编辑器。图6-63为一个空白的功能测试编辑器。

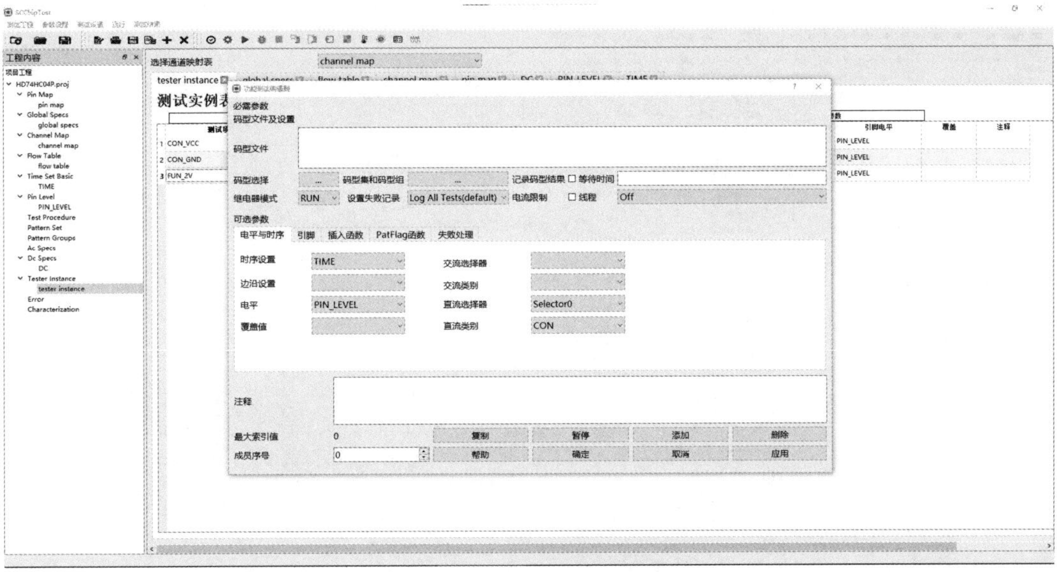

图 6-63　空白功能测试编辑器

④在创建成功测试项之后，需要创建一个pattern文件。本实验使用的pattern如图6-64所示。

```
FUN.txt - 记事本
文件(F)  编辑(E)  格式(O)  查看(V)  帮助(H)
import tset TSB0;

vector($tset, A1, A2, A3, A4, A5, A6, Y1, Y2, Y3, Y4, Y5, Y6){
    >TSB0  1  1  1  1  1  1  L  L  L  L  L  L;
    >TSB0  0  1  0  1  0  1  H  L  H  L  H  L;
    >TSB0  1  0  1  0  1  0  L  H  L  H  L  H;
    >TSB0  1  1  1  0  0  0  L  L  L  H  H  H;
    >TSB0  0  0  0  1  1  1  H  H  H  L  L  L;
    >TSB0  0  0  1  1  1  1  H  H  L  L  L  L;
    >TSB0  0  1  1  1  1  1  H  L  L  L  L  L;
    >TSB0  0  0  0  0  0  1  H  H  H  H  H  L;
    >TSB0  0  0  0  0  1  1  H  H  H  H  L  L;
    >TSB0  0  0  1  1  1  0  H  H  L  L  L  H;

}
```

图 6-64　功能测试pattern设置

⑤在该功能测试编辑器中，首先需要添加进行功能测试的pattern文件，添加patttern文件的步骤为点击【码型选择】后的【…】按钮，进入打开文件的界面。在该界面中找到进行测试的码型文件，之后点击【打开】按钮，打开文件成功后，会在【码型文件】后的输入框中显示该码型文件的绝对路径，之后便是对该条件下的电平和时序进行设置，分别在【时序设置】和【电平】后的下拉框中选择适合本测试的引脚电平表和时序集表格。其中在本实验该条件下的功能测试编辑器的设置如图6-65所示。

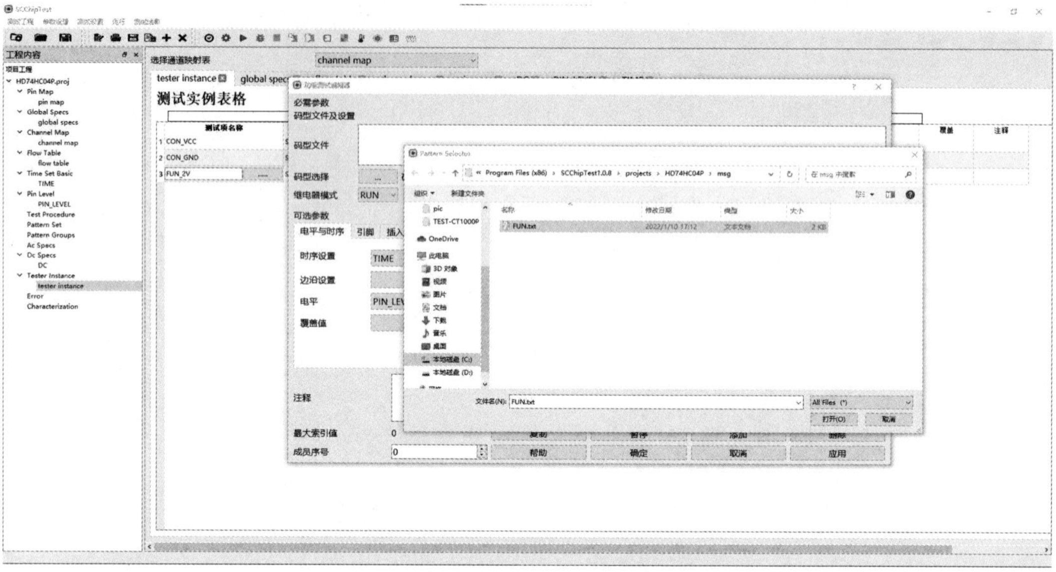

图6-65　功能测试编辑器参数设置

该测试项在2V条件下的功能测试编辑器的设置如图6-66所示。

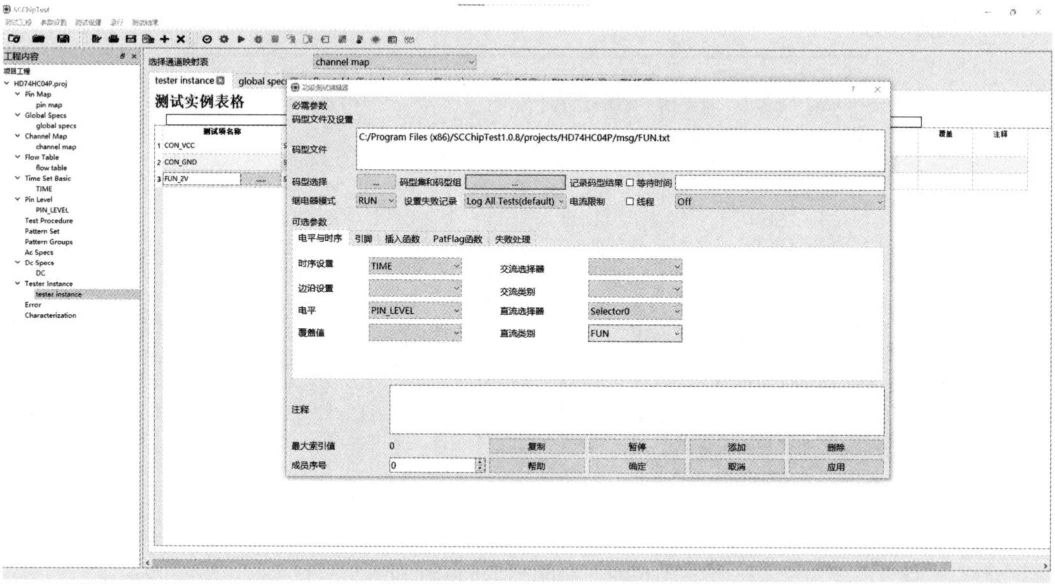

图6-66　功能测试设置（2V）

⑥重复②～⑤的步骤，创建另两个条件下的功能测试实例（图6-67）。

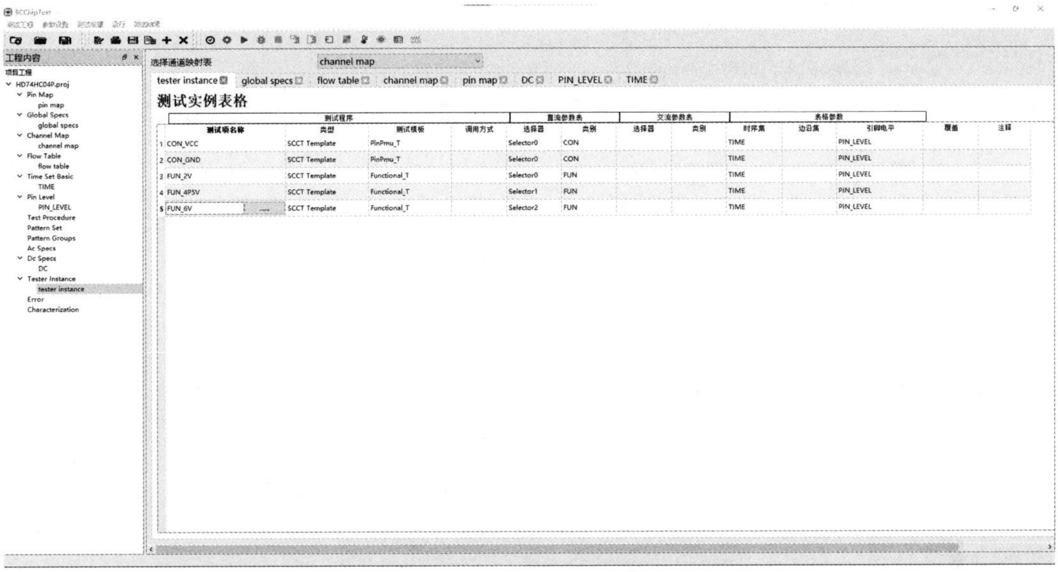

图6-67　功能测试项

⑦双击打开工程目录栏中【Flow Table】类型中的【flow table】表格。在该表格中新增一行空白数据，在该行数据的【指令参数】列中的下拉框中选择测试的指令（测试的指令为【Test】），在该行数据的【测试名称】列中的下拉框中选择具体进行测试的实例名称（图6-68）。其中，在测试实例中定义的测试项都会在该列中的下拉框中显示，将三条功能测试的数据都添加进测试流程表格中。

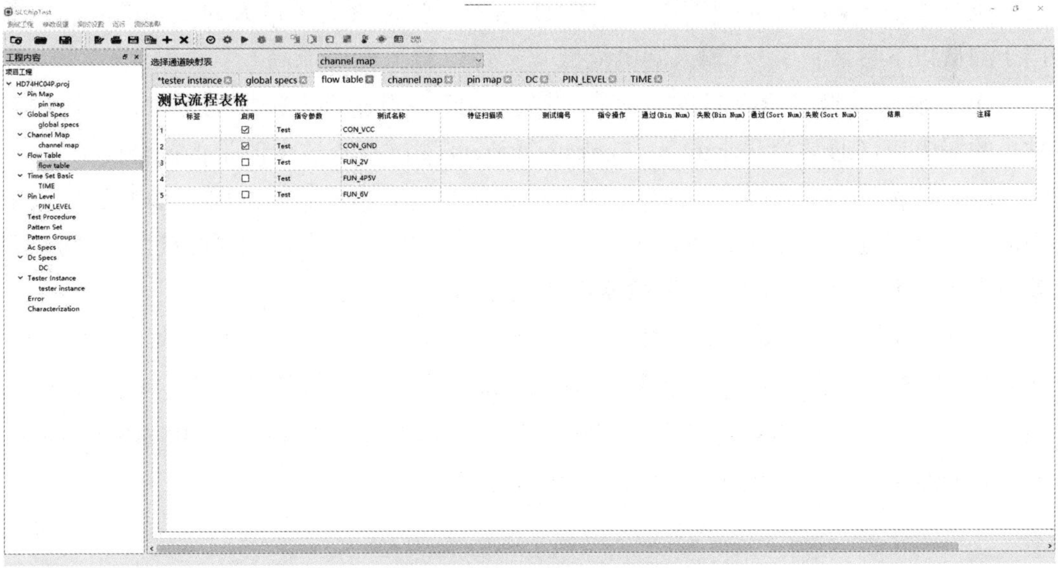

图6-68　测试流程表格设置

⑧测试流程表格设置完成之后，即可运行测试程序。本实验测试完成之后，具体的参数值如图6-69所示。

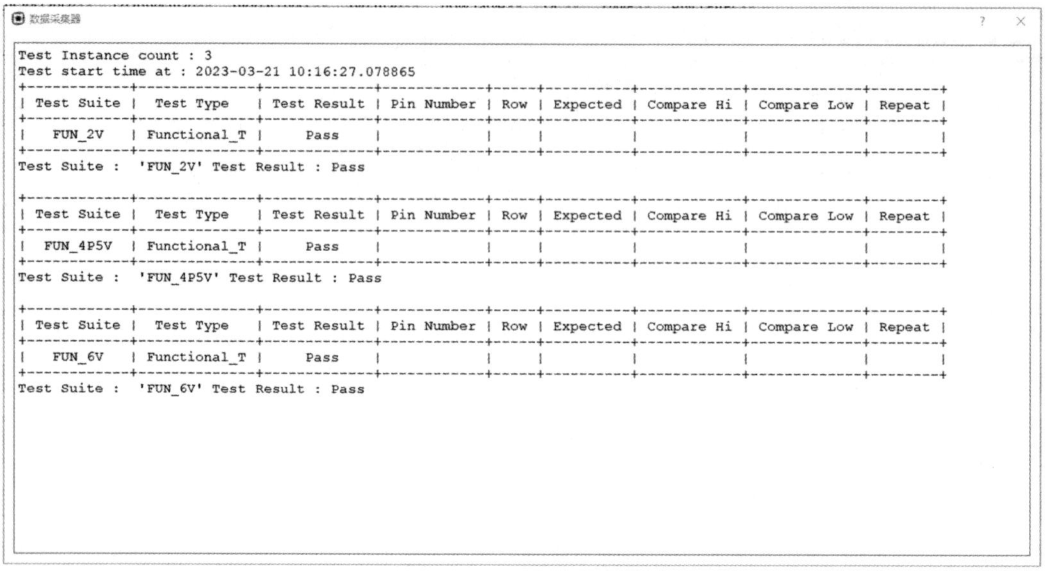

图6-69　功能测试结果

（8）漏电流测试

Leakage current 是指器件需要的或不需要的电流，由附近电压源和电流测量走线之间的高阻抗路径产生。导体的距离或间隔越大，漏电流越小。导体之间的距离越近，漏电流越大。导体面积越大，漏电流越大。

执行 Leakage current 测试以验证 DUT 输入引脚是否需要过大的驱动电流。它适用于测量以下参数：I_{IL}（输入漏电流低）、I_{IH}（输入漏电流高）。

DUT 输入引脚的输入阻抗通常非常高。因此，当在其上施加电压时，仅流过非常小的漏电流（通常为几十μA）。Leakage current 测试检查这个值是否符合要求。

漏电流测试的是芯片输入脚上的输入电流，一个芯片的输入脚，输入阻抗通常很高，因此当施加电压时，仅流过非常小的电流（几十μA）；如果电流过大，则说明该引脚有故障。该测试的目的是检测 DUT 的输入负载特性。

由于测试机台的限制，本实验输入输出引脚最高只可到 5V，故本实验测试 HD74HC04P 的 I_{IH}、I_{IL}。I_{IH} 使用引脚输入高电平（5V）时的漏电流，I_{IL} 对应引脚输入低电平（0V）时的漏电流，具体数值参考图6-70，对于 HD74HC04P 和 SN54HC08 \SN54HC08 来说，应不大于±1 000nA。

PARAMET ER	TEST CONDITIONS		V_{CC}	T_A=25℃ MIN	TYP	MAX	SN54HC08 MIN	MAX	SN74HC08 MIN	MAX	UNIT
V_{OH}	V_I=V_{IH} or V_{IL}	I_{OH}=–20 μA	2 V	1.9	1.998		1.9		1.9		V
			4.5 V	4.4	4.499		4.4		4.4		
			6 V	5.9	5.999		5.9		5.9		
		I_{OH}=–4 mA	4.5 V	3.98	4.3		3.7		3.84		
		I_{OH}=–5.2 mA	6 V	5.48	5.8		5.2		5.34		
V_{OL}	V_I=V_{IH} or V_{IL}	I_{OL}=20 μA	2 V		0.002	0.1		0.1		0.1	V
			4.5 V		0.001	0.1		0.1		0.1	
			6 V		0.001	0.1		0.1		0.1	
		I_{OL}=4 mA	4.5 V		0.17	0.26		0.4		0.33	
		I_{OL}=5.2 mA	6 V		0.15	0.26		0.4		0.33	
I_I	V_I=V_{cc} or 0		6 V		±0.1	±100		±1000		±1000	nA
I_{CC}	V_I=V_{cc} or 0， I_O=0		6 V			2		40		20	μA
C_i			2 V to 6V		3	10		10		10	pF

图6-70　漏电流参数

测试方法是：向引脚输出电压（5V、0V），同时测量输出的电流，即施压测流（FVMI）。

以下仅举例5V的测试流程，0V的请自行完成：

①打开测试实例表格，在测试实例表格中添加一行数据；

②添加一个功能测试的具体实现步骤为：首先在该行中的【类型】列中的下拉框中选择【UESTC Template】，其次【名称】那一列中选择【PinPmu_T】测试，最后在【测试名称】列中设置测试的名称，如图6-71所示。

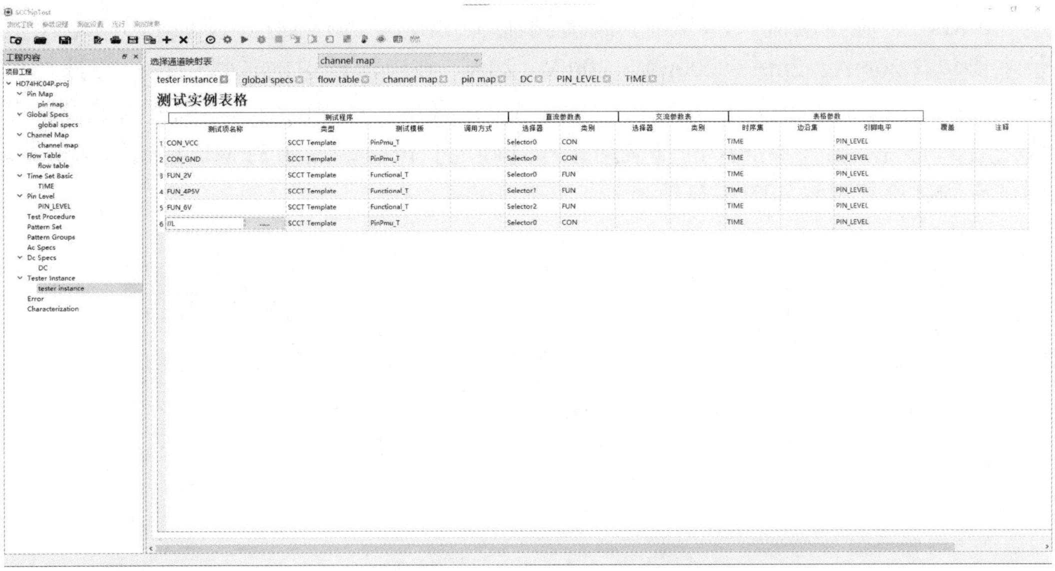

图6-71　漏电流测试项新增

③点击【测试名称】中自定义的测试名称后的【…】按钮，进入该测试实例的功能测试的编辑器。

④在该PPMU测试编辑器中，需要添加进行漏电流测试的引脚。引脚的添加如下所述：点击【引脚列表】输入框后的【…】按钮，进入引脚选择器中，选择做该测试的引脚，如图6-72所示。

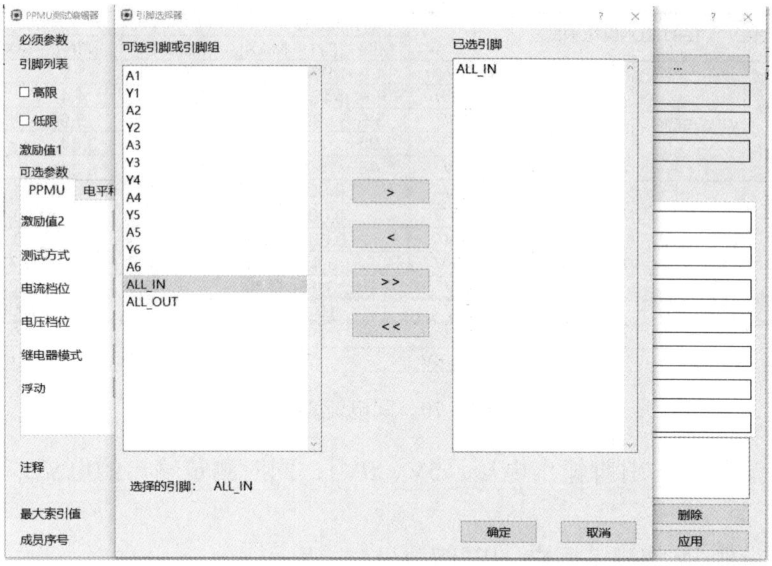

图 6-72　漏电流测试引脚选择

⑤对测试的激励值进行设置，之后对测试结果预期的范围进行设置，最后在可选参数中，对PPMU中的【测试方式】【电流档位】【钳位】电压进行设置，并对电平和时序中的【电平集】和【时序集】进行选择。其中，测试方式中主要包含施流测压（FIMV）、施压测流（FVMI）、施流测流（FIMI）、施压测压（FVMV）。电流档位主要包含20mA、2mA、200μA、20μA、2μA。在电流档位的选择中，一般选择大于激励值（或者测量值）并最接近的电流档位；将PPMU测试编辑器以上参数设置完成之后，先后点击该界面中的【应用】和【确定】按钮，关闭PPMU测试的编辑器。漏电流测试参数设置如图6-73所示。

图 6-73　漏电流测试参数设置

⑥重复②～⑤的步骤，创建另一个漏电流的测试实例（图6-74）。

图6-74　漏电流参数设置

⑦双击打开工程目录栏中【Flow Table】类型中的【flow table】表格。新增一行空白数据，在该行数据的【指令参数】列中的下拉框中选择，测试的指令（测试的指令为【Test】），在该行数据的【测试名称】列中的下拉框中选择具体进行测试的实例名称。其中，在测试实例中定义的测试项都会在该列中的下拉框中显示，将两条漏电流测试的数据都添加进测试流程表格中。测试流程表格新增漏电流如图6-75所示。

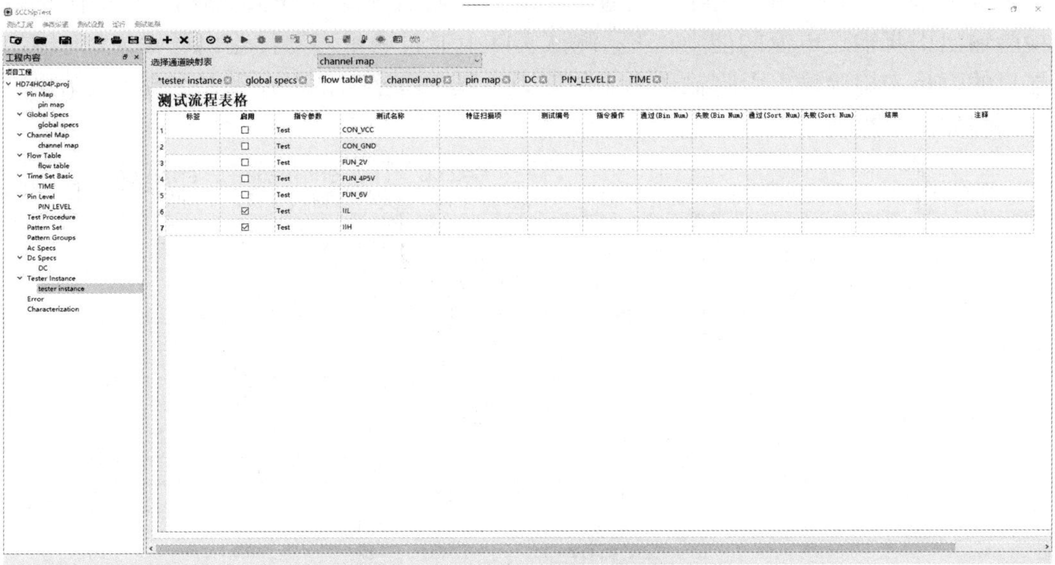

图6-75　测试流程表格新增漏电流

⑧测试流程表格设置完成之后，即可运行测试程序。

⑨本实验测试完成之后，具体的参数值如图6-76所示。

```
数据采集器

Test Instance count : 2
Test start time at : 2023-03-21 10:23:19.154130
+------------+-----------+----------+-------------+-------------+-------------+---------------+------------+
| Test Suite | Test Type | Pin Name | Test Result | Force Value | Low Limit   | Measure Value | Hi Limit   |
+------------+-----------+----------+-------------+-------------+-------------+---------------+------------+
|    IIL     | PinPmu_T  |    A4    |    Pass     |     0 V     | -1.0000 uA  |  0.6175 uA    | 1.0000 uA  |
|    IIL     | PinPmu_T  |    A3    |    Pass     |     0 V     | -1.0000 uA  |  0.6166 uA    | 1.0000 uA  |
|    IIL     | PinPmu_T  |    A2    |    Pass     |     0 V     | -1.0000 uA  |  0.6168 uA    | 1.0000 uA  |
|    IIL     | PinPmu_T  |    A1    |    Pass     |     0 V     | -1.0000 uA  |  0.6169 uA    | 1.0000 uA  |
|    IIL     | PinPmu_T  |    A6    |    Pass     |     0 V     | -1.0000 uA  |  0.6254 uA    | 1.0000 uA  |
|    IIL     | PinPmu_T  |    A5    |    Pass     |     0 V     | -1.0000 uA  |  0.6256 uA    | 1.0000 uA  |
+------------+-----------+----------+-------------+-------------+-------------+---------------+------------+
Test Suite :  'IIL' Test Result : Pass

+------------+-----------+----------+-------------+-------------+-------------+---------------+------------+
| Test Suite | Test Type | Pin Name | Test Result | Force Value | Low Limit   | Measure Value | Hi Limit   |
+------------+-----------+----------+-------------+-------------+-------------+---------------+------------+
|    IIH     | PinPmu_T  |    A4    |    Pass     |  5.0000 V   | -1.0000 uA  |  0.6178 uA    | 1.0000 uA  |
|    IIH     | PinPmu_T  |    A3    |    Pass     |  5.0000 V   | -1.0000 uA  |  0.6167 uA    | 1.0000 uA  |
|    IIH     | PinPmu_T  |    A2    |    Pass     |  5.0000 V   | -1.0000 uA  |  0.6165 uA    | 1.0000 uA  |
|    IIH     | PinPmu_T  |    A1    |    Pass     |  5.0000 V   | -1.0000 uA  |  0.6169 uA    | 1.0000 uA  |
|    IIH     | PinPmu_T  |    A6    |    Pass     |  5.0000 V   | -1.0000 uA  |  0.6252 uA    | 1.0000 uA  |
|    IIH     | PinPmu_T  |    A5    |    Pass     |  5.0000 V   | -1.0000 uA  |  0.6257 uA    | 1.0000 uA  |
+------------+-----------+----------+-------------+-------------+-------------+---------------+------------+
Test Suite :  'IIH' Test Result : Pass
```

图6-76 漏电流测试结果

（9）V_{OH}/V_{OL} 测试

V_{OH}/V_{OL} 指芯片输出为高/低时的输出电压。

V_{OH} 指器件输出逻辑1时输出引脚上需要保证的最低电压（输出电平的最小值）；I_{OH} 指器件输出逻辑1时输出引脚上的负载电流（拉电流）。

V_{OL} 指器件输出逻辑0时输出引脚上需要压制的最高电压（输出电平的最大值）；I_{OL} 指器件输出引脚上的负载电流（灌电流）。

测量目的：V_{OH} 测试实际上是通过测量器件输出逻辑为1时，输出端口的阻抗来检验输出引脚输送电流的能力；V_{OL} 测试实际上通过测量当器件输出逻辑为0时输出端口的阻抗来检验输出引脚输送电流的能力。其中本实验的 V_{OH} 和 V_{OL} 的测试结果参考内容如图6-77所示。

PARAMETER	TEST CONDITIONS		V_{CC}	T_A=25℃			SN54HC08		SN74HC08		UNIT
				MIN	TYP	MAX	MIN	MAX	MIN	MAX	
V_{OH}	$v_I=v_{IH}$ or v_{IL}	I_{OH}=–20 μA	2 V	1.9	1.998		1.9		1.9		V
			4.5 V	4.4	4.499		4.4		4.4		
			6 V	5.9	5.999		5.9		5.9		
		I_{OH}=–4 mA	4.5 V	3.98	4.3		3.7		3.84		
		I_{OH}=–5.2 mA	6 V	5.48	5.8		5.2		5.34		
V_{OL}	$v_I=v_{IH}$ or v_{IL}	I_{OL}=20 μA	2 V		0.002	0.1		0.1		0.1	V
			4.5 V		0.001	0.1		0.1		0.1	
			6 V		0.001	0.1		0.1		0.1	
		I_{OL}=4 mA	4.5 V		0.17	0.26		0.4		0.33	
		I_{OL}=5.2 mA	6 V		0.15	0.26		0.4		0.33	
I_I	$v_I=v_{cc}$ or 0		6 V		±0.1	±100		±1000		±1000	nA
I_{CC}	$v_I=v_{cc}$ or 0， I_O=0		6 V			2		40		20	μA
C_i			2 V to 6V		3	10		10		10	pF

图6-77 V_{OL}/V_{OH} 参数参考

测试方法：将所有输入引脚设置为高/低电平，同时向输出引脚施加电流，测量此时的电压。

这里以2V条件下的V_{OH}为例介绍测试流程，其余条件下的V_{OH}和V_{OL}测试请自行完成：

①双击打开工程目录栏中【Tester Instance】类型中的【tester instance】表格；

②在测试实例表格中添加一行数据，在【时序集】和【引脚电平】自动添加该项目中第一个创建的时序集表格和引脚电平表格。

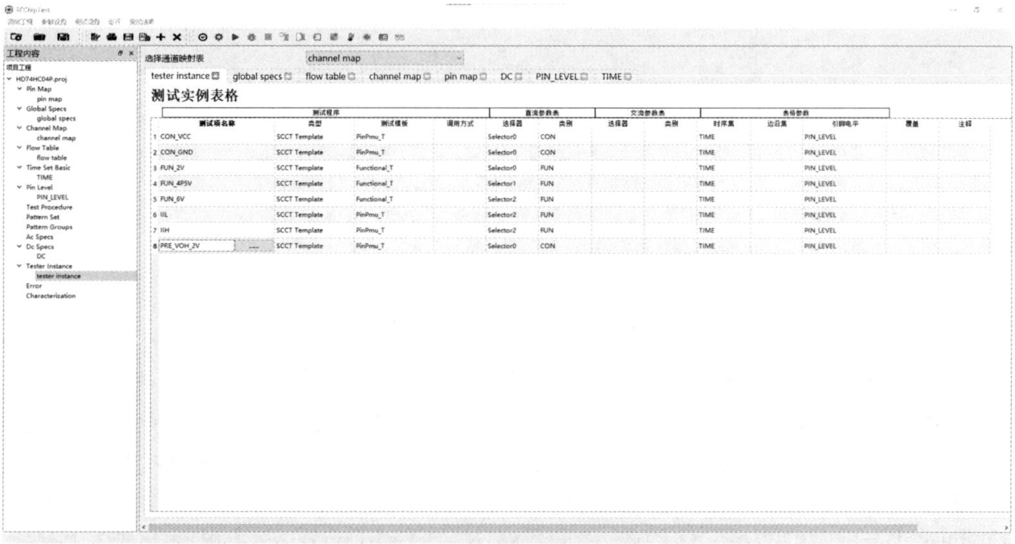

图6-78　新增V_{OH}预置条件

③若是需要输出引脚输出逻辑为高，那么由该芯片的逻辑特性可知，只有当该芯片的两输入引脚的输入值都为高时，输出引脚才会输出为高，故需要对芯片的输入引脚的输入电平进行限制。该测试的编辑器的设置如图6-79所示。

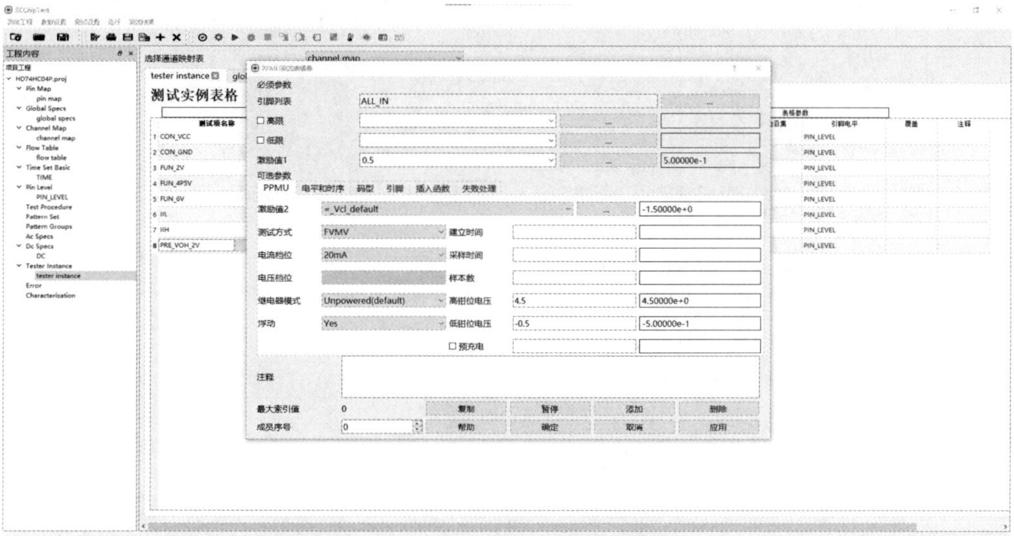

图6-79　V_{OH}预置条件参数设置

④设置V_{OH}的测试项：在测试实例表格中添加一行数据，在【时序集】和【引脚电平】自动添加该项目中第一个创建的时序集表格和引脚电平表格。添加一个PPMU测试，具体实现步骤如图6-80所示。

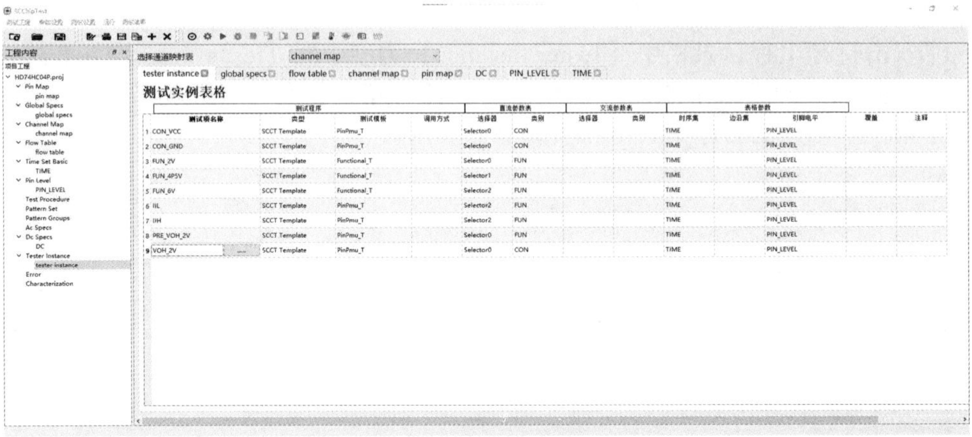

图6-80　新增V_{OH}测试项

⑤点击【测试名称】中自定义的测试名称后的【…】按钮，进入测试实例中的V_{OH}测试的PPMU测试编辑器。在该PPMU测试编辑器中，需要添加进行V_{OH}测试的引脚，引脚的添加如下所述：点击【引脚列表】输入框后的【…】按钮，进入引脚选择器中，选择该测试所需的引脚；其次对测试的激励值进行设置，之后对测试结果预期的范围进行设置，最后在可选参数中，对PPMU中的【测试方式】【电流档位】【钳位】电压进行设置，并对电平和时序中的【电平集】和【时序集】进行选择。将PPMU测试编辑器以上参数设置完成之后，先后点击该界面中的【应用】和【确定】按钮，关闭PPMU测试的编辑器。本实验该测试项的具体设置如6-81所示。

图6-81　测试编辑器设置值参考

⑥其中本实验 V_{OH} 和 V_{OL} 的测试主要包含以下几种测试实例（图 6-82）。

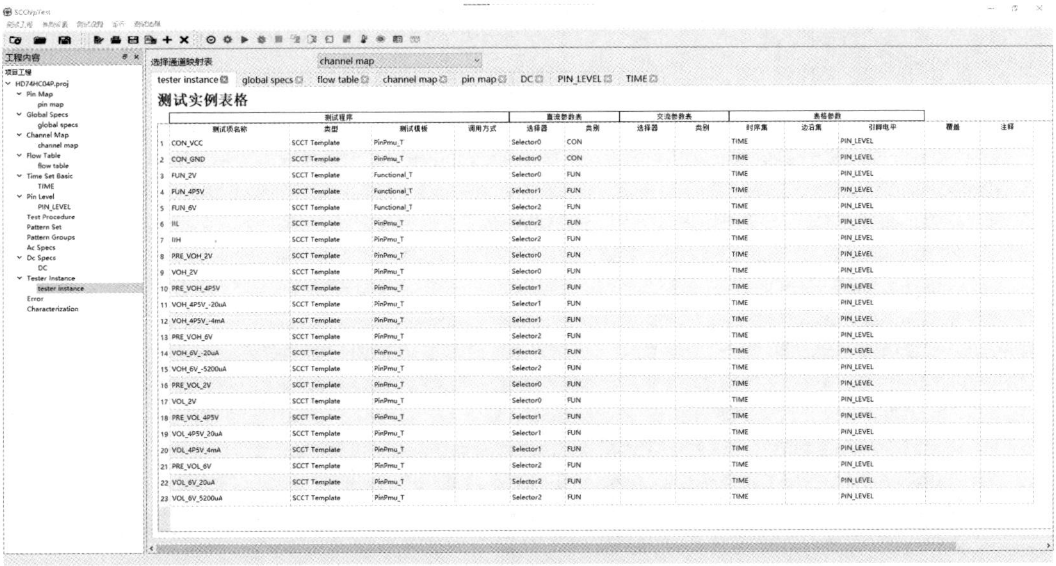
选择通道映射表 channel map

tester instance | global specs | flow table | channel map | pin map | DC | PIN_LEVEL | TIME

测试实例表格

	测试程序				直流参数表		交流参数表		表格参数				
	测试项名称	类型	测试模板	调用方式	选择器	类别	选择器	类别	时序集	边沿集	引脚电平	覆盖	注释
1	CON_VCC	SCCT Template	PinPmu_T		Selector0	CON			TIME		PIN_LEVEL		
2	CON_GND	SCCT Template	PinPmu_T		Selector0	CON			TIME		PIN_LEVEL		
3	FUN_2V	SCCT Template	Functional_T		Selector0	FUN			TIME		PIN_LEVEL		
4	FUN_4P5V	SCCT Template	Functional_T		Selector1	FUN			TIME		PIN_LEVEL		
5	FUN_6V	SCCT Template	Functional_T		Selector2	FUN			TIME		PIN_LEVEL		
6	IIL	SCCT Template	PinPmu_T		Selector2	FUN			TIME		PIN_LEVEL		
7	IIH	SCCT Template	PinPmu_T		Selector2	FUN			TIME		PIN_LEVEL		
8	PRE_VOH_2V	SCCT Template	PinPmu_T		Selector0	FUN			TIME		PIN_LEVEL		
9	VOH_2V	SCCT Template	PinPmu_T		Selector0	FUN			TIME		PIN_LEVEL		
10	PRE_VOH_4P5V	SCCT Template	PinPmu_T		Selector1	FUN			TIME		PIN_LEVEL		
11	VOH_4P5V_-20uA	SCCT Template	PinPmu_T		Selector1	FUN			TIME		PIN_LEVEL		
12	VOH_4P5V_-4mA	SCCT Template	PinPmu_T		Selector1	FUN			TIME		PIN_LEVEL		
13	PRE_VOH_6V	SCCT Template	PinPmu_T		Selector2	FUN			TIME		PIN_LEVEL		
14	VOH_6V_-20uA	SCCT Template	PinPmu_T		Selector2	FUN			TIME		PIN_LEVEL		
15	VOH_6V_-5200uA	SCCT Template	PinPmu_T		Selector2	FUN			TIME		PIN_LEVEL		
16	PRE_VOL_2V	SCCT Template	PinPmu_T		Selector0	FUN			TIME		PIN_LEVEL		
17	VOL_2V	SCCT Template	PinPmu_T		Selector0	FUN			TIME		PIN_LEVEL		
18	PRE_VOL_4P5V	SCCT Template	PinPmu_T		Selector1	FUN			TIME		PIN_LEVEL		
19	VOL_4P5V_20uA	SCCT Template	PinPmu_T		Selector1	FUN			TIME		PIN_LEVEL		
20	VOL_4P5V_4mA	SCCT Template	PinPmu_T		Selector1	FUN			TIME		PIN_LEVEL		
21	PRE_VOL_6V	SCCT Template	PinPmu_T		Selector2	FUN			TIME		PIN_LEVEL		
22	VOL_6V_20uA	SCCT Template	PinPmu_T		Selector2	FUN			TIME		PIN_LEVEL		
23	VOL_6V_5200uA	SCCT Template	PinPmu_T		Selector2	FUN			TIME		PIN_LEVEL		

图 6-82　V_{OH}/V_{OL} 测试项

⑦双击打开工程目录栏中【Flow Table】类型中的【flow table】表格；新增一行空白数据，在该行数据的【指令参数】列中的下拉框中选择测试的指令（测试的指令为【Test】），在该行数据的【测试名称】列中的下拉框中选择具体进行测试的实例名称。其中，在测试实例中定义的测试项都会在该列中的下拉框中显示。

⑧将所有的 V_{OH} 和 V_{OL} 都添加进测试流程表格中。

⑧本实验测试完成之后，具体的测试的参数值如图 6-83～6-85 所示。

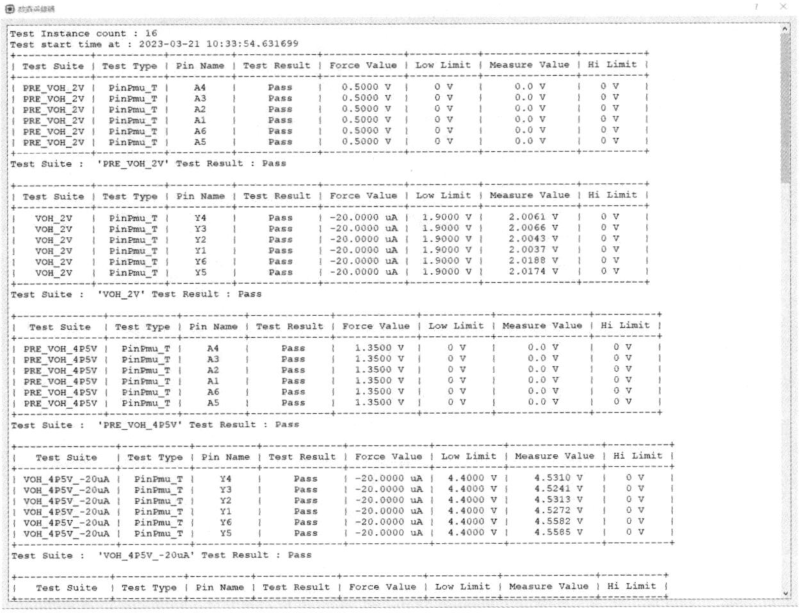
```
Test Instance count : 16
Test start time at : 2023-03-21 10:33:54.631699
+-------------+------------+-----------+-------------+---------------+-----------+---------------+----------+
| Test Suite  | Test Type  | Pin Name  | Test Result | Force Value   | Low Limit | Measure Value | Hi Limit |
+-------------+------------+-----------+-------------+---------------+-----------+---------------+----------+
| PRE_VOH_2V  | PinPmu_T   |    A4     |    Pass     |  0.5000 V     |   0 V     |    0.0 V      |   0 V    |
| PRE_VOH_2V  | PinPmu_T   |    A3     |    Pass     |  0.5000 V     |   0 V     |    0.0 V      |   0 V    |
| PRE_VOH_2V  | PinPmu_T   |    A2     |    Pass     |  0.5000 V     |   0 V     |    0.0 V      |   0 V    |
| PRE_VOH_2V  | PinPmu_T   |    A1     |    Pass     |  0.5000 V     |   0 V     |    0.0 V      |   0 V    |
| PRE_VOH_2V  | PinPmu_T   |    A6     |    Pass     |  0.5000 V     |   0 V     |    0.0 V      |   0 V    |
| PRE_VOH_2V  | PinPmu_T   |    A5     |    Pass     |  0.5000 V     |   0 V     |    0.0 V      |   0 V    |
+-------------+------------+-----------+-------------+---------------+-----------+---------------+----------+
Test Suite :  'PRE_VOH_2V' Test Result : Pass

+-------------+------------+-----------+-------------+---------------+-----------+---------------+----------+
| Test Suite  | Test Type  | Pin Name  | Test Result | Force Value   | Low Limit | Measure Value | Hi Limit |
+-------------+------------+-----------+-------------+---------------+-----------+---------------+----------+
|   VOH_2V    | PinPmu_T   |    Y4     |    Pass     | -20.0000 uA   | 1.9000 V  |   2.0061 V    |   0 V    |
|   VOH_2V    | PinPmu_T   |    Y3     |    Pass     | -20.0000 uA   | 1.9000 V  |   2.0066 V    |   0 V    |
|   VOH_2V    | PinPmu_T   |    Y2     |    Pass     | -20.0000 uA   | 1.9000 V  |   2.0043 V    |   0 V    |
|   VOH_2V    | PinPmu_T   |    Y1     |    Pass     | -20.0000 uA   | 1.9000 V  |   2.0037 V    |   0 V    |
|   VOH_2V    | PinPmu_T   |    Y6     |    Pass     | -20.0000 uA   | 1.9000 V  |   2.0188 V    |   0 V    |
|   VOH_2V    | PinPmu_T   |    Y5     |    Pass     | -20.0000 uA   | 1.9000 V  |   2.0174 V    |   0 V    |
+-------------+------------+-----------+-------------+---------------+-----------+---------------+----------+
Test Suite :  'VOH_2V' Test Result : Pass

+---------------+------------+-----------+-------------+---------------+-----------+---------------+----------+
|  Test Suite   | Test Type  | Pin Name  | Test Result | Force Value   | Low Limit | Measure Value | Hi Limit |
+---------------+------------+-----------+-------------+---------------+-----------+---------------+----------+
| PRE_VOH_4P5V  | PinPmu_T   |    A4     |    Pass     |  1.3500 V     |   0 V     |    0.0 V      |   0 V    |
| PRE_VOH_4P5V  | PinPmu_T   |    A3     |    Pass     |  1.3500 V     |   0 V     |    0.0 V      |   0 V    |
| PRE_VOH_4P5V  | PinPmu_T   |    A2     |    Pass     |  1.3500 V     |   0 V     |    0.0 V      |   0 V    |
| PRE_VOH_4P5V  | PinPmu_T   |    A1     |    Pass     |  1.3500 V     |   0 V     |    0.0 V      |   0 V    |
| PRE_VOH_4P5V  | PinPmu_T   |    A6     |    Pass     |  1.3500 V     |   0 V     |    0.0 V      |   0 V    |
| PRE_VOH_4P5V  | PinPmu_T   |    A5     |    Pass     |  1.3500 V     |   0 V     |    0.0 V      |   0 V    |
+---------------+------------+-----------+-------------+---------------+-----------+---------------+----------+
Test Suite :  'PRE_VOH_4P5V' Test Result : Pass

+-----------------+------------+-----------+-------------+---------------+-----------+---------------+----------+
|   Test Suite    | Test Type  | Pin Name  | Test Result | Force Value   | Low Limit | Measure Value | Hi Limit |
+-----------------+------------+-----------+-------------+---------------+-----------+---------------+----------+
| VOH_4P5V_-20uA  | PinPmu_T   |    Y4     |    Pass     | -20.0000 uA   | 4.4000 V  |   4.5310 V    |   0 V    |
| VOH_4P5V_-20uA  | PinPmu_T   |    Y3     |    Pass     | -20.0000 uA   | 4.4000 V  |   4.5241 V    |   0 V    |
| VOH_4P5V_-20uA  | PinPmu_T   |    Y2     |    Pass     | -20.0000 uA   | 4.4000 V  |   4.5313 V    |   0 V    |
| VOH_4P5V_-20uA  | PinPmu_T   |    Y1     |    Pass     | -20.0000 uA   | 4.4000 V  |   4.5272 V    |   0 V    |
| VOH_4P5V_-20uA  | PinPmu_T   |    Y6     |    Pass     | -20.0000 uA   | 4.4000 V  |   4.5582 V    |   0 V    |
| VOH_4P5V_-20uA  | PinPmu_T   |    Y5     |    Pass     | -20.0000 uA   | 4.4000 V  |   4.5585 V    |   0 V    |
+-----------------+------------+-----------+-------------+---------------+-----------+---------------+----------+
Test Suite :  'VOH_4P5V_-20uA' Test Result : Pass

+-----------------+------------+-----------+-------------+---------------+-----------+---------------+----------+
|   Test Suite    | Test Type  | Pin Name  | Test Result | Force Value   | Low Limit | Measure Value | Hi Limit |
+-----------------+------------+-----------+-------------+---------------+-----------+---------------+----------+
```

图 6-83　V_{OH}/V_{OL} 结果显示 1

Test Suite	Test Type	Pin Name	Test Result	Force Value	Low Limit	Measure Value	Hi Limit
VOH_4P5V_-4mA	PinPmu_T	Y4	Pass	-4.0000 mA	4.1300 V	4.3563 V	0 V
VOH_4P5V_-4mA	PinPmu_T	Y3	Pass	-4.0000 mA	4.1300 V	4.3449 V	0 V
VOH_4P5V_-4mA	PinPmu_T	Y2	Pass	-4.0000 mA	4.1300 V	4.3474 V	0 V
VOH_4P5V_-4mA	PinPmu_T	Y1	Pass	-4.0000 mA	4.1300 V	4.3574 V	0 V
VOH_4P5V_-4mA	PinPmu_T	Y6	Pass	-4.0000 mA	4.1300 V	4.3803 V	0 V
VOH_4P5V_-4mA	PinPmu_T	Y5	Pass	-4.0000 mA	4.1300 V	4.3740 V	0 V

Test Suite : 'VOH_4P5V_-4mA' Test Result : Pass

Test Suite	Test Type	Pin Name	Test Result	Force Value	Low Limit	Measure Value	Hi Limit
PRE_VOH_6V	PinPmu_T	A4	Pass	1.6000 V	0 V	0.0 V	0 V
PRE_VOH_6V	PinPmu_T	A3	Pass	1.6000 V	0 V	0.0 V	0 V
PRE_VOH_6V	PinPmu_T	A2	Pass	1.6000 V	0 V	0.0 V	0 V
PRE_VOH_6V	PinPmu_T	A1	Pass	1.6000 V	0 V	0.0 V	0 V
PRE_VOH_6V	PinPmu_T	A6	Pass	1.6000 V	0 V	0.0 V	0 V
PRE_VOH_6V	PinPmu_T	A5	Pass	1.6000 V	0 V	0.0 V	0 V

Test Suite : 'PRE_VOH_6V' Test Result : Pass

Test Suite	Test Type	Pin Name	Test Result	Force Value	Low Limit	Measure Value	Hi Limit
VOH_6V_-20uA	PinPmu_T	Y4	Pass	-20.0000 uA	5.9000 V	6.0456 V	0 V
VOH_6V_-20uA	PinPmu_T	Y3	Pass	-20.0000 uA	5.9000 V	6.0333 V	0 V
VOH_6V_-20uA	PinPmu_T	Y2	Pass	-20.0000 uA	5.9000 V	6.0467 V	0 V
VOH_6V_-20uA	PinPmu_T	Y1	Pass	-20.0000 uA	5.9000 V	6.0421 V	0 V
VOH_6V_-20uA	PinPmu_T	Y6	Pass	-20.0000 uA	5.9000 V	6.0806 V	0 V
VOH_6V_-20uA	PinPmu_T	Y5	Pass	-20.0000 uA	5.9000 V	6.0819 V	0 V

Test Suite : 'VOH_6V_-20uA' Test Result : Pass

Test Suite	Test Type	Pin Name	Test Result	Force Value	Low Limit	Measure Value	Hi Limit
VOH_6V_-5200uA	PinPmu_T	Y4	Pass	-5.2000 mA	5.6300 V	5.8611 V	0 V
VOH_6V_-5200uA	PinPmu_T	Y3	Pass	-5.2000 mA	5.6300 V	5.8456 V	0 V
VOH_6V_-5200uA	PinPmu_T	Y2	Pass	-5.2000 mA	5.6300 V	5.8531 V	0 V
VOH_6V_-5200uA	PinPmu_T	Y1	Pass	-5.2000 mA	5.6300 V	5.8631 V	0 V
VOH_6V_-5200uA	PinPmu_T	Y6	Pass	-5.2000 mA	5.6300 V	5.8956 V	0 V
VOH_6V_-5200uA	PinPmu_T	Y5	Pass	-5.2000 mA	5.6300 V	5.8889 V	0 V

Test Suite : 'VOH_6V_-5200uA' Test Result : Pass

Test Suite	Test Type	Pin Name	Test Result	Force Value	Low Limit	Measure Value	Hi Limit
PRE_VOL_2V	PinPmu_T	A4	Pass	1.5000 V	0 V	0.0 V	0 V
PRE_VOL_2V	PinPmu_T	A3	Pass	1.5000 V	0 V	0.0 V	0 V

图6-84　V_{OH}/V_{OL}结果显示2

Test Suite	Test Type	Pin Name	Test Result	Force Value	Low Limit	Measure Value	Hi Limit
PRE_VOL_2V	PinPmu_T	A4	Pass	1.5000 V	0 V	0.0 V	0 V
PRE_VOL_2V	PinPmu_T	A3	Pass	1.5000 V	0 V	0.0 V	0 V
PRE_VOL_2V	PinPmu_T	A2	Pass	1.5000 V	0 V	0.0 V	0 V
PRE_VOL_2V	PinPmu_T	A1	Pass	1.5000 V	0 V	0.0 V	0 V
PRE_VOL_2V	PinPmu_T	A6	Pass	1.5000 V	0 V	0.0 V	0 V
PRE_VOL_2V	PinPmu_T	A5	Pass	1.5000 V	0 V	0.0 V	0 V

Test Suite : 'PRE_VOL_2V' Test Result : Pass

Test Suite	Test Type	Pin Name	Test Result	Force Value	Low Limit	Measure Value	Hi Limit
VOL_2V	PinPmu_T	Y4	Pass	20.0000 uA	0 V	-0.7630 mV	0.1000 V
VOL_2V	PinPmu_T	Y3	Pass	20.0000 uA	0 V	5.6458 mV	0.1000 V
VOL_2V	PinPmu_T	Y2	Pass	20.0000 uA	0 V	-3.5096 mV	0.1000 V
VOL_2V	PinPmu_T	Y1	Pass	20.0000 uA	0 V	-2.5940 mV	0.1000 V
VOL_2V	PinPmu_T	Y6	Pass	20.0000 uA	0 V	0.6104 mV	0.1000 V
VOL_2V	PinPmu_T	Y5	Pass	20.0000 uA	0 V	-1.3733 mV	0.1000 V

Test Suite : 'VOL_2V' Test Result : Pass

Test Suite	Test Type	Pin Name	Test Result	Force Value	Low Limit	Measure Value	Hi Limit
PRE_VOL_4P5V	PinPmu_T	A4	Pass	3.1500 V	0 V	0.0 V	0 V
PRE_VOL_4P5V	PinPmu_T	A3	Pass	3.1500 V	0 V	0.0 V	0 V
PRE_VOL_4P5V	PinPmu_T	A2	Pass	3.1500 V	0 V	0.0 V	0 V
PRE_VOL_4P5V	PinPmu_T	A1	Pass	3.1500 V	0 V	0.0 V	0 V
PRE_VOL_4P5V	PinPmu_T	A6	Pass	3.1500 V	0 V	0.0 V	0 V
PRE_VOL_4P5V	PinPmu_T	A5	Pass	3.1500 V	0 V	0.0 V	0 V

Test Suite : 'PRE_VOL_4P5V' Test Result : Pass

Test Suite	Test Type	Pin Name	Test Result	Force Value	Low Limit	Measure Value	Hi Limit
VOL_4P5V_20uA	PinPmu_T	Y4	Pass	20.0000 uA	0 V	-1.6785 mV	0.1000 V
VOL_4P5V_20uA	PinPmu_T	Y3	Pass	20.0000 uA	0 V	5.0355 mV	0.1000 V
VOL_4P5V_20uA	PinPmu_T	Y2	Pass	20.0000 uA	0 V	-4.1199 mV	0.1000 V
VOL_4P5V_20uA	PinPmu_T	Y1	Pass	20.0000 uA	0 V	-2.4414 mV	0.1000 V
VOL_4P5V_20uA	PinPmu_T	Y6	Pass	20.0000 uA	0 V	0.1526 mV	0.1000 V
VOL_4P5V_20uA	PinPmu_T	Y5	Pass	20.0000 uA	0 V	-1.8311 mV	0.1000 V

Test Suite : 'VOL_4P5V_20uA' Test Result : Pass

Test Suite	Test Type	Pin Name	Test Result	Force Value	Low Limit	Measure Value	Hi Limit
VOL_4P5V_4mA	PinPmu_T	Y4	Pass	4.0000 mA	0 V	0.1515 V	0.2600 V
VOL_4P5V_4mA	PinPmu_T	Y3	Pass	4.0000 mA	0 V	0.1595 V	0.2600 V
VOL_4P5V_4mA	PinPmu_T	Y2	Pass	4.0000 mA	0 V	0.1604 V	0.2600 V
VOL_4P5V_4mA	PinPmu_T	Y1	Pass	4.0000 mA	0 V	0.1546 V	0.2600 V

图6-85　V_{OH}/V_{OL}结果显示3

（10）V_{IH} / V_{IL}测试

V_{IH} / V_{IL}是芯片判定输入电平为高/低的判定门限。

测试方法是不断修改输入电平，重复进行功能测试，记录每次电平对应的测试是否通过。直到找到两次测试，其输入电平差值小，且一次通过、一次未通过。

下面以2V条件下的V_{IL}为例介绍测试流程，其余条件下的V_{IH}和V_{IL}请自行完成：

①在直流/交流的参数表格（DC Specs），新增一个种类（图6-86）。

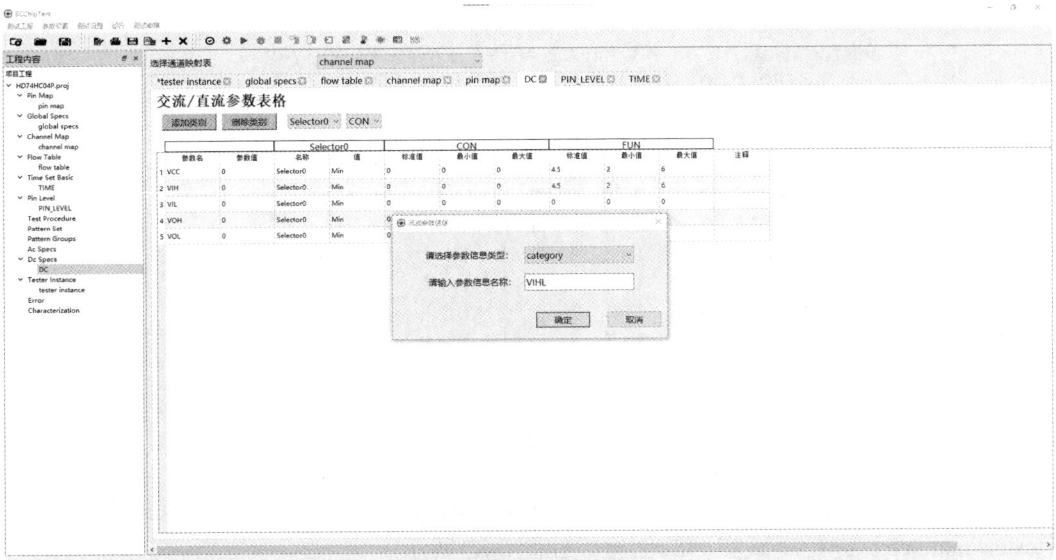

图6-86　新增类别

②直流/交流的参数表格（DC Specs）中的种类创建完成之后，在该表格中设置不同电源电平下对应的输入引脚的高低电平。本实验对应的具体参数设置如图6-87所示。

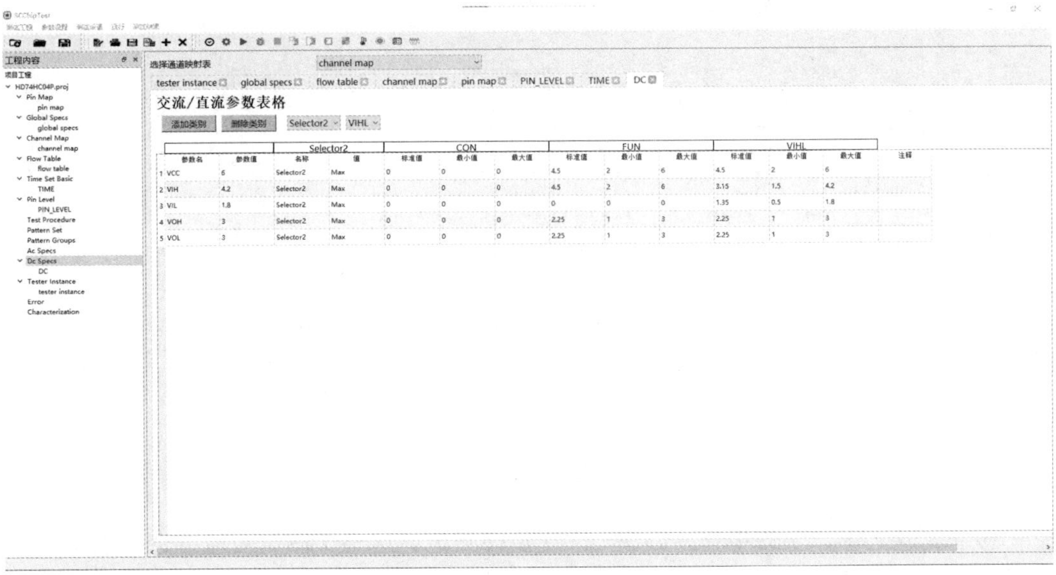

图6-87　DC表格设置

③对于V_{IL}和V_{IH}的测试创建了一个单独的PAT文件，以FUN测试的PAT文件进行区分，图6-88便是V_{IH}和V_{IL}测试使用的PAT文件。

```
VIHL.txt - 记事本
文件(F) 编辑(E) 格式(O) 查看(V) 帮助(H)
import tset TSB0;

vector($tset, A1, A2, A3, A4, A5, A6, Y1, Y2, Y3, Y4, Y5, Y6){
    >TSB0 0 0 0 0 0 0 H H H H H H;
    >TSB0 0 0 0 0 0 0 H H H H H H;
    >TSB0 0 0 0 0 0 0 H H H H H H;
    >TSB0 0 0 0 0 0 0 H H H H H H;
    >TSB0 0 0 0 0 0 0 H H H H H H;
    >TSB0 0 0 0 0 0 0 H H H H H H;
    >TSB0 1 1 1 1 1 1 L L L L L L;
    >TSB0 1 1 1 1 1 1 L L L L L L;
    >TSB0 1 1 1 1 1 1 L L L L L L;
    >TSB0 1 1 1 1 1 1 L L L L L L;
    >TSB0 1 1 1 1 1 1 L L L L L L;
    >TSB0 1 1 1 1 1 1 L L L L L L;
```

图6-88 PAT设置

④文件创建成功后，便可打开【Tester Instance】中的表格直流/交流的参数表格【tester instance】进行测试实例的创建，如图6-89所示。

⑤点击【测试名称】中自定义的测试名称后的【…】按钮，进入测试实例的功能测试的编辑器。

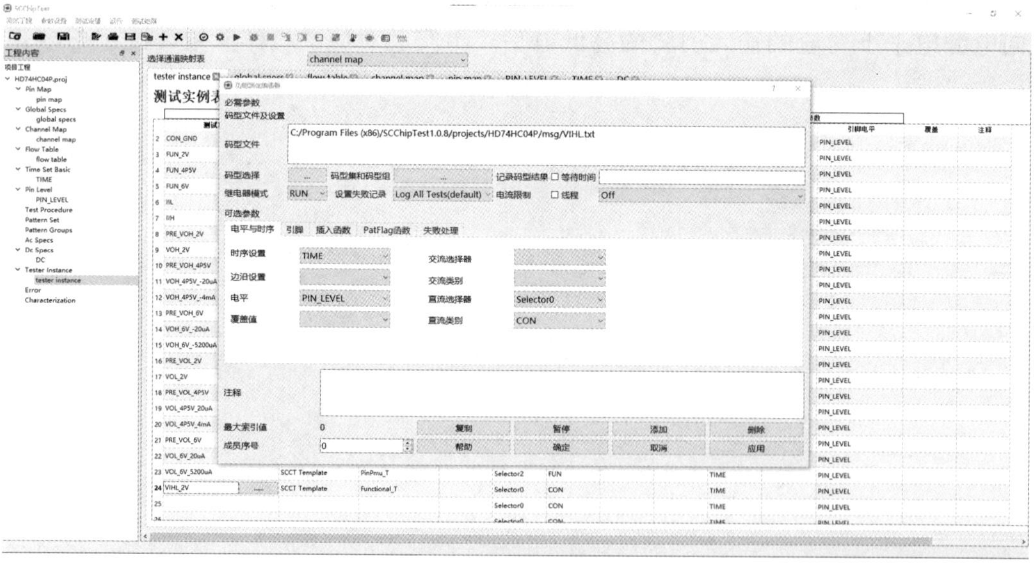

图6-89 测试项创建

⑥重复以上④、⑤的步骤，创建三个V_{IL}的测试，这三个测试对应的选择器不同。

⑦将测试项创建完成之后，便可进行测试流程的设置，本实验按照选择器的顺序将测试实例新增到测试流程表格中。

⑧测试流程表格设置完成之后，便可点击测试运行的按钮，运行测试，其中测试结果如图6-90所示。

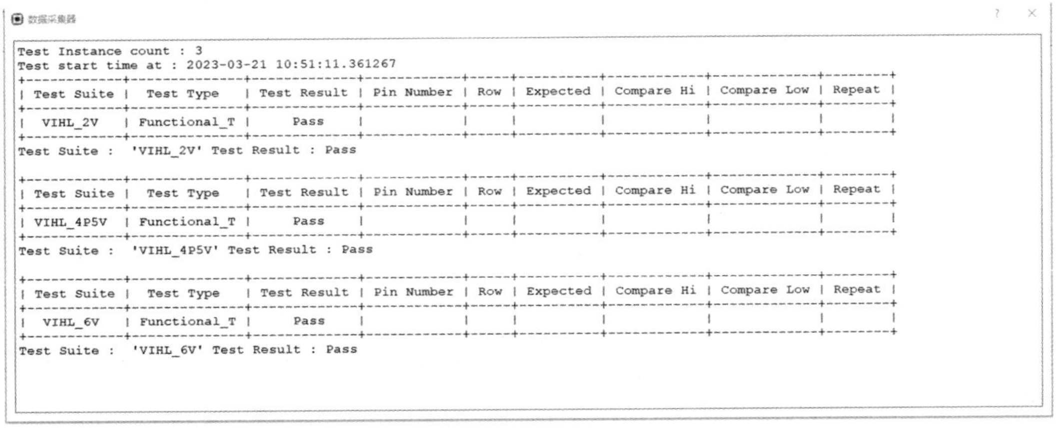

```
数据采集器

Test Instance count : 3
Test start time at : 2023-03-21 10:51:11.361267
+------------+--------------+-------------+------------+-----+----------+------------+-------------+--------+
| Test Suite |  Test Type   | Test Result | Pin Number | Row | Expected | Compare Hi | Compare Low | Repeat |
+------------+--------------+-------------+------------+-----+----------+------------+-------------+--------+
|  VIHL_2V   | Functional_T |    Pass     |            |     |          |            |             |        |
+------------+--------------+-------------+------------+-----+----------+------------+-------------+--------+
Test Suite :  'VIHL_2V' Test Result : Pass
+------------+--------------+-------------+------------+-----+----------+------------+-------------+--------+
| Test Suite |  Test Type   | Test Result | Pin Number | Row | Expected | Compare Hi | Compare Low | Repeat |
+------------+--------------+-------------+------------+-----+----------+------------+-------------+--------+
| VIHL_4P5V  | Functional_T |    Pass     |            |     |          |            |             |        |
+------------+--------------+-------------+------------+-----+----------+------------+-------------+--------+
Test Suite :  'VIHL_4P5V' Test Result : Pass
+------------+--------------+-------------+------------+-----+----------+------------+-------------+--------+
| Test Suite |  Test Type   | Test Result | Pin Number | Row | Expected | Compare Hi | Compare Low | Repeat |
+------------+--------------+-------------+------------+-----+----------+------------+-------------+--------+
|  VIHL_6V   | Functional_T |    Pass     |            |     |          |            |             |        |
+------------+--------------+-------------+------------+-----+----------+------------+-------------+--------+
Test Suite :  'VIHL_6V' Test Result : Pass
```

图6-90 测试结果展示

（11）t_{PHL}/t_{PLH} 测试

输入端在施加规定的电平和脉冲电压时，输出脉冲电压由低到高的边沿时刻和对应的输入脉冲电压边沿时刻的间隔，定义为输出由低到高电平传输延迟时间（t_{PLH}）。

输入端在施加规定的电平和脉冲电压时，输出脉冲电压由高到低的边沿时刻和对应的输入脉冲电压边沿时刻的间隔，定义为输出由高到低电平传输延迟时间（t_{PHL}）。

由于实际脉冲边沿不是瞬变的，所以一般规定边沿电平到达高低电平中点的时刻为边沿时刻。

下面以2V时的 t_{PLH} 为例介绍测试流程，其余条件下的测试请自行完成。

①为 t_{PLH} 的测试新建一个时序集，本实验新建的时序集如图6-91所示。

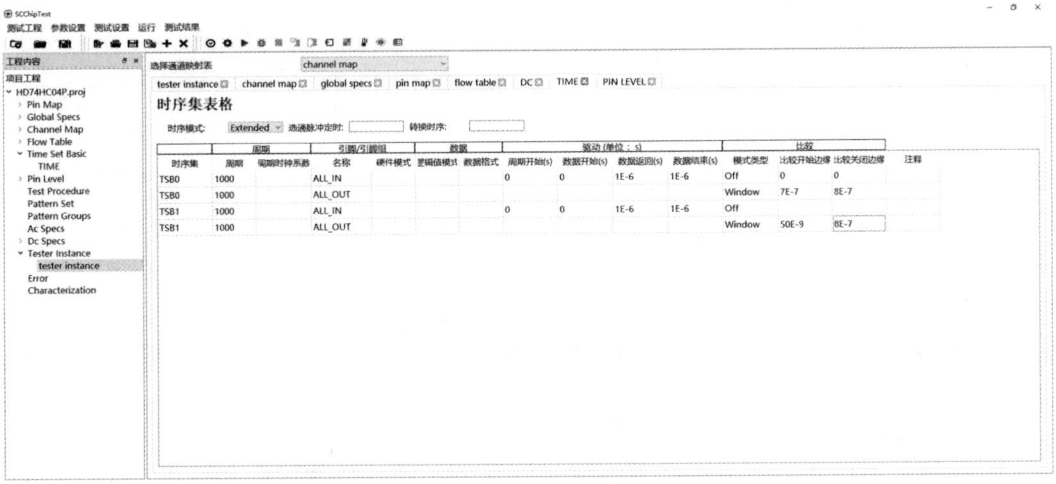

图6-91 时序集设置

②为使用上一步创建的时序集，新建一个PAT文件。其中PAT文件的内容如图6-92所示。

图 6-92　PAT 设置

③新建一个功能测试的测试项，该测试项应该包含上一步创建的PAT文件。其中该测试项的设置如图6-93所示。

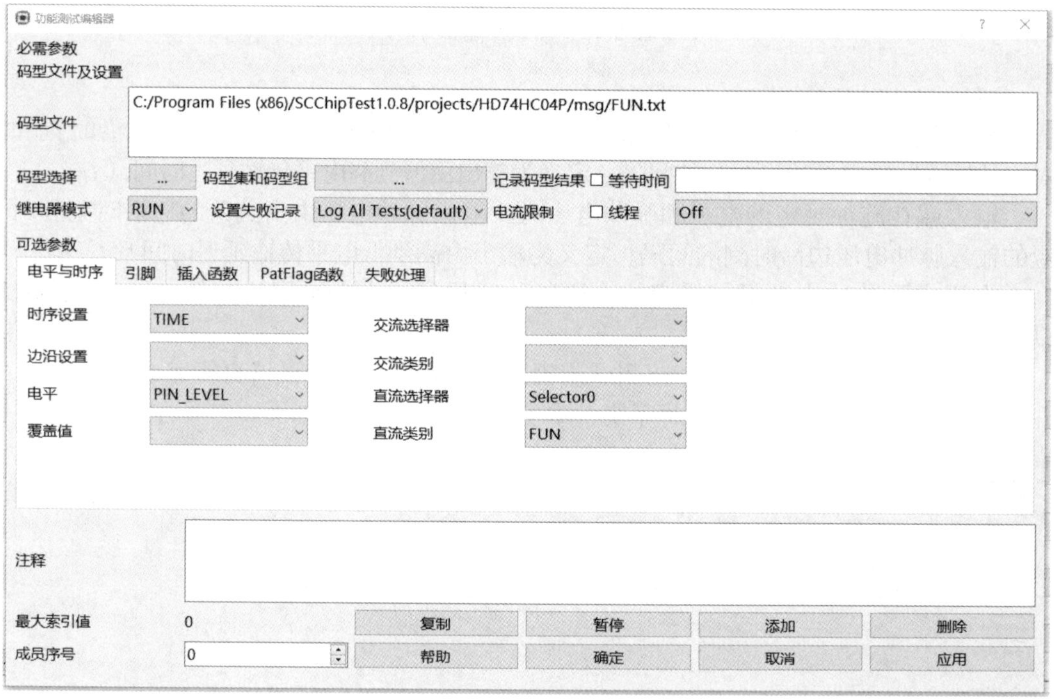

图 6-93　测试项参数设置

④测试项设置完成之后，即可对该测试项进行测试，将该测试项添加进入测试流程表格中。

⑤运行测试。

⑥若测试通过（输出电平高于边沿时刻电平），则应该修改TSB1中开始比较的时间，将开始比较的时间调小，再次运行测试，看测试是否通过。

⑦若测试不通过（输出电平低于边沿时刻电平），则应该修改TSB1中开始比较的时间，将开始比较的时间调大，再次运行测试，看测试是否通过。

⑧若测试通过，则重复第⑥步的测试。

⑨若测试不通过，则重复第⑦步的测试。

⑩重复以上四步，直到找到一个临界的值。

⑪本实验临界的值如图6-94、6-95所示。

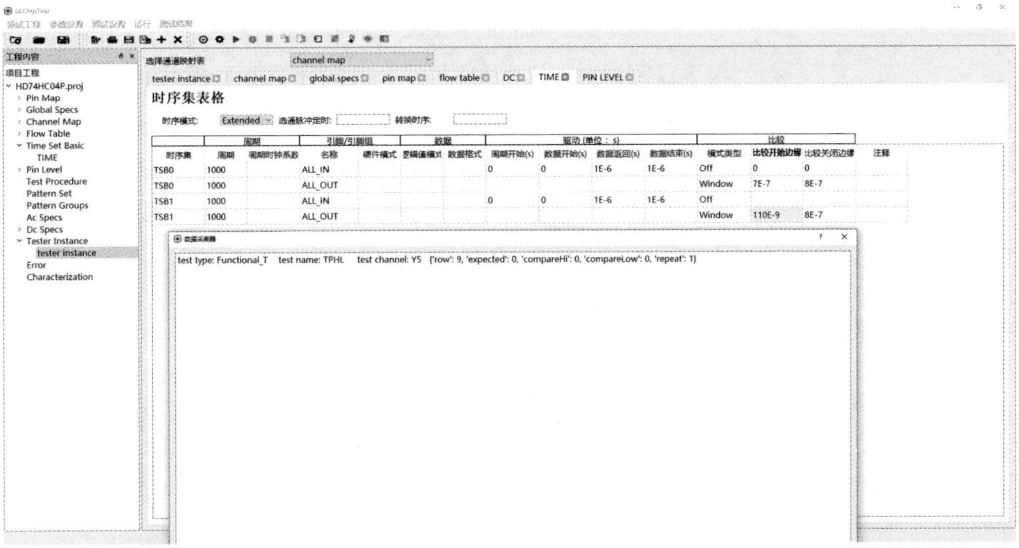

图6-94　测试结果展示1

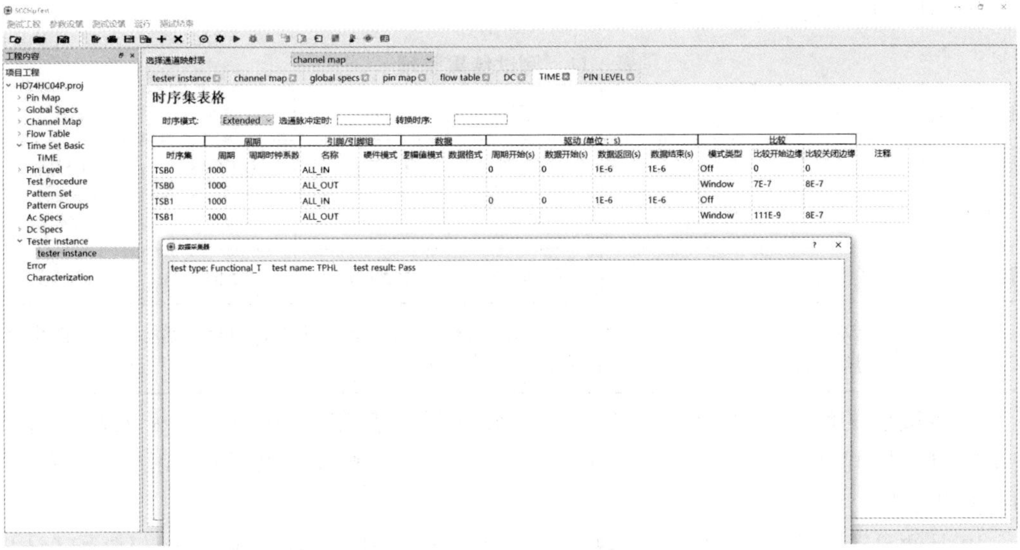

图6-95　测试结果展示2

⑫延迟时间计算：

延迟时间（ns）=开始比较时间-数据开始时间

故本实验计算出来的延迟时间为：

111-0=111（ns）

以上便是该芯片涉及的所有的测试项，将以上所有测试项加入测试流程表格中进行一次完整性的测试。将测试流程表格设置完成后，点击运行测试的按钮，运行HD74HC04P的测试程序，运行完成之后得出测试的结果。

图6-96为连接性测试实际测试结果显示图。

```
Test Instance count : 26
Test start time at : 2023-03-21 11:10:10.292410
+------------+-----------+----------+-------------+--------------+------------+---------------+-----------+
| Test Suite | Test Type | Pin Name | Test Result | Force Value  | Low Limit  | Measure Value | Hi Limit  |
+------------+-----------+----------+-------------+--------------+------------+---------------+-----------+
|  CON_VCC   | PinPmu_T  |    Y4    |    Pass     |  0.1000 mA   |  0.2000 V  |   0.5949 V    | 0.9000 V  |
|  CON_VCC   | PinPmu_T  |    A4    |    Pass     |  0.1000 mA   |  0.2000 V  |   0.6706 V    | 0.9000 V  |
|  CON_VCC   | PinPmu_T  |    Y3    |    Pass     |  0.1000 mA   |  0.2000 V  |   0.5899 V    | 0.9000 V  |
|  CON_VCC   | PinPmu_T  |    A3    |    Pass     |  0.1000 mA   |  0.2000 V  |   0.6706 V    | 0.9000 V  |
|  CON_VCC   | PinPmu_T  |    Y2    |    Pass     |  0.1000 mA   |  0.2000 V  |   0.5840 V    | 0.9000 V  |
|  CON_VCC   | PinPmu_T  |    A2    |    Pass     |  0.1000 mA   |  0.2000 V  |   0.6676 V    | 0.9000 V  |
|  CON_VCC   | PinPmu_T  |    Y1    |    Pass     |  0.1000 mA   |  0.2000 V  |   0.5827 V    | 0.9000 V  |
|  CON_VCC   | PinPmu_T  |    A1    |    Pass     |  0.1000 mA   |  0.2000 V  |   0.6610 V    | 0.9000 V  |
|  CON_VCC   | PinPmu_T  |    Y6    |    Pass     |  0.1000 mA   |  0.2000 V  |   0.5884 V    | 0.9000 V  |
|  CON_VCC   | PinPmu_T  |    A6    |    Pass     |  0.1000 mA   |  0.2000 V  |   0.6711 V    | 0.9000 V  |
|  CON_VCC   | PinPmu_T  |    Y5    |    Pass     |  0.1000 mA   |  0.2000 V  |   0.5870 V    | 0.9000 V  |
|  CON_VCC   | PinPmu_T  |    A5    |    Pass     |  0.1000 mA   |  0.2000 V  |   0.6725 V    | 0.9000 V  |
+------------+-----------+----------+-------------+--------------+------------+---------------+-----------+
Test Suite :  'CON_VCC' Test Result : Pass

+------------+-----------+----------+-------------+--------------+------------+---------------+-----------+
| Test Suite | Test Type | Pin Name | Test Result | Force Value  | Low Limit  | Measure Value | Hi Limit  |
+------------+-----------+----------+-------------+--------------+------------+---------------+-----------+
|  CON_GND   | PinPmu_T  |    Y4    |    Pass     |  -0.1000 mA  | -1.5000 V  |   -0.5055 V   | -0.2000 V |
|  CON_GND   | PinPmu_T  |    A4    |    Pass     |  -0.1000 mA  | -1.5000 V  |   -0.6693 V   | -0.2000 V |
|  CON_GND   | PinPmu_T  |    Y3    |    Pass     |  -0.1000 mA  | -1.5000 V  |   -0.4990 V   | -0.2000 V |
|  CON_GND   | PinPmu_T  |    A3    |    Pass     |  -0.1000 mA  | -1.5000 V  |   -0.6671 V   | -0.2000 V |
|  CON_GND   | PinPmu_T  |    Y2    |    Pass     |  -0.1000 mA  | -1.5000 V  |   -0.5104 V   | -0.2000 V |
|  CON_GND   | PinPmu_T  |    A2    |    Pass     |  -0.1000 mA  | -1.5000 V  |   -0.6751 V   | -0.2000 V |
|  CON_GND   | PinPmu_T  |    Y1    |    Pass     |  -0.1000 mA  | -1.5000 V  |   -0.5097 V   | -0.2000 V |
|  CON_GND   | PinPmu_T  |    A1    |    Pass     |  -0.1000 mA  | -1.5000 V  |   -0.6828 V   | -0.2000 V |
|  CON_GND   | PinPmu_T  |    Y6    |    Pass     |  -0.1000 mA  | -1.5000 V  |   -0.5095 V   | -0.2000 V |
|  CON_GND   | PinPmu_T  |    A6    |    Pass     |  -0.1000 mA  | -1.5000 V  |   -0.6766 V   | -0.2000 V |
|  CON_GND   | PinPmu_T  |    Y5    |    Pass     |  -0.1000 mA  | -1.5000 V  |   -0.5118 V   | -0.2000 V |
|  CON_GND   | PinPmu_T  |    A5    |    Pass     |  -0.1000 mA  | -1.5000 V  |   -0.6734 V   | -0.2000 V |
+------------+-----------+----------+-------------+--------------+------------+---------------+-----------+
Test Suite :  'CON_GND' Test Result : Pass
```

图6-96　连接性测试结果

表6-11为整理后的测试结果。

表6-11　测试结果整理

输入引脚	A1	A2	A3	A4	A5	A6
测量结果	0.6604	0.6642	0.6378	0.6729	0.6603	0.6604
引脚	Y1	Y2	Y3	Y4	Y5	Y6
测量结果	0.5733	0.5649	0.5693	0.5716	0.5615	0.5673
备注	电源引脚悬空,采用施流测压的方式,在各个引脚施加100uA的小电流,再测量各个引脚的输出电压,以上测量结果的单位均为V。					

由连接性的测试原理可知，当测量出来的值小于0.2为开路，大于0.9为短路，在0.2到0.9之间即为正常，由上表可知，所有引脚的测试结果均在其中，则该芯片的连接性良好。

以上便是连接性测试对应的实验结果的整理和分析，后续测试的具体测试结果如图6-97～6-100所示。

```
Test Instance count : 26
Test start time at : 2023-03-21 11:10:10.292410
+-------------+-----------+-----------+-------------+-------------+-----------+---------------+----------+
| Test Suite  | Test Type | Pin Name  | Test Result | Force Value | Low Limit | Measure Value | Hi Limit |
+-------------+-----------+-----------+-------------+-------------+-----------+---------------+----------+
|   CON_VCC   | PinPmu_T  |    Y4     |    Pass     | 0.1000 mA   | 0.2000 V  |   0.5949 V    | 0.9000 V |
|   CON_VCC   | PinPmu_T  |    A4     |    Pass     | 0.1000 mA   | 0.2000 V  |   0.6706 V    | 0.9000 V |
|   CON_VCC   | PinPmu_T  |    Y3     |    Pass     | 0.1000 mA   | 0.2000 V  |   0.5899 V    | 0.9000 V |
|   CON_VCC   | PinPmu_T  |    A3     |    Pass     | 0.1000 mA   | 0.2000 V  |   0.6706 V    | 0.9000 V |
|   CON_VCC   | PinPmu_T  |    Y2     |    Pass     | 0.1000 mA   | 0.2000 V  |   0.5840 V    | 0.9000 V |
|   CON_VCC   | PinPmu_T  |    A2     |    Pass     | 0.1000 mA   | 0.2000 V  |   0.6676 V    | 0.9000 V |
|   CON_VCC   | PinPmu_T  |    Y1     |    Pass     | 0.1000 mA   | 0.2000 V  |   0.5827 V    | 0.9000 V |
|   CON_VCC   | PinPmu_T  |    A1     |    Pass     | 0.1000 mA   | 0.2000 V  |   0.6610 V    | 0.9000 V |
|   CON_VCC   | PinPmu_T  |    Y6     |    Pass     | 0.1000 mA   | 0.2000 V  |   0.5884 V    | 0.9000 V |
|   CON_VCC   | PinPmu_T  |    A6     |    Pass     | 0.1000 mA   | 0.2000 V  |   0.6711 V    | 0.9000 V |
|   CON_VCC   | PinPmu_T  |    Y5     |    Pass     | 0.1000 mA   | 0.2000 V  |   0.5870 V    | 0.9000 V |
|   CON_VCC   | PinPmu_T  |    A5     |    Pass     | 0.1000 mA   | 0.2000 V  |   0.6725 V    | 0.9000 V |
+-------------+-----------+-----------+-------------+-------------+-----------+---------------+----------+
Test Suite :  'CON_VCC' Test Result : Pass

+-------------+-----------+-----------+-------------+-------------+-----------+---------------+-----------+
| Test Suite  | Test Type | Pin Name  | Test Result | Force Value | Low Limit | Measure Value |  Hi Limit |
+-------------+-----------+-----------+-------------+-------------+-----------+---------------+-----------+
|   CON_GND   | PinPmu_T  |    Y4     |    Pass     | -0.1000 mA  | -1.5000 V |   -0.5055 V   | -0.2000 V |
|   CON_GND   | PinPmu_T  |    A4     |    Pass     | -0.1000 mA  | -1.5000 V |   -0.6693 V   | -0.2000 V |
|   CON_GND   | PinPmu_T  |    Y3     |    Pass     | -0.1000 mA  | -1.5000 V |   -0.4990 V   | -0.2000 V |
|   CON_GND   | PinPmu_T  |    A3     |    Pass     | -0.1000 mA  | -1.5000 V |   -0.6671 V   | -0.2000 V |
|   CON_GND   | PinPmu_T  |    Y2     |    Pass     | -0.1000 mA  | -1.5000 V |   -0.5104 V   | -0.2000 V |
|   CON_GND   | PinPmu_T  |    A2     |    Pass     | -0.1000 mA  | -1.5000 V |   -0.6751 V   | -0.2000 V |
|   CON_GND   | PinPmu_T  |    Y1     |    Pass     | -0.1000 mA  | -1.5000 V |   -0.5097 V   | -0.2000 V |
|   CON_GND   | PinPmu_T  |    A1     |    Pass     | -0.1000 mA  | -1.5000 V |   -0.6828 V   | -0.2000 V |
|   CON_GND   | PinPmu_T  |    Y6     |    Pass     | -0.1000 mA  | -1.5000 V |   -0.5095 V   | -0.2000 V |
|   CON_GND   | PinPmu_T  |    A6     |    Pass     | -0.1000 mA  | -1.5000 V |   -0.6766 V   | -0.2000 V |
|   CON_GND   | PinPmu_T  |    Y5     |    Pass     | -0.1000 mA  | -1.5000 V |   -0.5118 V   | -0.2000 V |
|   CON_GND   | PinPmu_T  |    A5     |    Pass     | -0.1000 mA  | -1.5000 V |   -0.6734 V   | -0.2000 V |
+-------------+-----------+-----------+-------------+-------------+-----------+---------------+-----------+
Test Suite :  'CON_GND' Test Result : Pass

+------------+--------------+-------------+------------+-----+----------+------------+-------------+--------+
| Test Suite |  Test Type   | Test Result | Pin Number | Row | Expected | Compare Hi | Compare Low | Repeat |
+------------+--------------+-------------+------------+-----+----------+------------+-------------+--------+
|   FUN_2V   | Functional_T |    Pass     |            |     |          |            |             |        |
+------------+--------------+-------------+------------+-----+----------+------------+-------------+--------+
Test Suite :  'FUN_2V' Test Result : Pass

+------------+--------------+-------------+------------+-----+----------+------------+-------------+--------+
| Test Suite |  Test Type   | Test Result | Pin Number | Row | Expected | Compare Hi | Compare Low | Repeat |
+------------+--------------+-------------+------------+-----+----------+------------+-------------+--------+
|  FUN_4P5V  | Functional_T |    Pass     |            |     |          |            |             |        |
+------------+--------------+-------------+------------+-----+----------+------------+-------------+--------+
Test Suite :  'FUN_4P5V' Test Result : Pass

+------------+--------------+-------------+------------+-----+----------+------------+-------------+--------+
| Test Suite |  Test Type   | Test Result | Pin Number | Row | Expected | Compare Hi | Compare Low | Repeat |
```

图6-97 测试结果采集1

```
| Test Suite |  Test Type   | Test Result | Pin Number | Row | Expected | Compare Hi | Compare Low | Repeat |
+------------+--------------+-------------+------------+-----+----------+------------+-------------+--------+
|   FUN_6V   | Functional_T |    Pass     |            |     |          |            |             |        |
+------------+--------------+-------------+------------+-----+----------+------------+-------------+--------+
Test Suite :  'FUN_6V' Test Result : Pass

+------------+--------------+-------------+------------+-----+----------+------------+-------------+--------+
| Test Suite |  Test Type   | Test Result | Pin Number | Row | Expected | Compare Hi | Compare Low | Repeat |
+------------+--------------+-------------+------------+-----+----------+------------+-------------+--------+
|  VIHL_2V   | Functional_T |    Pass     |            |     |          |            |             |        |
+------------+--------------+-------------+------------+-----+----------+------------+-------------+--------+
Test Suite :  'VIHL_2V' Test Result : Pass

+------------+--------------+-------------+------------+-----+----------+------------+-------------+--------+
| Test Suite |  Test Type   | Test Result | Pin Number | Row | Expected | Compare Hi | Compare Low | Repeat |
+------------+--------------+-------------+------------+-----+----------+------------+-------------+--------+
| VIHL_4P5V  | Functional_T |    Pass     |            |     |          |            |             |        |
+------------+--------------+-------------+------------+-----+----------+------------+-------------+--------+
Test Suite :  'VIHL_4P5V' Test Result : Pass

+------------+--------------+-------------+------------+-----+----------+------------+-------------+--------+
| Test Suite |  Test Type   | Test Result | Pin Number | Row | Expected | Compare Hi | Compare Low | Repeat |
+------------+--------------+-------------+------------+-----+----------+------------+-------------+--------+
|  VIHL_6V   | Functional_T |    Pass     |            |     |          |            |             |        |
+------------+--------------+-------------+------------+-----+----------+------------+-------------+--------+
Test Suite :  'VIHL_6V' Test Result : Pass

+------------+-----------+----------+-------------+-------------+-----------+---------------+----------+
| Test Suite | Test Type | Pin Name | Test Result | Force Value | Low Limit | Measure Value | Hi Limit |
+------------+-----------+----------+-------------+-------------+-----------+---------------+----------+
| PRE_VOH_2V | PinPmu_T  |    A4    |    Pass     |  0.5000 V   |    0 V    |     0.0 V     |   0 V    |
| PRE_VOH_2V | PinPmu_T  |    A3    |    Pass     |  0.5000 V   |    0 V    |     0.0 V     |   0 V    |
| PRE_VOH_2V | PinPmu_T  |    A2    |    Pass     |  0.5000 V   |    0 V    |     0.0 V     |   0 V    |
| PRE_VOH_2V | PinPmu_T  |    A1    |    Pass     |  0.5000 V   |    0 V    |     0.0 V     |   0 V    |
| PRE_VOH_2V | PinPmu_T  |    A6    |    Pass     |  0.5000 V   |    0 V    |     0.0 V     |   0 V    |
| PRE_VOH_2V | PinPmu_T  |    A5    |    Pass     |  0.5000 V   |    0 V    |     0.0 V     |   0 V    |
+------------+-----------+----------+-------------+-------------+-----------+---------------+----------+
Test Suite :  'PRE_VOH_2V' Test Result : Pass

+------------+-----------+----------+-------------+-------------+-----------+---------------+----------+
| Test Suite | Test Type | Pin Name | Test Result | Force Value | Low Limit | Measure Value | Hi Limit |
+------------+-----------+----------+-------------+-------------+-----------+---------------+----------+
|   VOH_2V   | PinPmu_T  |    Y4    |    Pass     | -20.0000 uA | 1.9000 V  |   2.0063 V    |   0 V    |
|   VOH_2V   | PinPmu_T  |    Y3    |    Pass     | -20.0000 uA | 1.9000 V  |   2.0067 V    |   0 V    |
|   VOH_2V   | PinPmu_T  |    Y2    |    Pass     | -20.0000 uA | 1.9000 V  |   2.0049 V    |   0 V    |
|   VOH_2V   | PinPmu_T  |    Y1    |    Pass     | -20.0000 uA | 1.9000 V  |   2.0035 V    |   0 V    |
|   VOH_2V   | PinPmu_T  |    Y6    |    Pass     | -20.0000 uA | 1.9000 V  |   2.0188 V    |   0 V    |
|   VOH_2V   | PinPmu_T  |    Y5    |    Pass     | -20.0000 uA | 1.9000 V  |   2.0177 V    |   0 V    |
+------------+-----------+----------+-------------+-------------+-----------+---------------+----------+
Test Suite :  'VOH_2V' Test Result : Pass

+--------------+-----------+----------+-------------+-------------+-----------+---------------+----------+
|  Test Suite  | Test Type | Pin Name | Test Result | Force Value | Low Limit | Measure Value | Hi Limit |
+--------------+-----------+----------+-------------+-------------+-----------+---------------+----------+
```

图6-98 测试结果采集2

Test Suite	Test Type	Pin Name	Test Result	Force Value	Low Limit	Measure Value	Hi Limit
PRE_VOH_4P5V	PinPmu_T	A4	Pass	1.3500 V	0 V	0.0 V	0 V
PRE_VOH_4P5V	PinPmu_T	A3	Pass	1.3500 V	0 V	0.0 V	0 V
PRE_VOH_4P5V	PinPmu_T	A2	Pass	1.3500 V	0 V	0.0 V	0 V
PRE_VOH_4P5V	PinPmu_T	A1	Pass	1.3500 V	0 V	0.0 V	0 V
PRE_VOH_4P5V	PinPmu_T	A6	Pass	1.3500 V	0 V	0.0 V	0 V
PRE_VOH_4P5V	PinPmu_T	A5	Pass	1.3500 V	0 V	0.0 V	0 V

Test Suite : 'PRE_VOH_4P5V' Test Result : Pass

Test Suite	Test Type	Pin Name	Test Result	Force Value	Low Limit	Measure Value	Hi Limit
VOH_4P5V_-20uA	PinPmu_T	Y4	Pass	-20.0000 uA	4.4000 V	4.5307 V	0 V
VOH_4P5V_-20uA	PinPmu_T	Y3	Pass	-20.0000 uA	4.4000 V	4.5228 V	0 V
VOH_4P5V_-20uA	PinPmu_T	Y2	Pass	-20.0000 uA	4.4000 V	4.5303 V	0 V
VOH_4P5V_-20uA	PinPmu_T	Y1	Pass	-20.0000 uA	4.4000 V	4.5269 V	0 V
VOH_4P5V_-20uA	PinPmu_T	Y6	Pass	-20.0000 uA	4.4000 V	4.5579 V	0 V
VOH_4P5V_-20uA	PinPmu_T	Y5	Pass	-20.0000 uA	4.4000 V	4.5576 V	0 V

Test Suite : 'VOH_4P5V_-20uA' Test Result : Pass

Test Suite	Test Type	Pin Name	Test Result	Force Value	Low Limit	Measure Value	Hi Limit
VOH_4P5V_-4mA	PinPmu_T	Y4	Pass	-4.0000 mA	4.1300 V	4.3555 V	0 V
VOH_4P5V_-4mA	PinPmu_T	Y3	Pass	-4.0000 mA	4.1300 V	4.3441 V	0 V
VOH_4P5V_-4mA	PinPmu_T	Y2	Pass	-4.0000 mA	4.1300 V	4.3476 V	0 V
VOH_4P5V_-4mA	PinPmu_T	Y1	Pass	-4.0000 mA	4.1300 V	4.3569 V	0 V
VOH_4P5V_-4mA	PinPmu_T	Y6	Pass	-4.0000 mA	4.1300 V	4.3807 V	0 V
VOH_4P5V_-4mA	PinPmu_T	Y5	Pass	-4.0000 mA	4.1300 V	4.3738 V	0 V

Test Suite : 'VOH_4P5V_-4mA' Test Result : Pass

Test Suite	Test Type	Pin Name	Test Result	Force Value	Low Limit	Measure Value	Hi Limit
PRE_VOH_6V	PinPmu_T	A4	Pass	1.6000 V	0 V	0.0 V	0 V
PRE_VOH_6V	PinPmu_T	A3	Pass	1.6000 V	0 V	0.0 V	0 V
PRE_VOH_6V	PinPmu_T	A2	Pass	1.6000 V	0 V	0.0 V	0 V
PRE_VOH_6V	PinPmu_T	A1	Pass	1.6000 V	0 V	0.0 V	0 V
PRE_VOH_6V	PinPmu_T	A6	Pass	1.6000 V	0 V	0.0 V	0 V
PRE_VOH_6V	PinPmu_T	A5	Pass	1.6000 V	0 V	0.0 V	0 V

Test Suite : 'PRE_VOH_6V' Test Result : Pass

Test Suite	Test Type	Pin Name	Test Result	Force Value	Low Limit	Measure Value	Hi Limit
VOH_6V_-20uA	PinPmu_T	Y4	Pass	-20.0000 uA	5.9000 V	6.0452 V	0 V
VOH_6V_-20uA	PinPmu_T	Y3	Pass	-20.0000 uA	5.9000 V	6.0327 V	0 V
VOH_6V_-20uA	PinPmu_T	Y2	Pass	-20.0000 uA	5.9000 V	6.0461 V	0 V
VOH_6V_-20uA	PinPmu_T	Y1	Pass	-20.0000 uA	5.9000 V	6.0410 V	0 V

图 6-99　测试结果采集 3

Test Suite	Test Type	Pin Name	Test Result	Force Value	Low Limit	Measure Value	Hi Limit
VOH_6V_-20uA	PinPmu_T	Y4	Pass	-20.0000 uA	5.9000 V	6.0452 V	0 V
VOH_6V_-20uA	PinPmu_T	Y3	Pass	-20.0000 uA	5.9000 V	6.0327 V	0 V
VOH_6V_-20uA	PinPmu_T	Y2	Pass	-20.0000 uA	5.9000 V	6.0461 V	0 V
VOH_6V_-20uA	PinPmu_T	Y1	Pass	-20.0000 uA	5.9000 V	6.0410 V	0 V
VOH_6V_-20uA	PinPmu_T	Y6	Pass	-20.0000 uA	5.9000 V	6.0798 V	0 V
VOH_6V_-20uA	PinPmu_T	Y5	Pass	-20.0000 uA	5.9000 V	6.0806 V	0 V

Test Suite : 'VOH_6V_-20uA' Test Result : Pass

Test Suite	Test Type	Pin Name	Test Result	Force Value	Low Limit	Measure Value	Hi Limit
VOH_6V_-5200uA	PinPmu_T	Y4	Pass	-5.2000 mA	5.6300 V	5.8619 V	0 V
VOH_6V_-5200uA	PinPmu_T	Y3	Pass	-5.2000 mA	5.6300 V	5.8457 V	0 V
VOH_6V_-5200uA	PinPmu_T	Y2	Pass	-5.2000 mA	5.6300 V	5.8529 V	0 V
VOH_6V_-5200uA	PinPmu_T	Y1	Pass	-5.2000 mA	5.6300 V	5.8621 V	0 V
VOH_6V_-5200uA	PinPmu_T	Y6	Pass	-5.2000 mA	5.6300 V	5.8952 V	0 V
VOH_6V_-5200uA	PinPmu_T	Y5	Pass	-5.2000 mA	5.6300 V	5.8882 V	0 V

Test Suite : 'VOH_6V_-5200uA' Test Result : Pass

Test Suite	Test Type	Pin Name	Test Result	Force Value	Low Limit	Measure Value	Hi Limit
PRE_VOL_2V	PinPmu_T	A4	Pass	1.5000 V	0 V	0.0 V	0 V
PRE_VOL_2V	PinPmu_T	A3	Pass	1.5000 V	0 V	0.0 V	0 V
PRE_VOL_2V	PinPmu_T	A2	Pass	1.5000 V	0 V	0.0 V	0 V
PRE_VOL_2V	PinPmu_T	A1	Pass	1.5000 V	0 V	0.0 V	0 V
PRE_VOL_2V	PinPmu_T	A6	Pass	1.5000 V	0 V	0.0 V	0 V
PRE_VOL_2V	PinPmu_T	A5	Pass	1.5000 V	0 V	0.0 V	0 V

Test Suite : 'PRE_VOL_2V' Test Result : Pass

Test Suite	Test Type	Pin Name	Test Result	Force Value	Low Limit	Measure Value	Hi Limit
VOL_2V	PinPmu_T	Y4	Pass	20.0000 uA	0 V	-1.5259 mV	0.1000 V
VOL_2V	PinPmu_T	Y3	Pass	20.0000 uA	0 V	5.4932 mV	0.1000 V
VOL_2V	PinPmu_T	Y2	Pass	20.0000 uA	0 V	-3.5096 mV	0.1000 V
VOL_2V	PinPmu_T	Y1	Pass	20.0000 uA	0 V	-2.4414 mV	0.1000 V
VOL_2V	PinPmu_T	Y6	Pass	20.0000 uA	0 V	0.9155 mV	0.1000 V
VOL_2V	PinPmu_T	Y5	Pass	20.0000 uA	0 V	-1.2207 mV	0.1000 V

Test Suite : 'VOL_2V' Test Result : Pass

Test Suite	Test Type	Pin Name	Test Result	Force Value	Low Limit	Measure Value	Hi Limit
PRE_VOL_4P5V	PinPmu_T	A4	Pass	3.1500 V	0 V	0.0 V	0 V
PRE_VOL_4P5V	PinPmu_T	A3	Pass	3.1500 V	0 V	0.0 V	0 V
PRE_VOL_4P5V	PinPmu_T	A2	Pass	3.1500 V	0 V	0.0 V	0 V
PRE_VOL_4P5V	PinPmu_T	A1	Pass	3.1500 V	0 V	0.0 V	0 V

图 6-100　测试结果采集 4

通过结果显示界面，整理测试数据，整理完成之后结果分析如表6-12所示。

表6-12　测试结果分析

测试项	测试条件	参数要求	测量结果	结论
连接性测试	采用施流测压的方式测量（100μA）	0.2V≤x≤0.9V	0.5615V～0.6729V	PASS
	采用施流测压的方式测量（–100μA）	–0.9V≤x≤–0.2V	–0.4750V～–0.4257V	PASS
功能测试	V_{CC}=2V；V_{IH}=2V；V_{IL}=0V；V_{0H}=1V；V_{OL}=1V；		正常	PASS
	V_{CC}=4.5V；V_{IH}=4.5V；V_{IL}=0V；V_{0H}=2.25V；V_{OL}=2.25V；		正常	PASS
	V_{CC}=6V；V_{IH}=6V；V_{IL}=0V；V_{0H}=3V；V_{OL}=3V；		正常	PASS
V_{IHL}测试	V_{CC}=2V；V_{IH}=1.5V；V_{IL}=0.5V；V_{0H}=1V；V_{OL}=1V；		正常	PASS
	V_{CC}=4.5V；V_{IH}=3.15V；V_{IL}=1.35V；V_{0H}=2.25V；V_{OL}=2.25V；		正常	PASS
	V_{CC}=6V；V_{IH}=4.2V；V_{IL}=1.8V；V_{0H}=3V；V_{OL}–3V；		正常	PASS
V_{OH}测试	V_I = V_{IH} or V_{IL}；V_{CC}=2V；I_O =–20μA	x≥1.9V	1.9797V～2.0012V	PASS
	V_I = V_{IH} or V_{IL}；V_{CC}=4.5 V；I_O =–20μA	x≥4.4V	4.4648V～4.5200V	PASS
	V_I = V_{IH} or V_{IL}；V_{CC}=4.5 V；I_O =–4mA	x≥3.98V	4.2794V～4.3122V	PASS
	V_I = V_{IH} or V_{IL}；V_{CC}=6 V；I_O =–20μA	x≥5.9V	5.9858V～6.0513V	PASS
	V_I = V_{IH} or V_{IL}；V_{CC}=6 V；I_O =–5.2mA	x≥5.48V	5.7316V～5.8172V	PASS
V_{OL}测试	V_I = V_{IH} or V_{IL}；V_{CC}=2V；I_O = 20μA	x≤0.1V	0.0021V～0.0052V	PASS
	V_I = V_{IH} or V_{IL}；V_{CC}=4.5 V；I_O = 20μA	x≤0.1V	0.0021V～0.0053V	PASS
	V_I = V_{IH} or V_{IL}；V_{CC}=4.5 V；I_O = 4 mA	x≤0.26V	0.0943V～0.1205V	PASS
	V_I = V_{IH} or V_{IL}；V_{CC}=6 V；I_O = 20μA	x≤0.1V	0.0023V～0.0056V	PASS
	V_I = V_{IH} or V_{IL}；V_{CC}=6 V；I_O = 5.2 mA	x≤0.26V	0.1073V～0.1401V	PASS
I_{IL}测试	V_I = GND；V_{CC}=6 V；	–1μA≤x≤1μA	0.47372μA～0.62151μA	PASS
I_{IH}测试	V_I = V_{CC}；V_{CC}=6 V；	–1μA≤x≤1μA	0.61579μA～0.62822μA	PASS
I_{CCL}测试	V_I = GND；V_{CC}=6 V；I_O = 0μA	–1μA≤x≤1μA	1μA	PASS
I_{CCH}测试	V_I = V_{CC}；V_{CC}=6 V；I_O = 0μA	–1μA≤x≤1μA	1μA	PASS
I_{PHL}测试	V_{CC}=2 V；	x≤90	61ns	PASS

关闭测试结果的显示框，系统将该测试结果形成一个TXT文档，自动保存到项目的根目录下，由以上测试结果来看，该芯片符合数据表上的各项标准。

参考文献

[1] Gordon Roberts，Friedrich Taenzler，Mark Burns. An Introduction to Mixed-Signal IC Test and Measurement[J]. Physics Today，2011.

[2] 高成，张栋，王香芬. 最新集成电路测试技术[M]. 北京：国防工业出版社，2009.

[3] 时万春. 现代集成电路测试技术[M]. 北京：化学工业出版社，2006.

习　　题

6.1　列出CT1000集成开发环境的一个项目中所有工作表的名称和主要功能。

6.2　针对一个CMOS非门，设计一个测试方案，运用什穆方式，测试该非门输出的转换时间t_{THL}。

6.3　提取74HC08测试内容；编写74HC08测试方案。